知识论译丛
主编 陈嘉明 曹剑波

守望者
The Catcher

知识论的未来
Epistemology Futures

［澳］斯蒂芬·海瑟林顿（Stephen Hetherington）主编
方环非 译

中国人民大学出版社
·北京·

"知识论译丛"编委会名单

主编　陈嘉明 曹剑波

编委（按姓氏拼音排序）

毕文胜（云南师范大学）

曹剑波（厦门大学）

陈　波（武汉大学）

陈嘉明（厦门大学）

方环非（绍兴文理学院）

王华平（中山大学珠海分校）

徐向东（浙江大学）

徐英瑾（复旦大学）

郁振华（华东师范大学）

郑伟平（厦门大学）

朱　菁（厦门大学）

总　序

知识论是哲学的一个重要分支，它与本体论、逻辑学、伦理学一起，构成哲学的四大主干。这四个分支都是古老的学科。自先秦时期以来，中国哲学发展的是一种"知其如何"（knowledge how）的知识论（我名之为"力行的知识论"），它不同于西方的"知其如是"（knowledge that）的知识论，前者重在求善，后者旨在求真。不过相比起来，中国传统哲学在知识论这一领域缺乏系统的研究，是比较滞后的，这是整个传统哲学取向以及文化背景影响的结果。现代以来，金岳霖等先贤们在这一领域精心思辨，为它的学术发展掀开了新的一页。

近二十年来，我一直致力于推动知识论的发展，通过培养博士生的途径，逐渐形成厦门大学与上海交通大学的团队，在这方面做出了一些努力。按照自己的构想，我们在出版方面要做如下四件事情：一是推出研究系列的专著，二是出版一套名著译丛，三是编选几本知识论文集，四是编写一部好的教材。第一件事情在2011年即已启动，在上海人民出版社推出了"知识论与方法论丛书"，迄今出版了11部专著。第二与第三件事情，在曹剑波的积极组织与译者们的努力下，也已有了初步成效。首批"知识论译丛"的5本译著已提交中国人民大学出版社，即将面世。第二批"知识论译丛"已经开始准备。主编这套丛书，是为了方便读者了解与研读国外学者的知识论研究成果，从而推进该领域之研究的发展。第三件事情，由于编选涉及诸多作者，版权的办理比较麻烦等原因，所以受到影响。不过现在也已译出了两部国外的知识论文集，正在联系出版中。文集读本的一个好处是，能够将知识论史上经典论著的精华集于一册，使读者一卷在手，即能概览知识论的主要思想，这对于学生尤其有益。至于编写教材的工作，我虽然几年前已经有了个初稿，但由于觉得尚不尽如人意，所以一时还搁置着。值得欣慰的是，郑伟平已经完成初稿，并进行了多轮教学工作。我们希望以上这些工作能够持续进行，也希望有更多的同行参与，为繁荣中国知识论的学术事业而共同努力。

陈嘉明

2018 年 4 月于上海樱园

中文版序言

斯蒂芬·海瑟林顿

我抱着对知识论未来的乐观精神来理解这本书（它最初以英文出版于 2006 年）。彼时我设想了许多可能的知识论的未来，围绕着富有创见的——同时甚至相互竞争的——观点构建而成，这些观点有望激发知识论的进步。当然，如果它要取得令人激动的进步，哲学始终需要新的"大"观点，而不仅仅是些许的改进。而且很显然，我们应该怀疑的是至关重要的概念和议题，我们是否会遇到每一个对于作为哲学家的我们所渴望实现的最大进步至关重要的概念和论题。根据从原籍奥地利的英国哲学家卡尔·波普尔（Karl Popper）那里获得的启示，我想要声明："给出你大胆的——你最大胆的——假设吧！在我们对繁荣哲学的希冀中，让它们显露出来，让它们至少存留一会儿。"那是我 2006 年的看法；我现在（2021年）的主张甚至更强。在主编这本书时，我的目标在于激起持续的知识论探究，并吸引活跃的知识论学者进入令人惬意的、清新的——可能也会有所成就的——假设的环境之中。

我把知识论视为一座大房子（house），里面有很多房间，它们既开放又私密，既为人所知又无人关注。不过我同样将知识论看作一个住所（abode），有可能会有新房间增加进来。也许会是一栋**宅第**（mansion）？事实上是这样的，尽管它会有必要是一栋舒适的宅第，而不是布满灰尘、脏乱不堪的宅第，它在远处就会为人所注意，甚至将它当成风景，但是从来不用心打理，让它成为一个**家**（home）。

知识论过去 15 年左右充满活力的发展深深激励着我，而且我热切地见证着这本书中一些章节所产生的显而易见的影响。它们已然丰富了某些活跃的研究领域。我不按照什么特别的顺序来谈其中的几个，它们扩展了研究的思路（同时我会列出一些文献供进一步阅读）。

比方说，来看一下费尔德曼（Richard Feldman）那一章，论认识**分歧**的诸方面内容。2015 年，我作为访问学者来到纽约大学，一个研究生向我描述了费尔德曼那一章并将其视为"一个经典"。难道已经成这样了吗？毕竟出版之后还不到十年的时间！真是太快了！然而，对分歧的知识论讨论在过去的十年中**已经**变得越来越重要（比如 Feldman & Warfield, 2010）。

对所知与**能知**之间概念关系的研究同样如此。我的那一章为一种反理智主义（anti-intellectualism）而辩，将全部所知视作能知。许多知识论学者最近也在研究这一话题（比如 Bengson & Moffett, 2011; Hetherington, 2011: ch. 2, 2017, 2018; Stanley, 2011; Fridland, 2012, 2013; Hyman, 2015; Pavese, 2017; Carter & Poston, 2018）。

对**理解**的本质及其认识的重要性的兴趣也在持续增加。埃尔金（Catherine Elgin）在这个问题上居功至伟，她最近出版的书（Elgin, 2017）补充了她在这本书中相应章节的内容（同时参看，比如 Grimm et al., 2017; Khalifa, 2017）。

这本书中被引用最为广泛的一章是莱肯（William Lycan）所写，他反思了最近几十年对**盖梯尔难题**的研究情况。此外，已经出现了一些新的尝试（比如 Borges et al., 2017; Hetherington, 2016, 2019b），来思考从盖梯尔（Gettier, 1963）的著名挑战中吸取什么教训。

科恩布里斯（Hilary Kornblith）与温伯格（Jonathan Weinberg）的两章同样在这个不断增强的研究领域中占有一席之地。他们都讨论了知识论的方法论，以不同的方式检视我们在各种知识论话题中诉诸**直觉**的重要性以及其他相关内容。这一话题得到热烈讨论（比如 Williamson, 2008; Capellen, 2012; Deutsch, 2015）。**实验哲学的扩张正表明这一点**（比如 Beebe, 2015）。

其他章节内容中出现的许多思想和论题，同样与正在进行的研究紧密关联。比如卡普兰（Mark Kaplan）对**怀疑主义**的讨论（第 11 章）就是受到奥斯汀（J. L. Austin）日常语言哲学的启发，它最近又得到新的关注（比如 Lawlor, 2015; Tsohatzidis, 2018）。莫顿（Adam Morton）的那一章则以别致的方式，通过对**形式**知识论中各种可能方案的概念性支持给予我们指引（比如 Bradley，2015）。胡克威（Christopher Hookway）那一章通过对探究的知识论意义的实用主义维度的强调，提示我们思考知识的**价值**，这一话题是当前德性知识论的核心（比如 Roberts & Wood，2007；Sosa，2007；Greco，2010）。扎格泽博斯基（Linda Zagzebski）同样引导着我们进入她在知识论与伦理学中的最新研究成果（Zagzebski，2015，2017）。

或许当前知识论中最为显要的发展，是威廉姆森（Williamson，2000）的**知识优先**（knowledge-first）的知识论与**延展**（extended）知识论的某些方面（比如 Hetherington，2012；Carter et al.，2018a，2018b），而这些内容在本书各章中均将作为重要内容加以论述。不过，丘奇兰德（Paul Churchland）的那一章则为后者埋下了种子，推动着我们跳出某种传统的谁知道以及知道什么这样的观念。

至少在接下来的 10 年或 20 年左右时间，知识论的发展又将何去何从呢？

我认为，知识论的未来应该包括更多属于其过去的内容：我们从来就不应该忘记历史。我这里的观点，并不是说我们应该仅仅带着敬意来审视知识论的历史，就像我们可能看着博物馆中的藏品那样。不，我们应该积极地介入那个历史：我们需要思考，为了一个经过改进的知识论的未来，我们能够从知识论的过往中学习到什么，其途径也许就是重新改写和丰富先前的一些观点。帕斯诺（R. Pasnau，2017：1）说："今天，在所有主要的哲学分支中，知识论对其历史的疏离无出其右。"我对此深有同感：我最近一直在做一些相关联的调节性努力，以推动并扩展知识论未来的那些可能的方向（Hetherington，2019a，2019c；Hetherington & Smith，2020）。

我希望，未来的知识论将会从不断增进的**跨文化**交流中——比如在西方知识论和某些中国哲学之间——大受其益（比如 Hetherington & Lai，2012，2015；Allen，2015）。这样的交流刚刚启幕不久。

因此，未来仍然可期，并充满着吸引力。**许多**可能的知识论的未来，可以通过不同的方式来予以展望和探究，并从中享受乐趣。

参考文献

Allen, B. 2015. *Vanishing into Things: Knowledge in Chinese Tradition.* Cambridge, MA: Harvard University Press.

Beebe, J. R. (ed.) 2015. *Advances in Experimental Epistemology.* London: Bloomsbury.

Bengson, J. and Moffett, M. (eds.) 2011. *Knowing How: Essays on Knowledge, Mind, and Action.* New York: Oxford University Press.

Borges, R. de Almeida, C. and Klein, P. (eds.) 2017. *Explaining Knowledge: New Essays on the Gettier Problem.* Oxford: Oxford University Press.

Bradley, D. 2015. *A Critical Introduction to Formal Epistemology.* London: Bloomsbury.

Capellen, H. 2012. *Philosophy without Intuitions.* Oxford: Oxford University Press.

Carter, J. A. and Poston, T. 2018. *A Critical Introduction to Knowledge-How.* London: Bloomsbury.

Carter, J. A., Clark, A., Kallestrup, J., Palermos, S. O., and Pritchard, D. (eds.) 2018a. *Extended Epistemology.* Oxford: Oxford University Press.

Carter, J. A., Clark, A., Kallestrup, J., Palermos, S. O., and Pritchard, D. (eds.) 2018b. *Socially Extended Epistemology.* Oxford: Oxford University Press.

Deutsch, M. 2015. *The Myth of the Intuitive: Experimental Philosophy and Philosophical Method.* Cambridge, MA: The MIT Press.

Elgin, C. Z. 2017. *True Enough.* Cambridge, MA: The MIT Press.

Feldman, R. and Warfield, T. A. (eds.) (2010). *Disagreement.* Oxford: Oxford University Press.

Fridland, E. 2012. 'Knowing-How: Problems and Considerations'. *Eu-

ropean Journal of Philosophy 23: 703−27.

Fridland, E. 2013. 'Problems with Intellectualism'. *Philosophical Studies* 165: 879−91.

Gettier, E. L. 1963. 'Is Justified True Belief Knowledge?'. *Analysis* 23: 121−3.

Greco, J. 2010. *Achieving Knowledge: A Virtue-Theoretic Account of Epistemic Normativity*. Cambridge: Cambridge University Press.

Grimm, S. R., Baumberger, C. and Ammon, S. (eds.) 2017. *Explaining Understanding: New Perspectives from Epistemology and Philosophy of Science*. New York: Routledge.

Hetherington, S. 2011. *How to Know: A Practicalist Conception of Knowledge*. Malden, MA: Wiley-Blackwell.

Hetherington, S. 2012. 'The Extended Knower'. *Philosophical Explorations* 15: 207−18.

Hetherington, S. 2016. *Knowledge and the Gettier Problem*. Cambridge: Cambridge University Press.

Hetherington, S. (ed.) 2019a. *Epistemology: The Key Thinkers*, 2nd edn. London: Bloomsbury.

Hetherington, S. (ed.) 2019b. *The Gettier Problem*. Cambridge: Cambridge University Press.

Hetherington, S. (ed.) 2019c. *The Philosophy of Knowledge: A History*, four volumes. London: Bloomsbury.

Hetherington, S. and Lai, K. 2012. 'Practising to Know: Practicalism and Confucian Philosophy'. *Philosophy* 87: 375−93.

Hetherington, S. and Lai, K. 2015. 'Knowing-How and Knowing-To', in *The Philosophical Challenge from China*, (ed.) B. Bruya. Cambridge, MA: The MIT Press, pp. 279−301.

Hetherington, S. 2017. 'Knowledge as Potential for Action'. *European Journal of Pragmatism and American Philosophy* 9 http://journals.openedition.org/ejpap/1070.

Hetherington, S. 2018. 'Knowledge and Knowledge-Claims: Austin and Beyond', in *Interpreting Austin: Critical Essays*, (ed.) S. L. Tsohatzidis. Cambridge: Cambridge University Press, pp. 206–22.

Hetherington, S. and Smith, N. D. (eds.) 2020. *What the Ancients Offer to Contemporary Epistemology*. New York: Routledge.

Hyman, J. 2015. *Action, Knowledge, and Will*. Oxford: Oxford University Press.

Khalifa, K. 2017. *Understanding, Explanation, and Scientific Knowledge*. Cambridge: Cambridge University Press.

Lawlor, K. 2013. *Assurance: An Austinian View of Knowledge and Knowledge Claims*. Oxford: Oxford University Press.

Pasnau, R. 2017. *After Certainty: A History of Our Epistemic Ideals and Illusions*. Oxford: Oxford University Press.

Pavese, C. 2017. 'Knowledge and Gradability'. *The Philosophical Review* 126: 345–83.

Roberts, R. C. and Wood, W. J. 2007. *Intellectual Virtues: An Essay in Regulative Epistemology*. Oxford: Clarendon Press.

Sosa, E. 2007. *A Virtue Epistemology: Apt Belief and Reflective Knowledge, Volume I*. Oxford: Clarendon Press.

Stanley, J. 2011. *Know How*. Oxford: Oxford University Press.

Tsohatzidis, S. L. (ed.) 2018. *Interpreting Austin: Critical Essays*. Cambridge: Cambridge University Press.

Williamson, T. 2000. *Knowledge and Its Limits*. Oxford: Clarendon Press.

Williamson, T. 2008. *The Philosophy of Philosophy*. Malden, MA: Blackwell.

Zagzebski, L. 2015. *Epistemic Authority: A Theory of Trust, Authority, and Autonomy in Belief*. New York: Oxford University Press.

Zagzebski, L. 2017. *Exemplarist Moral Theory*. New York: Oxford University Press.

献给过去和现在的知识论学者——我们的老师

前言与致谢

知识论目前正呈现出一幅欣欣向荣的景象，它在日常哲学所讨论话题的中心位置慢慢散开。令人欣慰的是，许多知识论学者都在尝试并分析新的谜题以及新的理论。同时，一个新的迹象——对知识论的方法论进行评价——也渐次出现。这样的热闹状况中会涌现出什么东西呢？什么东西才**应该**从中涌现出来呢？一个哲学遗产的产生究竟在什么意义上有价值呢？如果有什么东西可以实现，到底能取得什么样的成就呢？知识论在整体上会有所进步吗？

在其他条件差不多的情况下，如果我们停下来反思乃至质疑知识论的某些更为根本的问题，那么就可以提高取得真正成就的可能性，而不只是看到徒有其表的热闹景象。知识论应该研究哪些现象呢？它应该运用哪些方法呢？本书的目标在于利用当代知识论的一些新活力，同时在一定范围内提出修正和话题，并以此进入稳固的知识论未来。本书内容涵盖了来自那些思维活跃的知识论思想家所提出的各式想法，以及所做出的多种多样的思考。如果只是对各位作者做个概述，可能会显得唐突、冒险。哪些知识论论题、项目或话题以及方法论可以弃之不顾呢？哪些又需要给予更多关注呢？在知识论如何得以发展这一问题上我们能够从中获取什么经验教训吗？比如有没有什么"死胡同"（blind alleys）有待逃离的呢？有哪些关键的认识概念是知识论最有可能获得茁壮成长，甚至即使它们并不是知识论当下所专注的那些概念呢？

通过突出这些关键的但有可能被忽略的问题，本书描述或者表明了知识论的某些可能的未来图景，其中有一些可能明显不同于现在的知识论。这些知识论的未来会有哪一个或几个前景光明吗？如果我们在它们身上投入的话，我们在哲学意义上可能变得更为富有吗？从现在在知识论中所从事的工作来看，很难说会怎么样；就像在金钱方面的投机一样，知识论的投机也是极有可能犯错误的（无论很多知识论学者对他们所付出的努力会有什么样的信心）。因此，我会极力主张你们在读这本书时要带有一种知识论冒险的感觉，要保持一种开放的心态来对待这一期待获得潜在回报的知识论未来的投资。

  本书中的想法一开始就受到莫姆奇洛夫（Peter Momtchiloff）在编辑方面的鼓励和显著影响。我对此充满谢意，就如同我对考森思（Rupert Cousens）高效而又友善的编辑协助（以及来自牛津大学出版社两个匿名审稿人所提出的很多极好的问题与批评）那样。当然，各位作者的热情也始终激励着这个项目持续前进。书中有一篇丘奇兰德的论文乃是重印，且已获得《美国哲学学会会议论文选集》（*Proceedings and Addresses of the American Philosophical Association*，76（2002）：25-48）的许可。

作者简介

Paul M. Churchland（保罗·M. 丘奇兰德）：加州大学圣地亚哥分校（University of California, San Diego）荣休哲学教授。

Catherine Z. Elgin（凯瑟琳·Z. 埃尔金）：哈佛大学教育哲学教授（Professor of the Philosophy of Education, Harvard Graduate school of Education）。

Richard Feldman（理查德·费尔德曼）：罗切斯特大学（University of Rochester）哲学教授。

A. C. Grayling（A. C. 格雷林）：伦敦新人文学院（New College of the Humanities, London）校长，牛津圣安妮学院特别研究员（Supernumerary Fellow, St Anne's College, Oxford）。

Stephen Hetherington（斯蒂芬·海瑟林顿）：新南威尔士大学悉尼分校（University of New South Wales, Sydney）荣休哲学教授。

Christopher Hookway（克里斯托弗·胡克威）：谢菲尔德大学（University of Sheffield）荣休哲学教授。

Mark Kaplan（马克·卡普兰）：印第安纳大学布鲁明顿分校（Indiana University, Bloomington）荣休哲学教授。

Hilary Kornblith（希拉里·科恩布里斯）：马萨诸塞大学阿默赫斯特分校（University of Massachusetts, Amherst）杰出哲学教授。

William G. Lycan（威廉·G. 莱肯）：北卡罗来纳大学教堂山分校（University of North Carolina, Chapel Hill）荣休哲学教授，康涅狄格大学杰出客座哲学教授（Distinguished Visiting Professor of Philosophy, University of Connecticut）。

Adam Morton（亚当·莫顿）：不列颠哥伦比亚大学（University of British Columbia）教授（已故）。

Jonathan M. Weinberg（乔纳森·M. 温伯格）：亚利桑那大学（University of Arizona）哲学教授。

Linda Zagzebski（琳达·扎格泽博斯基）：俄克拉何马大学（University of Oklahoma）乔治·莱恩·克罗斯研究教授（George Lynn Cross Research Professor）、金费舍尔宗教哲学与伦理学讲座（Kingfisher College Chair of the Philosophy of Religion and Ethics）教授。

目 录

1. 导言：知识论的进步　　　　　　　　　斯蒂芬·海瑟林顿　1
2. 直觉的魅力与知识论的抱负　　　　　希拉里·科恩布里斯　13
3. 知识论的目标：规范的元知识论中的新实用主义
　　　　　　　　　　　　　　　　　　乔纳森·M. 温伯格　33
4. 内部空间和外部空间：新知识论　　　　保罗·M. 丘奇兰德　62
5. 如何知道（所知就是能知）　　　　　　斯蒂芬·海瑟林顿　89
6. 知识论和探究：实践的首要性　　　　　克里斯托弗·胡克威　121
7. 知道在想什么：当知识论与选择理论相遇　　亚当·莫顿　140
8. 知识论中的理想行动者和理想观察者　琳达·扎格泽博斯基　165
9. 论盖梯尔难题的难题　　　　　　　　　　威廉·G. 莱肯　185
10. 认识的界限与推论的框架　　　　　　　　A. C. 格雷林　214
11. 若你知道，你就不会错　　　　　　　　　马克·卡普兰　228
12. 从知识到理解　　　　　　　　　　凯瑟琳·Z. 埃尔金　253
13. 分歧的知识论之谜　　　　　　　　　理查德·费尔德曼　274

索　引　　　　　　　　　　　　　　　　　　　　　　　　300
译后记　　　　　　　　　　　　　　　　　　　　　　　　312

1. 导言：知识论的进步

斯蒂芬·海瑟林顿

Ⅰ. 目标

　　在任何特定时刻，知识论的总体目标——最宽泛的意义上就是它的目的——要么是知识论的进步，要么是产生知识论的进步。只要知识论还未达到其终极目标，它就会继续下去。而且只要它继续下去，它的目标可能与取得进步这一目标一样，没有什么更为普遍的目标。知识论在今天继续前进，是为了明天能够变得更好。当然，如果根本没有这种情形出现的话，那么对于我们而言，就没有什么人可能对它做出什么改善。但是我们每个个体能够努力联合在一起做到这样吗？当前知识论遗产的守护者们，至少必须努力去丰富它，并使它相较以前更为适合，也更加有力。

　　然而，我们也许无法赋予那些简单的思想许多实质性的东西，原因在于我们甚至可能不知道知识论的进步到底是什么。有一个著名的悉尼建筑师轻蔑地说，每当他的建筑受到公众批评时，进步便不可避免——就好像仅仅**因为**它们是开发的结果（development），所有建筑的开发都是建筑的改进（improvement）①。显然，这很荒谬，而且类似的知识论思想也同样荒谬。无论那些乐观的知识论学者在当下感觉如何，知识论历史上从来就没有保证过知识论进步要么之前已经发生，要么以后将会发生。即使是在今天，也没有这样的保证。我们相信，过去的知识论学者通常基于惊人的选择性假设，已经无意中做出许多虚假陈述。我们可以避免那样的失误

---

① 我认为他的意思并不是说，只有承认它是一栋**新型**建筑的实例，这栋建筑才被视为一个开发的结果。此外，即使他就是这个意思，也并不是所有新的类型都代表了进步。

吗？当然不能：我们自己的习惯即使是谨慎、理智的思想的习惯，会帮助我们，也会妨碍我们。其中部分原因在于，我们可能辨别不出实际的知识论进步的实例有哪些。它们会显示出与众不同的什么标记吗？构成知识论成就的那些主张的使真者（truth-makers）会是什么东西呢？如果我们支持此等主张，应该拥有什么特殊的证据呢？证据究竟要有多好（good）才行？是否需要有适切的周围环境？我们说到各种知识论理论时，它们都各有其依据、让人印象深刻且富有洞见等。这类含糊不清的谈论方式会妥协于精确地描述那些理论何以可能如此，或者为何可能产生知识论的进步吗？我们可能希望如此；问题是我们会知道这些吗？我们应该基于什么来评定一个观点构成了知识论的进步呢？是什么使得我们的评定为真呢？

Ⅱ．标准与疑虑

本书中的文章通过推敲、修正、加强、延伸或者替代等多种途径，做出了诸多富有争议而又深思熟虑的尝试以改进知识论。是什么使得这些观点中某一些，或者但愿是**所有**这些观点成为知识论进步的实例呢？每一篇文章要么在这方面要么在那方面表明，或者大致指出知识论或许在某种意义上变得更好了。在阅读这些文章时，我们应该提出的问题是，（在其他情况不变时）如果知识论整合了这些观点的话，它是否**会**变得更好？② 不过我们如何来检验这样的进步呢？一些知识论天才学者向我们论证了他们视之为进步的情形；我们注意到了这些情形；但在知识论的未来如何能在当前的基础上取得进步这一问题上，我们需要获得确证的信念，或许真信念，甚至知识吗？

这取决于诸如确证、真、知识这些标准是否为**正确的**标准，它们被用来评定任何可能的知识论进步，而只有在标准问题上接受某个具体的说法，才能说实现了这样的进步。当然，我之所以提到它们，是因为它们已

---

② 这里为了简单起见，我有时是把知识论视作一个整体——它由专业的认同（professional acceptance）所构成，这样的认同来自传统意义上被视为知识论学者的那些人。（尽管某位知识论学者或许实现了作为整体的知识论所没有实现的知识论进步，但这一点依然与它相容。）

然是知识论研究中最主要的现象。③ 它们（以及类似的内容）之所以给我们留有深刻印象，准确地说，原因在于无论是过去还是现在知识论都让我们习惯于对它们郑重其事地进行思考。当我们已然慎思何谓一般意义上的理智进步时，知识论早就告诫我们要反思知识、证据、保证（warrant）、真、信念、接受等。然而……然而……我们**应该**运用知识、证据、保证等这样的概念来评价知识论的观念吗？或许其他认识的概念（其中有一些是我们可能没有想到的）会更深刻、更贴切。或者可能其中只有**一些**经常拿来讨论的才特别有用（还有我们没有意识到——不知道？——哪些是的）。④ 此外，我们在评价一般意义上的思想的认识内容时要用到的概念，可能不同于我们评价特定的知识论思想的认识价值所用的那些概念。⑤ 当前的知识论在这方面再次向我们做出保证，在根据比方说它们是不是得以确证的或者它们是不是知识来评价知识论方案时，它没有感到明显的不适。尽管如此，在我们正待确定知识论的进步何时会以及何时不会实现时，运用当下知识论的范畴（我们的基本认识概念），我们究竟**应该**有多少信心呢？首先，只有在我们头脑中渐次拥有那些范畴方面**实现**知识论的进步**之后**，才会有更多知识论进步在将那些范畴应用到这类进步的推定性情形时显露出来。

　　类似的问题还出现在认识的标准上，比如确证的种类与程度。其中某

---

③　当然，其中有一些——尤其是真与接受，对它们的研究**不仅仅**是在知识论中。

④　由此，比如卡普兰（Kaplan, 1985）认为，知识不是知识论需要研究的一个现象，作为尽责地相信的确证（justification-as-responsible-believing）才是知识论思想中更为丰富、更加经得起考察的对象。因此，在我看来，他不会要求一个知识论的提议提供知识论意义上的知识。不过尽管如此，他仍会将一些认识的确证的标准应用于知识论的主张。

⑤　还有一个可能是，不是所有的知识论进步都是认识上的。一个知识论理论会因为**非认识的**（*non-epistemic*）理由，比如它的道德敏感性或审美形式，而比另一个理论更好吗？在没有其他差异的情况下，我看不出来为什么不可以。比方说，我们可能很想知道知识就其本身而言到底是什么，**以及**它为何因此而在道德上如此重要。然而现在在这种情况下，正如我开始要解释的，要找出知识论进步能够出现的那一认识维度，还有足够多的困难。我不打算描述其他可能的维度。

些问题已经得到人们关注并为此付出了持续的努力，我们对此或许也会相信。然而，还有哪些是我们没有注意到的呢？如果我们不是自相矛盾的话，我们根本不能说我们没有注意到！此外，我们会按照构成我们取得知识论进步的那种方式来**逐渐**意识到它们吗？或许对此可以思考并构思出新的想法。不过在根据我们觉得顺眼的那些标准来对它们进行评价时，也许对我们而言过于容易，以至于会低估它们。即使没有那样的危险，也仍然存有疑问：就像有些主张遵从其他相应的标准一样，知识论主张是否**应**遵循相同的认识标准。⑥ 如果知识论的信念，比如关于一般意义上知识的本质、确证的信念，自身没有满足它们所描述的标准，那又会怎么样呢？⑦ 是不是我们可能有必要考虑新的认识标准呢？这些标准是知识论的理论化必须要达到的，倘若要取得进步的话（而且如果要做到完善的话，就必须要对这些标准加以描述）。⑧

4　　不妨来看看罗素（Russell, 1959：155）和麦金（McGinn, 1993）的论述，即我们作为构成性实在这一经验上的可能性，这样的话，一般意义上的哲学问题对我们来说过于困难，根本无法解决（甚至即使我们不是这样的实在，对某些可能的生物而言也是如此）。范因瓦根（van Inwagen, 2002：ch.13）注意到在形而上学问题上相同的可能性，并且知识论竟然就受到其影响。不过担忧还在进一步加剧。我们甚至也许提不出一些

---

⑥ 斯特劳德（Stroud, 1989）曾经讨论过用一种方式来表明这一问题。知识的知识论分析必须是一个完整、明晰的——在一个认识的内在主义意义上——认识成就吗？相比较而言，也许知识的分析只需要满足外在主义标准就可以了。针对斯特劳德所做论证的批判性分析，参见 Hetherington（2001：193-201）。

⑦ 参见 Hetherington（1992）对这个观点做出的一些拓展。

⑧ 即使我们确实想到了一些新标准，那么，在更进一步的新认识标准必须要由涉及先前新标准的那些主张来满足的情况下，是不是同样要求也许要再来一遍呢？也许认识标准的恶性无穷回溯就因此而萌芽、逐渐形成并加剧。[知识论学者们在实践中，通过传统的三位组合（triad）——融贯主义、基础主义以及实用主义/语境主义——来评价知识论方案，这并不是巧合。许多人都在寻求与现有的知识论论题或思维方式之间的一致。通常情况下，也有一些主张往往通过直觉而为知识论方案获得其直接、迅即而又非推论的支撑。此外，一个观点是否得到很多其他，包括一些杰出知识论学者的认同，还有实用意义上的情形。这些标准中有一些，或者所有这样的标准究竟在认识意义上有多好呢？]

有助于实现哲学进步的问题。当然**提**一些在那个意义上的好**问题**有技巧可言。尽管我们相信很多哲学家有类似的技巧，但我们有可能会在这个问题上犯错误。也许很少有人能够做得到。是不是有可能根本就没有人曾经拥有那样的技巧呢？

如果从来没有人问过真正的问题，那么回答那些**已经**被提出来的问题就不可能带来哲学的进步。然而正是有此类答案在那里，我们才会用它们来评价随后出现的备选对象能否成为这样的进步。继而反过来，这就会使我们取得未来的哲学进步变得**不太**可能（在这个意义上，无论进步曾经是什么，它都可能继续为已然存在的非进步的东西所拒斥）。因此，我们有必要提出一个问题，我们究竟能对我们所做出的下述假设给出什么评价，即先前已经有足够多的知识论的进步，通过运用当前知识论来评价一个具体的方案是否构成了进步。如果当前知识论无论在什么意义上都没有构成知识论的进步，那么对它加以运用的时候——由于在某种程度上，无论什么时候我们试图产生一个得到改进的知识论未来，我们都必定运用它——我们都是在运用某个并不充分的东西来产生更进一步的知识论的进步。

这一难题与经典的认识回溯谜团有着结构上的亲缘关系（简单来说它是这样产生的）：

> 知识论学者们长期以来一直在琢磨，如果基于先前信念而在认识上后来出现信念有待确证或者就是知识自身的话，那么从表面上看，认识意义上在先的信念要得到确证或成为知识究竟需要什么呢。就此而言，人们会发现这一需求会是无穷无尽的，我们或许被迫得出结论认为，根本就**没有**确证或知识。

现在我们应该注意到这一相似的东西或者那个为人周知的担忧的具体表现：

> 假如时间上在后的知识论基于时间上在先的知识论，而且它在充分意义上由后者所构成，同化了来自后者的那些预设或概念或论题或项目，那么时间上在先的知识论必定已然成为知识论的进步吗？就此而言，人们会发现这一需求会是无穷无尽的，我们或许被迫得出结论

认为，根本就**没有**确证或知识。

III. 希望

上一节内容已经提出，有一些哲学原则的理由解释了为何知识论进步可能是我们永远无法企及的东西。甚至在我们感到我们似乎在贡献着真正的洞见时，可错性——至少这一点可以说——就始终在场。难道我们注定无法取得知识论的进步吗？

说实话，我不希望如此。而且这一希望并不盲目。第Ⅱ节中知识论学者借助大量的术语所提出的怀疑正是根据从**当前**知识论中借用的那些术语而得以展开的。他们既讨论可错性问题，也谈到回溯难题；他们还含蓄地针对循环问题，并对认识依附问题表示了担忧，等等。确实，他们声称已然解决了知识论探究者原则的认识难题。然而无论是对这些难题的表述还是解决，都是通过当前为人所重视的知识论概念和思考方式；并且也许我们对当前知识论的可能性的把握，其自身就比我们所意识到的更为有限。如果我们能够进入一个得到改善的知识论未来，或许那些疑虑就会在无人注意的情况下自觉地消失了。如果没有反思已然得以确立但又勉强甚或误导的那些核心概念、标准、方法、问题等，那么我们在判断知识论方案时究竟做到什么样才算好呢？同样，我们根据那些已有的东西来进行改进，甚至想象新的核心概念、标准、方法、问题等，到底做到什么样才算好呢？⑨

这样一些问题就催生了本书中的一些文章：究竟什么才应该是我们核心的知识论概念和方法呢？如果有的话，需要哪些新概念和方法呢？当然，就像第Ⅱ节中的那些疑虑，尤其是从它们自身的可错主义角度来看，或许事实上并**不像**它们自己所认为的那样准确或不容忽视。因此，我们同

---

⑨ 在我们只是由于它们当下可能给我们留下"行不通"的印象而假定有一些方案毫无关联或者毫不正确时，这样的过程可能因此而停滞不前。在对是否行得通进行评价时，没有几个评价会仅仅表达我们所经受的专业训练——毕竟它一直是过去和当前知识论的构成部分。不过已经被确立的东西未必为真。它也未必公平地做到评价那些根本的挑战以及构成其自身备选项的那些东西。

样应该评价已经被假定为知识论核心观点的那些东西，并且来批判地审视它们能够实现什么目标、它们对知识论取得进步的可能性揭示出什么。（也许那些观点无须被取代。）这就是本书中其他文章所做的。那么，就会以这样或那样的方式对本书中的文章提出哲学的要求，它们要检验或审视或质疑此时此地知识论中的核心问题，希望有助于改进知识论的未来。这一转变究竟怎么样？是不是在某种意义上可以预见或预测呢？或者现在看来似乎会出人意料、可能出现的知识论未来是什么样，我们对它的描绘与思考难道有可能是继之而来的知识论进步的必要环节吗？如果像第Ⅱ节中出现的那些疑虑得以避免的话，会要求类似的在概念或方法论或原则上的"全新开始"吗？⑩ 事实上，这不会提前表现出来。在我们的期望中，知识论进步该有多么波澜不惊、多么平淡无奇呢？在一个观点初次（在它构成进步的一部分被广为接受之前）被提出来时，它对我们而言看起来要多么具有可行性呢？在面对知识论未来会予以再次关注的事件时，知识论学者所给予的权威性赞同要在什么程度上来表示呢？如果对这一问题大家的意见都出奇一致地表示赞同，他们应该谨慎一些吗？

Ⅳ. 备选对象

不过我们依然要尽最大努力来发展知识论，要正视——甚至在质疑或检验时——我们在知识论中的位置。这就是本书的各篇文章所要做的。我们或许是根据它们如何处理这个论题来安排它们：无论对认识是什么做出

---

⑩ 这一具有纲领性质的可能性与罗素（Russell, 1959: 156-7）的观点有一些共识，后者认为，只有在哲学不确定、揭示并意识到其可错性的时候，它才有价值。不过相比于认识不确定性之于哲学，知识论进步对于哲学具有更显著的重要性。只有当那样的不确定性构成真正的知识论进步时，不确定性才有其哲学**价值**。对于不确定性，甚至即使是哲学的不确定性而言，其自身永远不会终结。此外，**有价值**的哲学不确定性只能通过推理产生，并且要达到一定的认识标准，这样的认识标准对于知识论思考来说会被视为好的，如此这样的知识论思考本身就构成了知识论的进步。（那样的知识论思考会因此而具有哲学价值吗？它应该会这样，如此对于罗素而言它就包含了不确定性本身。但是在那种情况下，它只会**不确定地**产生不确定性，这样的不确定性被罗素视为哲学价值的本质构成。）

怎样的描述，知识论的进步就是认识的进步。[11]

本书中有一些文章描绘了认识的范围；其他文章则辨识出认识进步的标志；还有一些则两者兼顾；每一篇文章都无一例外地在究竟什么才是对过往知识论的真正有益的尊重这一问题上，介入有时甚至提出调整知识论实践的可能性问题。

好吧，那么究竟什么才是认识的领域呢？诸多当代知识论的实践表明，它是一个概念领域，正如知识论学者据此而在描述相关概念时努力实现认识的进步。然而，科恩布里斯在本书开始就敦促我们不要以那样的方式来理解知识论。他提出，我们应该走出**概念分析**这一核心的知识论方法论。我们同样不应该对我们的**直觉**如此自信，并期望这些直觉在认识上富有启发性。在这些方面，温伯格的文章中的立场与科恩布里斯的是一致的：知识论能够，并且有必要比现在流行的做得更好，把现有的对概念分析的强调与诉诸直觉丢到一边。但是什么才是更好的方法论呢？知识论如何才能更有效地取得进步呢？科恩布里斯主张知识的**自然主义**：接受来自科学（以及某些哲学）的启示，我们应该研究作为自然现象的知识本身——而不是知识的概念。相较之，温伯格则倡导一种**实用主义**（pragmatism）。它回答了有关知识和确证之本质方面的问题，在部分意义上是通过设想我们究竟希望知识与确证——我们的认识规范——像什么样。（而且反思这个问题时，**有关**知识与确证，无论我们可能希望知识论提供什么样的知识与确证，我们同样应该澄清其本质。）

因此，有关认识领域的内容以及如何研究它们，我们已然面临着关键的选择。尽管如此，在知识论中有没有什么要素是我们根本无从选择的呢？比方说，有没有什么核心的知识观念是我们必须要保留的呢？它已经成为知识论的常识性内容，得到大量、直接的来自现成的直觉的支持，人们用这些常识来描述作为状态的知识，认识主体正是在这样的状态中形成与真命题之间的认知关系（通常被认为是信念）。即便如此，本书中有些

---

⑪ 它可能是非-**排他性**-认识进步（not-exclusively-epistemic progress）吗？参见脚注3。它可能是**不同于此**的-认识进步（other-than-epistemic progress）吗？参见脚注5。

文章也针对这样的常识展开辩论，包括它真与否以及它的意义。像科恩布里斯一样，丘奇兰德寄希望于科学而不是直觉。由此所产生的结果自然就很激进，正如他所主张的那样，我们一开始就不该把知识视为相对于一个命题而言所具有的**判断性**（judgemental）关系，视为一种认知关系。而我自己的文章则对于知识甚至是不是一个**状态**，比如信念这一质疑给出系统的解释。通过将所知还原为能知，我把知识作为**能力**来看待，这样的话，认知者（knower）在构成意义上就是行动者（agent）而非主体（subject）。

胡克威则更加全面地讨论后一个话题。他论证了相较于随之产生的信念，知识论如何可能在更为一般的意义上评价能动性——尤其是探究的模式。知道（knowing）真的更为重要吗？只是在次要意义上（胡克威说），并且就其在有效**探究**中所起的作用而言如此。因此阐释后者应该是知识论的首要目标，认识领域因而被视为某种意义上重新开始的东西，无论是在内容上还是在结构上均如此。但是先等一下：我们对认识领域的感受还要再进一步修正吗？莫顿提出的问题是，一个理性的行动者是如何在信念之间进退自如的。对于实在论的知识论而言，它会根据信念-**欲念**组对（pairing）以及在这个问题上大规模的组对来对它进行解释吗？认识的进步是策略性、实践性还是在心理上受约束的呢？它是不是与理性所具有的某种相关的**德性**的具体化（exemplification）呢？同样，认识的德性在扎格泽博斯基那里也得到进一步的考察。她利用规范伦理理论，通过理想观察者或理想行动者这些概念的知识论版本来寻求解释，甚至是开始解决某些传统的争论。（她还提出一些赞同后者的理由。）应该如何理解这一点呢？扎格泽博斯基认为，我们是通过研究认识的范例（exemplar）来实现的，她所谓范例指的是那些堪称认识德性之典范的人。我们应该根据我们对范例的观察来评价各种知识论理论。

因此，在知识论范围内，相比于我们已经意识到的，或许更多应该处于动态之中。甚至有可能某些板上钉钉的方案也有必要重新评价；为了看得更远，我们应该回头看才是。难道所有知识论的当前核心方案都**应该**恰到好处吗？不妨再来尝试对知识的主要内容做一描述。或许知识论中被津津乐道的盖梯尔难题应该会让我们思考，我们是否**曾经**知道什么是知识这一问题。因此，莱肯提出，盖梯尔难题为何是这样一个难题呢（即使他也为这一难题提供了解决方案）？在反思知识时，我们是不是有可能忽略了或者应该忽略什么呢？那些简单问题复杂化的做法以及令人分心的思维方式是不是已经构成我们做出种种努力时的障碍了呢？我们甚至可能会怀疑盖梯尔难题已经变成概念分析能力的检验装置，尤其是当概念分析作为核心的知识论方法论时。从更普遍意义上说，我们从盖梯尔难题的历史中究竟能在知识论方面学到些什么呢？

与之相似，让我们来看看怀疑主义谜团的历史。同样，围绕这些谜团，争论一直在循环、激增抑或消失殆尽。不过在他们各自的文章中，格雷林（Anthony Grayling）与卡普兰努力消解其中一部分让人懊恼的历史。与怀疑主义问题之间存在的盘根错节的关联是不是反映出知识论没有注意到，或者没有恰当利用某些现成的退路呢？比方说，这一负担重重的关联是不是反映出，知识论已经过于偏离其恰当的方法论源头了呢？或许日常认识实践以及日常语言能够在这个问题上帮助我们。这些能够有助于将我们的可错性——甚至还有我们的集体可错性，与我们冷静处事一样视为探究者的固有特质吗？难道知识论本就应该对怀疑主义挑战如此忧虑吗？

或许因为我们对知识思考太多，而对其他认识现象思考太少的缘故，才显得怀疑主义问题如此紧要。这样的可能性有吗？本书前面几篇文章对认识领域的观念提出了可能的修正（并因此而在思考那一领域时修正了认识进步可能包括什么）。在埃尔金的文章中，她提示我们认识领域中可能还有一个住户——也就是**理解**。埃尔金将知识与理解区分开来，科学理解则是典型的理解形态。这（她主张）向我们表明，即使理解不具有完全的事实性（factive），它也有可能十分有洞见。那么，比方说在没有始终必须**知道**什么是知识的情况下，这样的区分会允许我们（尽管这并非埃尔金自己讨论的重点）通过理解知识以及其他认识现象来取得知识论的进步吗？[12]

但是即便如此，那样的知识论的进步就唾手可得了吗？无论我们如何

---

[12] 同样有些吊诡的是，即使在并不始终更具有事实性的情况下，知识论也会以这样的方式变得更科学——并因此更可能取得认识进步吗？

努力知道或理解，在这么多**分歧**始终悬而未决的情况下，知识论作为一个学科如何才会取得进步呢？很显然，这一难题更为普遍，甚至在整个哲学中也是如此：如果一般意义上的哲学家只是因为某个东西而为人所知，那么以其表面上所具有的能力根本无法在很多问题上达成共识。我们争论不休；我们回避差异；我们拒绝接受；我们避而不谈；甚至有时在我们说我们多么敬重那些我们与之争论的人的敏锐与能力时，我们就是这么做的。这就是认识上让人颇为困惑的现象，诚如费尔德曼的文章（讨论一般意义上合理的分歧）让我们所感受的那样。而且（就像他的分析所表明的那样），我们作为探究者，彼此之间也可能有相互关联的难题。尤其是相比于认识实践来说，或许应该有更多认识判断的**悬置**存在。

那么反过来，对于知识论**进步**的本质，这意味着什么呢？是不是这样的进步本身在部分意义上可能是由不断出现的知识论判断悬置构成呢？是不是未来知识论的进步会要求更少的知识论，而不是更多呢？这样的进步在某种程度上是否就是**保持沉默**（silence）——知识论的沉默，可以说就是知道的（knowing）沉默、理解的（understanding）沉默呢？

现在我们或许要对这一想法存而不论了。⑬

参考文献

Hetherington, S. (1992). *Epistemology's Paradox: Is a Theory of Knowledge Possible?* Savage, MD: Rowman & Littlefield.

—— (2001). *Good Knowledge, Bad Knowledge: On Two Dogmas of Episte-*

---

⑬ 与此相关的是，我们或许会琢磨——我们每一个人——许内曼（Huenemann, 2004）对于为什么一般意义上哲学要努力取得进步的诊断。他声称，这一难题是哲学家希望（甚至他们希望正确）实现认识上更为**真切**，也就是"出于**他自身或她自身**来理解某个东西的关切"（257；强调是我加上的）。是不是说哲学之内（within）更多是个体主义以及个人的探究，而不是相容于"哲学中有关键的进步"（同上）这一立场呢？我要说的是我不知道许内曼在这个问题上是否正确。（但是倘若他正确的话，那么在保持其哲学性的情况下，哲学之内的协同工作会让人苦恼吗？）

mology. Oxford: Clarendon Press.

Huenemann, C. (2004). 'Why Not to Trust Other Philosophers'. *American Philosophical Quarterly*, 41: 249-58.

Kaplan, M. (1985). 'It's Not What You Know That Counts'. *Journal of Philosophy*, 82: 350-63.

McGinn, C. (1993). *Problems in Philosophy: The Limits of Inquiry*. Oxford: Blackwell.

Russell, B. (1959 [1912]). *The Problems of Philosophy*. Oxford: Oxford University Press.

Stroud, B. (1989). 'Understanding Human Knowledge in General', in K. Lehrer and M. Clay (eds.), *Knowledge and Skepticism*. Boulder, Colo.: Westview Press, 31-50.

van Inwagen, P. (2002). *Metaphysics* (2nd edn.). Boulder, Colo.: Westview Press.

2. 直觉的魅力与知识论的抱负 *

希拉里·科恩布里斯

无论是知识论还是一般意义上的哲学,其共同的一个特征就是诉诸起到了重要作用的直觉。因此,邦儒(Laurence BonJour,2002:48)评论道:"……我们关于知识情形的常识直觉……是……我们决定知识概念真正意味着什么的主要的、不可或缺的基础。"与其他许多人一样,在邦儒看来,知识论的职责就是为我们提供关于我们认识概念内容的阐述,并且我们的直觉为我们提供知识论理论借以建基其上的材料。刘易斯(David Lewis,1973:88)赞同类似的、专门用于心智形而上学的方法,以及一般形而上学的方法:

> 在人们介入哲学之前,它早已被赋予各式现成的观点。在任何程度上,哲学的任务都不是削弱或确证这些先在的观点,而只是尝试去找到如何将这些观点扩展为一个有序系统。形而上学家对心智的分析就是尝试将我们关于心智的观点系统化。它在下述意义上取得了成功:(1)它是系统的,且(2)它慎重对待那些与我们关联紧密的前哲学观念。①

罗素(Bertrand Russell,1912:25)赞同所有哲学都同样使用这种方法:

---

* 这篇文章的不同版本曾在弗里堡大学(University of Fribourg)、阿姆斯特丹自由大学(Free University of Amsterdam)以及布里斯托大学(University of Bristol)宣读过。非常感谢在所有这些场合中参与评论的听众。此外,海瑟林顿、范沃登贝格(Rene van Woudenberg)、范德盖斯特(Brandt van der Gaast)以及一名匿名审稿人也给出了有益的评论。

① 刘易斯清晰地表明,他意在将同样的方法应用于所有形而上学。在紧接着上面被引用材料的下一段中,刘易斯评论道:"因此,它是全部的形而上学……"

哲学应该向我们表明我们本能（instinctive）信念的层次结构，从那些我们坚定持有的信念开始，并尽可能把每一个信念都从不相干的附加物中独立出来、游离出来。应当谨慎地表明，我们的本能信念在其最后所确立的形式中，不应当相互抵触，而应当构成一个和谐的体系。一个本能信念，除非与别的信念抵触，否则就永远没有任何理由不接受。因此如果发现它们可以彼此和谐，那么整个体系就值得接受。②

罗素和刘易斯没有就哲学理论建构的方式究竟是什么样达成一致意见。刘易斯坚持认为，"无论在什么意义上，哲学的任务都不是削弱或确证这些先在的观点"，而在罗素看来，我们的前理论观点是通过它们的系统化而得以确证的。然而，尽管罗素和刘易斯在关于相应哲学理论的认知地位上有分歧，但他们关于恰当的哲学方法是什么样则意见一致：我们开始于我们的直觉，而后尽我们最大的努力尝试将它们系统化。

诉诸直觉同时又尝试将它们系统化，构成了一个为人所熟悉而广泛得以实践的哲学方法。事实上，比勒（George Bealer, 1993）已然将它称为哲学中"标准的确证程序"。继斯蒂奇（主要见 Stephen Stich, 1990: ch.4）和卡明斯（Robert Cummins, 1998）之后，我同样认为这是一个应该被我们抛弃的程序；如果哲学停留在满足于对前理论直觉的系统化，那么哲学就不可能实现其抱负。我在其他文献（2002: ch.1）中论证过这个观点，而且我将在这里进一步扩展那些论证。然而反对标准确证程序的论证，也使得许多哲学家困惑不已。我在呈现这样的论证中发现，许多哲学家觉得难以搞清楚，除了诉诸某个人的直觉作为哲学洞见的来源之外，如何可能还有其他什么事情好做，进而就像罗素和刘易斯所提出的那样，尝试对它们进行澄清和系统化。的确，有些人认为抛弃诉诸直觉方法的任

---

② 很显然，罗素对于本能信念的观点与现今哲学家们所指涉的"前理论"的观点正好一样。以下就是罗素如何引入该术语的阐述："当然，我们最开始并不是通过论证获得我们在独立外部世界中的信念。我们发现一旦我们开始反思，这个信念就出现在我们自身之中：它就是所谓的**本能**信念。"（Russell, 1912: 24）

何尝试难免导致自我损害。③

我将在这里直接回应其中一些争论。④ 此外，我会提出一个与标准程序完全不同、积极的哲学方法的理论。我希望能表明这个方法无可怀疑，在理智上是可接受的，并且不像诉诸直觉的方法，它会允许哲学实现其最重要的抱负。

I

诉诸直觉是为了允许我们来阐明我们的概念的轮廓。通过检视我们关于想象或假设情形的直觉，我们应该能够对诸如知识和确证之类的概念逐渐有些理解。根据这样的观点，或者至少展开一个知识论理论最基本的第一步，就是对于我们的概念的理解。

我自己的观点是，我们的知识和确证概念与知识论的旨趣无关。恰当的知识论理论化的目标是知识和确证本身，而非我们对于它们的概念。就如化学是对自然界某些特征的研究，而不是我们对于那些特征的概念，在我看来知识论是对世界的某些真正特征的研究，换言之，是对知识和确证的研究，而不是对我们关于那些特征的概念的研究。与此相似，就像早期化学家们更愿意在考虑并不周全的情况下研究他们关于酸或原子的概念而不是去观察自然界，我相信知识论学者会更愿意未经细想便研究我们知识和确证概念的特征而不是去检视现象自身。在这个化学情形中，早期研究人员对许多他们试图研究的自然种类的本质属性一无所知；另外，他们持有许多关于那些种类的错误信念。这些成对出现的难题，比如无知和错误难题使得对化学概念的研究与化学的进步毫无关系。但是无知和错误难题并非仅局限在化学情形中。就如我们可能误解酸的真正本质一样，我们

---

③ 包括 Bealer（1993），BonJour（1998），Goldman（forthcoming），Jackson（1998），以及 Pust（1996）。

④ 我在其他地方同样详细讨论过其中一些论证。我在著作（Kornblith, 2002: ch.1）中讨论了比勒、邦儒、戈德曼和杰克逊，而且我在论文（Kornblith, 2000）中还详细讨论了邦儒关于先天直觉的观点。同样也可参见我的著作（Kornblith, forthcoming b）。

也可能误解知识和确证的真正本质。如果我们对现象的真正本质在任何意义上都无所了解或陷入错误，那么检视我们的概念将对于解决该问题毫无帮助。如果我们希望对知识本身有真正的理解，我们就有必要关注现象而不是我们对它的概念。

有人可能会认为，即使这些评论正确无误，也有必要为了开始我们的研究，或者只是为了确定其主题，而对我们的认识的观念加以检视。杰克逊（Frank Jackson, 1998: 38）和戈德曼（Goldman, forthcoming）捍卫了这一观点。我要如何来解释，在检视知识时，为什么我注意到的是人们的信念，而不是，比方说各种岩石呢？就像戈德曼（同上）所提出的，这一回应显然要诉诸各种"语义学概念的理论"，也就是我们对概念的考察所得出的结果。因此，即使这样的语义学研究仅仅是为知识自身研究做准备，但无论如何，对于任何此类研究来说它仍是一个必要的准备。

戈德曼与我的分歧之处在于这样的语义学研究的范围是什么。在戈德曼看来，考察我们的知识概念绝不是一件可有可无的事情。柏拉图的《泰阿泰德篇》（*Theaetetus*）已论及语义学方面的问题，而这个研究与那些受盖梯尔启发的文献，以及诸如内在主义和外在主义的确证之类的讨论一道继续着。这里有关语义学的问题极其微妙，这个语义学问题的讨论延续了超过两千年，并且始终是一个有着极大争议的话题。正是这个语义学问题，被戈德曼视作研究知识和确证现象的前提条件，它假定除了我们对它们所拥有的概念之外，讨论知识和确证自身也是有其恰当的意义的。⑤

然而在我看来，戈德曼、杰克逊等人或许是对的，他们认为我们需要诉诸某种语义或概念真理来解释，在考察知识本质时，为什么我们注意到的是涉及信念的那些情形，而没有注意到比方说涉及岩石的情形。同样，这里需要的语义学研究所涉及的范围仍远远少于戈德曼让我们所关注到的、持续千年的话题；事实上，所需的语义学研究是非常微不足道的。

因此，不妨来看一看对研究酸的本质感兴趣的化学家。他把一系列醋

---

⑤ 我这里没有提及，戈德曼把这种概念性研究当作一种后验问题，并视认知科学的调查技术为必要的东西。对于这一进路的完备解释，请参看 Goldman（1992）。然而，概念性研究到底是先验还是后验这一话题，与本文讨论的话题密切相关。

酸、王水等假定的酸类物质放到一起，并着手研究这些酸之间的共同之处。他审视的是世界上的现象，而不是他的概念。现在想象一下，有人过来说，他想做一些工作以对这项研究有所帮助，但不是以早期化学家所采用的那些方式来介入，他组合随机收集的家具，并声称他也正在努力理解酸的本质。显然这里已经出了问题，关于错误由什么造成的解释方式必然会牵涉语义或概念的东西，它们取决于两个研究者所拥有的概念之间的差异。不过这样的研究不会持续千年。人们不会想要告诉这个化学家，在他能够开始观察物质之前，必须对他的酸的概念的特征给出精巧和细致的解释。基于同样的理由，我相信，在研究知识和确证的本质时，解释为什么我们注意到的是信念而不是岩石所需的语义学工作将同样不值一提；而且在理解知识和确证时所有真正牵涉到的工作，将必然要审视现象自身而不是我们的概念。

如果我们研究的是我们的知识和确证概念，而不是研究知识和确证本身，那么哲学的抱负的追求将受到严重限制。既然我们的概念可能受到错误和无知的影响，那么任何对我们概念的研究都不可能揭示我们所希望理解的现象的特征，并用我们被误导之概念的理解的改进版来替代对其目标的准确理解。我相信做哲学不应该是这个样子。

II

如果我们在审视我们的概念而不是检验它们力图把握的现象时，要避免这样的误导，那么应该如何来实践知识论呢？比勒当然没错，经由诉诸直觉的概念分析是哲学中标准的确证程序，但它不是当前可用的仅有的哲学方法，我相信它也不适合作为历史上哲学的典型方法。我想要做的是引入历史上出现的一些哲学研究工作的例子，它们所运用的方法并非诉诸直觉的方法，也不同于比勒的标准的确证程序。这个方法不仅不同于标准程序，而且它产生的结果经常完全不同于诉诸直觉的方法。如果我对标准程序的判断是正确的，那么我相信这就是人们应该怀疑的东西。由于我们的概念常常是无知和错误的产物，因此倘若我是正确的，那么它们应该经常被证明错误地描绘了它们作为其概念的那些特定现象。概念分析不是哲学家们唯一可以做的事情，目前还有其他很多方式可资利用来实现哲学的抱负。

首先，来看看心智哲学中讨论二元论与唯物论之间差异的那些文献。从一开始，所涉及的那些文献就诉诸经验证据——关于心理现象本身的证据，而没有仅仅诉诸我们的直觉。因此，例如在笛卡尔那里，我们可以看到通过诉诸人类语言使用的特征来为二元论辩护，笛卡尔认为这样的特征不同于经由任何物理机制来阐释的，不管物理机制有多精妙。当然，当前讨论得益于那些广泛来自经验科学的各种文献。

这些研究的实证结果可能冲击了我们对概念的认识。假设对某人心智概念的分析应该表明，某种实体二元论只是建立于概念之中。即便如此，这并不足以说明唯物主义是错的。在尝试理解心智的本质时，我们所关心的并非我们心智的概念而是心智本身。很有可能的情况是，对于某些个体或者整个文化而言，在其关于心智的特定概念中确立实体二元论的承诺，而它们概念的特征之一就是诉诸直觉将会揭示出来的。但是我们关心心智的原因，以及有关心智的问题在哲学史中之所以具有如此核心地位的原因，在于心智是人类最为重要的特征；而关于唯物主义是否为真这一问题，则是关于世界上这些现象的问题，而不是关于我们概念的问题。我们不是通过理解我们潜在的所知不多的心智概念，而是通过对我们心智的考察，来增进我们在大自然中所处位置的理解。

不妨看看乔姆斯基（N. Chomsky）在语言习得上所做的工作⑥，他对天赋问题的讨论，以及他在这方面的研究如何为理性主义与经验主义之间的争论带来帮助。正如乔姆斯基一贯所主张的那样，他讨论的情形依靠的是非常广泛的实证性考量，而且乔姆斯基主义立场的非凡力量在于这些不同的实证考量汇聚的方式，同时又独立地支持了关于大型心智结构的某个观点。乔姆斯基的工作与我们心智的概念没什么关联，他的意旨并不在于揭示前理论观的框架。相反，乔姆斯基的兴趣点在于自然世界的某些特征，也就是人类心智，而且恰恰因为它纠正了我们在心智问题上的前理论的、无知的看法，他的工作才显得特别具有启发意义。

---

⑥ 他这方面的研究有很多，不过是从 Chomsky（1957；1959；1965）开始的。

来看一下福多（Jerry Fodor）对思维语言假设的论证。福多认为认知科学中很多理论只能通过我们假定思维语言的存在而得以理解。实际上，福多的主张是，认知科学家们已经发展出了大量的理论，它们有着共同的、未被辨识出的预设。这种对思维语言假设的论证因而是直接带有经验的特征。这种论证不诉诸我们的思维的概念，无论如何与我们思维的概念不相干。福多的这一主张涉及我们思想实际上得到表征所处的媒介，而非关于我们有关这样一个媒介的隐含看法。

此类论证既没有什么神奇之处，也不用将之还原至或预设为对人们概念的某个在先的分析。与化学家试图断定酸是什么相比，在这里不会有更多概念的分析被牵涉进来。几乎毫无疑问，这些论证中所使用的方法非常不同于标准的确证程序，同样，通过发现关于更多具体现象的经验理论的共同假设，以寻求发现世界的某些极度抽象之特征的方法，毫无疑问也是完全合理的。我的意思不是赞同福多，比方说在为思维语言的假设而辩护时，所得出的那些结论；毋宁说，我采用了福多的论证，把它当作一种在哲学文献中常见的、有效的经验理论化方法的一个应用，不管他的论证从细节上来讲有多么成功或不成功。

伯吉（Tyler Burge，1986）采取了相同的策略。伯吉在这篇文章中主张心理状态内容的反个体主义立场，但是他并非通过诉诸有关想象情形的直觉，以及我们所认为的心理状态内容有可能是什么样，而是通过检视玛尔（D. Marr，1982）针对视知觉做出的特别成功的经验解释的细节，并论证除非用反个体主义方式解释相关的表征状态的内容，否则这个解释就行不通。关于孪生地球、沼泽人等直觉完全与伯吉在这里所从事的工作无关，因为至少在这篇文章中，伯吉没有试图让我们心理表征的概念的轮廓更为清晰；相反，他尝试将关于心理表征自身的某些东西搞清楚。像福多一样，伯吉正试着弄清得以完备证实的那些经验性理论的一些承诺。

我相信，普特南（Hilary Putnam）有关自然种类术语的指称理论也是如此，虽然我承认不能总以这样的方式来理解这一理论。普特南肯定诉诸了大量想象情形，正是因为如此，也就很自然地把他的论证视作标准的确证程序的一个应用。杰克逊在他为概念分析进行辩护时，当然是以这样的方式来理解它，他告诉我们（1998：39），"普特南的理论恰恰建基于大众直觉"。但是我认为以这种方法来解读普特南，无法领会他呈现其论证的情境。⑦ 普特南自然种类术语的指称理论是他尝试提出实在论科学哲学的一部分。⑧ 正如普特南所主张的，传统的摹状词指称理论使理解那些信奉不同理论的个体之间有可能产生分歧这件事变得不可能。如果牛顿使用的"质量"这一术语的指示物（referent）由他的理论所决定，爱因斯坦所使用术语的指示物也由他的理论所决定，那么当一个人声称"质量与速度无关"，并且其他人似乎要反对时，牛顿和爱因斯坦在他们共同的主题上就没有分歧；相反，他们只是在讨论不同的东西而已。⑨ 普特南反对基于摹状词的指称理论，而主张自然种类术语的论证，意在表明这一理论无法阐释具体的、真正的现象，也就是科学中的进步；它不应该仅仅被视为尝试对直觉做出论述。

这样一种哲学研究常常会产生与运用直觉相冲突的结果，或者我们的直觉对此不起作用的结果。比如，斯温伯恩（Richard Swinburne, 1981: ch. 7）就论证道，根据标准的确证程序，空间必须有三个维度，而邦儒（BonJour, 1998: 220 n. 5）也赞同这个论证。然而就在最近，加利福尼亚大学圣塔芭芭拉分校的斯皮罗普鲁（Maria Spiropulu）在伊利诺伊州的费米实验室（Fermilab）做了一个实验，旨在检验时空有 10 到 11 维这一观点。⑩ 假定斯皮罗普鲁的研究结果会如她所猜想那样证实了空间有 10 维。在运用直觉与对现象的经验研究之间，我们现在就有彼此对立的观点。我们面对这样一个冲突时该说些什么呢？

当然，有人会坚持认为，直觉在任何这样的冲突中都能轻易胜出。根

---

⑦ 劳伦斯和马格利斯（Stephen Laurence & Eric Margolis, 2003）同样表明了这一看法。

⑧ 这一点先于普特南 1975 年转向"内在"实在论。用他 1975 年之后的语言，这里所讨论的是科学的**形而上学**实在论的一部分。

⑨ 的确，单纯从这个论证来看，库恩（Thomas Kuhn, 1970）似乎会接受这样的结论，同时，既然牛顿和爱因斯坦彼此在指称上都非常成功，那么可以得出结论，他们是"在不同的世界中"工作。建立在摹状词指称理论之上的论证出现在 101-102 页，谈到"在不同的世界中"工作出现在 135 页。这一发现应归功于博伊德（Richard Boyd）。

⑩ 见 2003 年 9 月 30 日的《纽约时报》。

据这一观点，我们甚至无须等待斯皮罗普鲁的研究结果，因为我们预先知道了空间恰好有三个维度。这样的话，在费米实验室和在日内瓦的欧洲粒子物理研究所（CERN in Geneva）中的许多研究者正浪费着他们的时间。此外，大量的资金正被浪费于这些相同的实验上，因为关于空间维数问题的正确回答或许可以在没有任何实验设备的情况下得到。我认为，这一观点所具有的合理之处，与那种认为通过望远镜观察，来确定空中物体的特征的无用的观点完全一样。

也许有人持有这样的观点，直觉的结果在这里是相关的，而且除了更为直接的经验性证据以外，它们也应该被考虑在内。这样的话，如果斯皮罗普鲁是要提出她在费米实验室的数据支持空间是 10 维的理论，那么我们就可能要合理地回应说，她只考虑了相关证据资源中的一个；她同样有必要考虑直觉的结果。从某种意义上说，每一数据来源都需要被赋予适当权重。不过在我看来，与那种认为她的实验工作完全毫不相关的观点相比，这一观点不具有更多可行性。显然，实验研究在这种情况下，可以独自完成所有工作，用以支持空间形状问题上任何合理的结论。斯皮罗普鲁摒弃任何直觉材料的做法完全没问题。

我相信，有人可能提出，从更合理的意义上，就像邦儒和其他理性主义者所主张的，这里诉诸我们的直觉会为我们提供相应的信息，但不是有关空间自身的信息，而是有关我们的空间概念。那么，哲学分析所提供的只是根据我们对它的观念所做出的空间是什么的论述。然后我们就可以开展我们的经验研究，以判定世界是否如我们所设想的那样包含着空间，或者相反，它是否包含着其他什么东西。这也是杰克逊所认为的。

> 那么在我们对自由行动的存在以及它与决定论的兼容性，或有关意向心理学的取消论（eliminativism）争论不休时，我们正力图阐释的、有趣的哲学问题究竟是什么呢？我们正力图阐释的是，根据我们的日常观念，或者某些适当接近我们日常观念的东西，自由行动是否存在而且能否与决定论相容；意向状态能否从认知科学在我们大脑运作问题上所揭示的东西中幸存下来。

正如杰克逊所强调的，对于哲学来说这就是一个合适的任务，不过它为独特的哲学方法留下了余地。哲学告诉我们，我们的日常观念究竟是什么⑪；科学研究则告诉我们，世界上是否有什么东西能对这些问题进行回答。

在把这个方法应用到关于空间维数这个实例中时，杰克逊当然会持有这样的观点，哲学家们告诉我们有关空间的日常观念是什么，并且物理学家们将告诉我们世界是否会对于我们对其所拥有的前理论观念加以回应。这避免了不得不面对费米实验室和欧洲粒子物理研究所的物理学家这一难题，并且告诉他们，在他们的空间观无法回答我们直觉对其所产生的问题时，它留给哲学的工作是不恰当的，而且看起来毫无意义。如果对物理世界已经有足够多的了解，从而排除了世界上存在着跟那些时空观念几乎毫不相似的东西，那么我们为什么应该耗费整个职业生涯，去担忧我们关于时空之日常观念的细节呢？为什么我们的脑力劳动无论如何都应该致力于详细阐释我们关于事物之日常观念，而不是考察事物自身呢？正如我们所见，在化学家们研究酸之本质的情形中，实际上不需要任何概念性运作来确定其研究主题。对我们概念的研究似乎和理解空间本质、意向状态、自由等的现实计划毫不相干。当然，以下这些确实是哲学的正当追求，比如告诉我们一些有关空间本质、意向状态、自由的东西，而不只是我们对它们的日常的前理论观念，即使这些东西是有关世界上真实存在的东西的完全错误的描述。

倘若如邦儒等一些理性主义者提出的，我们的直觉是获取有关世界自身特征的可靠路径，那么哲学或许通过考察我们的直觉来取得进步。然而，我们关于某些主题的直觉常常与相应领域的经验研究相冲突，而当这样的冲突发生时，我们的直觉必须让步。但是这使我们直觉的考察看上去仅像权宜之计——在真正的数据获得之前，我们也许可以做的事情。更糟

---

⑪　杰克逊为基于摹状词的指称进路加以辩护，他提出在某些方面这种决定指称的摹状词可能是元语言学的："被叫作'X'的人，或被叫作'K'的类"。但如果这是一种为摹状词指称理论辩护的方法，那么概念分析的结果将会毫无启发，不揭示指称对象的任何非语言特征以及我们关于指示物的概念。如果这就是哲学能揭示的所有东西，比如合适的行为就是那些我们称为"合适"的行为，或者知识就是我们称为"知识"的东西，那么很难看出哲学的价值所在。

的是，这无疑暗示了这样的权宜之计几乎没有什么理智的价值，它仅仅可以帮助我们消磨时间直到我们能够有效解决我们所真正关心的问题。当在我们关心的某个主题上没有实质性信息可用时，承认我们对这个主题真正一无所知会好得多。有关我们直觉的材料没有告诉我们关于世界的关键特征的任何内容。

杰克逊的经验主义备选方案——我们的直觉给我们提供了有关世界观念的信息，几乎没有为哲学的这一抱负或完备性进行辩护，尽管科学告诉我们这个世界是否符合那些观念。在我们研究世界本身之前，我们无须考察像世界是什么样的这样的前理论观念。哲学作为科学的前身，它起到确立其主题的作用，但这一图景赋予哲学的工作却根本没有做的必要。

如果哲学想要实现它的抱负，而且保持它的完备性，那么我们就有必要停止考察我们的直觉，去审视现象本身。

III

尝试理解人类心智的本质、心理表征或空间，显然需要对我们周遭的世界进行经验性研究，或许大量心智哲学和科学哲学会因此而要求我们扔掉我们的扶手椅（armchairs）、抛弃标准的确证程序。[12] 不过不是所有哲

---

[12] 蒂莫西·威廉姆森在这个问题上持有一个有趣的立场。他提出，关于假想情形的直觉"仅仅涉及一般认识能力的特殊应用——最突出的是处理反事实的能力——这些认识能力被广泛用于我们对时空世界的认知参与"。因此，他论证道，错误在于将诉诸直觉看作涉及一些特殊的能力，或独特的过程，或作为前确证。在我看来，所有这些似乎是完全正确的。但是威廉姆森希望去捍卫这样一个观点："如果真有什么东西是在现实之外能被追求的，那就是哲学，我相信这与他的其他观点很难相容。"如果所谓直觉的判定，只涉及使用我们的日常经验为导向的认知能力，那么哲学中的扶手椅方法将会涉及对任意的、动机不明的材料进行限制以使得在理论化过程中被考察。尽管理性主义者可能很容易解释，为什么他们认为单单直觉与哲学理论相关，如弗兰克·杰克逊等人认为，哲学的旨趣在于我们概念的轮廓，他们可能很容易解释为什么直觉是哲学所需的全部材料，例如威廉姆森的观点看起来不比物理学的观点更极权，就像限制它自身在周一、周三、周五收集的材料。如果所谓直觉的材料只是我们通常的经验驱动的认知能力之产物，那么我们确实应该使用那些相同的经验驱动的认知能力而脱离冥思来创立更明智的理论。

学主题都如此明显地适合经验研究，尤其是知识论中的许多主题看起来或许就属于这一类。的确，对于邦儒来说，将直觉视作洞察**自在**（an sich）之实在的本质的源泉非常有趣——这不仅告诉我们关于我们空间的概念，还告诉我们空间自身，在他看来，直觉为我们提供的是关于知识**概念**的信息而不是知识本身。⑬ 在理解为什么理性主义者也许会讨论知识论的这个方法时，我相信我们不仅会更好地理解理性主义者的立场，而且会更好地理解许多其他知识论学者的观点——他们认为知识论的主题与我们关于知识和确证的观念密切相关。

我们所持有的什么是酸的概念与关于使得某物之为酸的物质的事实，两者之间存在着显而易见的鸿沟。在仔细研究早期化学史后，科学史家已经详尽地向我们表明，两者间的鸿沟有多大。⑭ 酸之为酸的性质是一种自然性质，而什么使得某物之为酸并不是人类约定或选择的产物。我们所持有的酸是什么的概念可能准确也可能不准确，因为酸是什么是独立于人们如何考虑它的一件事情。科学理论化的目标之一，就是要将概念展开，这些概念准确地描绘了像这样的种类的本质，这些种类之间的界限不是由我们对世界的看法所决定的，而是由世界本身所决定的。⑮ 适用于酸的本质之为真的东西同理也适用于心智的本质、心理表征以及空间。

当然，不是所有人都赞同这样的自然种类观点，不过即使是那些支持者中，也有很多人不愿认同像知识和确证的信念这样的就是自然种类。无论是对确证的信念，还是知识都有特定的标准，而且这些标准并不是我们发现的那些，它似乎独立于人类的约定或选择而存在于世界之中，如岩石和酸；相反，这些标准看起来只是我们强加给世界的，是对我们自身决定的反映。根据这样的观点，知识的概念和知识实际上是什么之间不存在鸿沟，因为知识可以说，就是我们已经创造的东西，而不是我们发现的东西。总而言之，知识这个范畴本身由社会建构而来。

这是我所不能接受的一个观点，因为我自己相信知识就是一种自然种

---

⑬ 请参看本文一开始所引述的段落。
⑭ 比如可以参阅克罗斯兰（Maurice Crossland, 1978）。
⑮ 在我的研究（1993）中，我发展并辩护了这样的自然种类观点。

类⑯，但是知识是社会建构而成的种类这一观点具有一种毋庸置疑的吸引力，而且它值得加以细致考察。这样就能够理解，当他们自己将直觉看成对世界自身的本质之洞察时，为什么像邦儒这样的理性主义者会将知识论视作对我们概念的研究；同样也能够在一定意义上理解，在对自然种类概念，如我们的空间概念或心智概念进行的考察，难以引起诸如物理学或心理学等使用这些概念的学科的兴趣时，为什么更多从经验意义上理解心智的哲学家，会认为考察知识的概念应该成为知识论的真正旨趣。

让我们来看看一个经由社会建构而成的种类的显著情形：一个人造物的（artifactual）种类。不妨看一下越野车这个例子。越野车是一种与轿车、旅行车、皮卡车不同的机动车。与我们承认酸和碱的存在这一事实反映了我们对化学世界的理解相比，我们的文化将车辆世界划分为许多不同种类的事实，并没有以同样的方式反映我们智力的敏锐性。有一辆文化中的车辆与我们的完全一样——是我们的车辆一模一样的复制品，但是这种文化不把它们理解为旅行车、越野车等这样的分类，它不会因此而出现无法理解的情形。相反，有一种文化通过不同的类别系统将我们车辆的那些分子复制品分类，它只不过会表现出它们的旨趣和关注与我们自己的不一样。关于如何将这些车辆分类的问题，有些分法准确，有些则不准确，没有与之相对应的、业已存在的事实。可以说，这些分类系统没有试图在本质上描述真正的种类，以在其连接处将车辆世界切割开来；它们只是反映了我们局部的旨趣和关注。当然，一旦这样一个分类系统就位运行，就可能出现错误地分类某个对象的情形；不过，就这个分类系统本身来说，既不是准确，也不是不准确。

当然，现在在这些情形中，我们文化的越野车概念是否真的符合越野车自身的真正本质，搞清楚这一点没什么意义，就像我们不知为什么或许已经错过了这个类的真正本质一样。尽管我们可能拥有一个不准确的酸的概念，但是既然什么使得某物之为酸与我们对它的概念毫无关系，那么人造物种类在这一点上就不一样。什么是越野车，只是符合了我们文化中一辆越野车的概念。在这种情况下，这个概念就是这个类真正存在的来源；

---

⑯ 在我的研究（2002）中，我辩护了这个观点。

不像自然种类,我们的概念在这里没有试图在本质上描绘业已存在的类。

我们知识和确证的信念的范畴,也就是知识论理论化的对象,可能会与人造物种类有对应的相似之处吗?我们想把信念世界区分为被确证的信念与没有被确证的信念,或者区分为构成知识的信念与不构成知识的信念,这样的欲念是否有可能反映了我们强加于世界之上的标准,这样的随意区分只是体现了我们局部的关注,没有体现世界的真正区分?如果知识和确证就是这类范畴的话,那么我早先关于我们知识的概念和知识本身之间有可能存在鸿沟的评论,看起来好像是基于一种误解。因此如果认识的概念符合社会建构的种类,那么知识论中概念性阐发这样的方案似乎会自然而然达到现象自身,毕竟什么才是知识的具体实例呢,不外乎是符合了我们概念的东西。这样看来,概念分析的方法、标准的确证程序,似乎将得以维护。

我认为问题不像这种图景所呈现出来的那么简单,因此我要讨论的是,即使我们的认识范畴符合社会建构的类别,但是知识论中直觉所起的作用仍将极为有限;而且标准的确证程序在阐明知识和确证的本质中仍然毫无用处。

几乎毫无疑问,自然种类的形而上学与人造物的或社会建构的种类的形而上学大相径庭。什么使得自然种类成为其所是的事物的那个种类,与人类目的、意向、兴趣或者决定无关;然而人造物及其他社会建构的种类,则凭借它们与人类意向状态的关系而成为其所是。不过由于人类意向性和人造物之间的关系复杂而又不那么直接,因此从这些形而上学的差异迅速地得出任何知识论结论都将是错误的。[17] 尤其是人造物种类的术语受制于完全相同的语言劳动的分工,这一区分在普特南讨论自然种类术语中已经表述得非常清楚了。[18] 实际上这就是说,我自己的任何特定的人造物概念与我自己的酸的概念,在把握这个种类的特征方面一样不准确。就如在这种自然种类的情形中,个体会很容易遭受无知和错误的问题的影响。因此,我自己关于某一特定人造物种类的私人概念包含了某些特征,这一

---

[17] 关于这个论题的更多讨论,参看我的著作(Kornblith, forthcoming a)。

[18] 此外,可参看普特南在这方面的著作(Putnam, 1975)。

事实绝不保证这一人造物种类本身必定具有那些特征。

当我们每个人寻求阐明他或她自己所拥有的私人概念时，就像在自然种类的情形中一样，我们每个人也都在显示我们自己关于这个种类的观念，这个观念可能符合，也可能不符合这个种类。越野车是社会建构类而酸不是社会建构类，这一事实并不意味着每个人的越野车观念都准确地描绘了这个种类的特性。

许多寻求捍卫哲学中直觉作用的作者，在这点上表现出一定的敏感性，因为人们普遍承认，一个人的直觉不能在哲学分析中发挥基础性作用，除非它们被广泛地共同持有。因此，杰克逊（Jackson，1998：36 - 37）写道：

> 我有时会被问及——所用的口吻表明这个问题是个重要的反驳——如果概念分析涉及阐明什么统辖着我们的分类实践，那么为什么我没有倡导针对各种情况下人们的反应，来做严肃的公众意见的调查呢？我的回答是，在必要的时候我会做的。每一个向整班学生提出盖梯尔情形的人，都在各自领域内做着一丁点儿工作，而且我们都知道他们在绝大多数情形中所获得的答案。

正如斯蒂奇和温伯格（Stich & Weinberg，2001）已指出的那样，这使得它很合理，似乎那些正从事概念分析的哲学家确实是在从事某种社会科学研究，但是在很随便地做这样的研究，丝毫没有注意到样本偏差、启动效应等，而关注这些对获得有意义的结果则是必需的。然而，尽管这样的研究工作做得很谨慎，甚至虽然所用的一些广泛得到认同的概念也由此而被发现，而且即使哲学分析的对象是一些社会建构的种类，但这依旧不是一个确定正在研究的种类的特征的好办法。

根据所有现有的关于人造物的形而上学理论[19]，人造物的制造者和使用者的意图与规定了人造物种类的特征之间的关联极其复杂，并十分不直接。任何关于人造物种类本质的理论，必须要考虑到以下可能性——大多

---

[19] 关于这方面的最新研究，可参看马格利斯和劳伦斯（Margolis & Laurence, forthcoming）。关于一般意义上的社会建构种类的本质的研究，请参看施密特（Schmitt, 2003）。

数使用人造物种类术语的人在种类这一问题上，基本上是无知的或者犯有错误。它不仅适用于那些使用这样的术语指称这个种类的，但几乎与它没有直接接触的人，也适用于那些事实上制造人造物并使用这些人造物的人。任何人有关人造物种类本质的理论，如果没有顾及广泛存在的错误，那么只要根据那个事实，就可以说这个理论是错误的。正是由于这个原因，要对人造物种类的形而上学做出准确论述，真的是太难了。

尽管很显然，根据它们与人类意向之间的某一关联，人造物种类就是它是其所是的东西，至少在部分意义上如此，但是要准确地确定所需的关联，则是极其困难的。当然，对于任一社会建构种类来说也同样如此。根据其与人类意向的某一关系，任何种类都是它所是的那类东西，单单这个事实没有使这个类的本质得到显而易见的反映。

当然这就意味着，社会建构种类这一情形中的概念分析工作，与它在自然种类这样的情形中一样难以取得成功。如果真是这样的话，社会学家就可以放弃他们的实证研究，继而接受标准的确证程序作为理解社会制度本质的方法。不过正如社会学中实证研究工作常常显示的那样，我们社会制度的本质往往是常见的错误观念之对象。社会性构成不会使我们的概念成为面向社会建构种类之本质的精准指南。

正如我说过的，我自己认为知识更适合被视为自然种类。不过我对概念分析的反对，以及我认为我们必须关注知识现象而不是我们对知识的概念，并不依赖于那个观点。即使认识的种类是社会建构而成的，标准的确证程序也洞察那些种类的本质。

IV

我一直在论证，尽管标准的确证程序不能妥善应对哲学的抱负，但应该要承认的是，关于适当的哲学方法，我自己的看法是需要对哲学的抱负做些缩减。至少在传统意义上，哲学始终被视作有其主题，而且这个主题超越了单纯的关于现实世界的局部的、偶然的真理。从这个角度看，科学研究似乎显得"狭隘"了，就像塔尔博特（William Talbott, forthcoming）所做出的形象叙述，而且我自己关于哲学的观念似乎显得同样狭隘。我们的直觉可能是作为概念分析的工具，也可能就是理性主义者所表达的那样。通过诉诸这样的直觉来洞察模态实在的哲学并不存在如此局限性。

我相信，这个反对意见夸大了（即使在传统观念中的那种）哲学与科学研究的结果之间的显著差异。尽管许多科学研究的结果完全是偶然的这一点当然为真，但这并不适用于所有科学发现。水是 H_2O 就不是一个偶然真理，它是必然真理。不过尽管如此，这是科学发现问题。通过科学发现我们能够判定自然种类的本质属性，举例来说，如果知识可以恰当地被视为一个自然种类，那么就有理由去认为，我所倡导的那种针对知识的实证研究可能同样有益于发现其本质属性。即使通过经验研究的方式来做哲学，这也并不会推衍出它所有的结果都将是偶然的。

即便如此，我也不想争辩说，在我所倡导的观念中的所有哲学，将一定会达到必然真理。前述反对意见蕴含的核心立场就是，我的哲学观念使得它迥然不同于传统中的那一类，这样的反对意见是不该被否认的。[20] 在传统的理性主义者看来，我们有特殊的能力，让我们洞察世界的必然特征。在传统的经验主义者看来，哲学通过概念分析的方法产生必然性的知识。我相信我们并没有理性主义者让我们在哲学探究中使用的那种能力，并且正如我一直在论证的，关于我们概念的真理以及由它们所产生的必然性，相对于那些关于我们概念所关涉的世界特征的真理而言，只是一种拙劣的替换。

只有理性主义者会承诺实现哲学渴望已久的所有东西：通过我们的直觉，实现关于世界特性的真理，而不仅仅是关于我们概念的真理。[21] 任何一个拒斥理性主义的人将有必要在这里或那里缩减哲学的宏伟抱负。传统的经验主义者会坚持诉诸直觉的话，将以放弃关于世界的真理为代价。相反，我会建议我们应该反其道而行之：放弃诉诸直觉以便保留哲学追求更好理解世界这一目标。我们应该坚持哲学的传统抱负，与此同时，承认传统方法的局限性。

---

[20] 即使根据我的观念，哲学只会产生必然真理，这一点依然不会有所改变。
[21] 在我的研究（2000）中，我阐述了拒斥理性主义者立场的理由。

参考文献

Bealer, G. (1993). 'The Incoherence of Empiricism', in S. Wagner and R. Warner (eds.), *Naturalism: A Critical Appraisal*. Notre Dame, IN: University of Notre Dame Press, 163-96.

BonJour, L. (1998). *In Defense of Pure Reason: A Rationalist Account of A Priori Justification*. Cambridge: Cambridge University Press.

—— (2002). *Epistemology: Classic Problems and Contemporary Responses*. Lanham, MD: Rowman & Littlefield.

Burge, T. (1986). 'Individualism and Psychology'. *Philosophical Review*, 95: 3-45.

Crossland, M. (1978). *Historical Studies in the Language of Chemistry*. New York: Dover.

Chomsky, N. (1957). *Syntactic Structures*. The Hague: Mouton.

—— (1959). 'Review of B. F. Skinner's Verbal Behavior'. *Language*, 35: 26-58.

—— (1965). *Aspects of the Theory of Syntax*. Cambridge, Mass.: MIT Press.

Cummins, R. (1998). 'Reflection on Reflective Equilibrium', in M. DePaul and W. Ramsey (eds.), *Rethinking Intuition: The Psychology of Intuition and Its Role in Philosophical Inquiry*. Lanham, MD: Rowman & Littlefield, 113-27.

Descartes, R. (1637). *Discourse on Method*.

Fodor, J. (1975). *The Language of Thought*. New York: Crowell.

Goldman, A. (1992). 'Psychology and Philosophical Analysis', in *Liaisons: Philosophy Meets the Cognitive and Social Sciences*. Cambridge, Mass.: MIT Press, 143-53.

—— (forthcoming). 'Kornblith's Naturalistic Epistemology'. *Philosophy and Phenomenological Research*.

Jackson, F. (1998). *From Metaphysics to Ethics: A Defence of Conceptual*

Analysis. Oxford: Clarendon Press.

Kornblith, H. (1993). *Inductive Inference and Its Natural Ground.* Cambridge, Mass.: MIT Press.

—— (2000). 'The Impurity of Reason'. *Pacific Philosophical Quarterly*, 81: 67–89.

—— (2002). *Knowledge and Its Place in Nature.* Oxford: Clarendon Press.

—— (forthcoming *a*). '*How to Refer to Artifacts*', in Margolis and Laurence (forthcoming).

—— (forthcoming *b*). 'Replies to Alvin Goldman, Martin Kusch and William Talbott'. *Philosophy and Phenomenological Research.*

Kuhn, T. (1970). *The Structure of Scientific Revolutions* (2nd edn.). Chicago: University of Chicago Press.

Laurence, S., and Margolis, E. (2003). 'Concepts and Conceptual Analysis'. *Philosophy and Phenomenological Research*, 67: 253–82.

Lewis, D. (1973). *Counterfactuals.* Cambridge, Mass.: Harvard University Press.

Margolis, E., and Laurence, S. (eds.) (forthcoming). *Creations of the Mind: Essays on Artifacts and Their Representation.* Oxford: Oxford University Press.

Marr, D. (1982). *Vision: A Computational Investigation into the Human Representation and Processing of Visual Information.* New York: Freeman & Co.

Pust, J. (1996). 'Against Explanationist Skepticism Regarding Philosophical Intuitions'. *Philosophical Studies*, 81: 151–62.

Putnam, H. (1975). 'The Meaning of "Meaning"', in *Mind, Language and Reality: Philosophical Papers*, vol. 2. Cambridge: Cambridge University Press, 215–71.

Russell, B. (1912). *The Problems of Philosophy.* London: Oxford University Press.

Schmitt, F. (ed.) (2003). *Socializing Metaphysics: The Nature of Social Reality.* Lanham, MD: Rowman & Littlefield.

Stich, S. (1990). *The Fragmentation of Reason: Preface to a Pragmatic Theory of Cognitive Evaluation.* Cambridge, Mass.: MIT Press.

——and Weinberg, J. (2001). 'Jackson's Empirical Assumptions'. *Philosophy and Phenomenological Research*, 62: 637–43.

Swinburne, R. (1981). *Space and Time.* London: Macmillan.

Talbott, W. (forthcoming). 'Universal Knowledge'. *Philosophy and Phenomenological Research.*

Williamson, T. (2004). 'Armchair Philosophy, Metaphysical Modality and Counterfactual Thinking', *Proceedings of the Aristotelian Society*, 105: 1–23.

3. 知识论的目标：规范的元知识论中的新实用主义*

乔纳森·M. 温伯格

我们应该如何形成、修正我们的信念，如何论证、辩驳我们的理由，以及如何探究我们的世界呢？如果这些问题构成了规范的知识论，那么我这里所感兴趣的是规范的**元**知识论（*meta*epistemology）：我们应该如何形成、修正那些关于"我们应该如何形成、修正我们信念"的信念——我们应该如何论证有关"我们应该如何讨论"这样的问题。由于知识论的方法论问题已到了一个紧要关头，所以这样的研究在最近已经变得刻不容缓。鉴于在刚过去的半个世纪中，分析的知识论对直觉过度倚重[1]，而且，越来越多的论证和资料开始质疑这种对直觉的过分依赖（比如 Weinberg, 1998; Nichols & Stich, 2001; Nochols, Stich & Weinberg, 2003; Cummins 1998）。尽管这种方法并非完全没有辩护者（BonJour, 1998; Bealer, 1996; Jackson, 1998; Sosa, forthcoming; Weatherson, 2003），但这些辩护往往没有应对反直觉主义的批评者所提出的挑战。特别是，这些批评者抨击了利用直觉的具体方法，而辩护者则大多通过对诉诸直觉的说服力的原则性辩护来予以回应。这里的一个类比将会是，人们回应那些声称某一科学仪器误用的系统性论证，同时论述了这样的仪器如何才能在原则上成为可靠的数据来源。

---

* 我要感谢克劳利（Steve Crowley）、海瑟林顿（Stephen Hetherington）、杰克曼（Henry Jackman）、卡普兰（Mark Kaplan）、克莱因（Peter Klein）、莱特（Adam Leite）、马基（Peter Markie）、麦卡拉（Mark McCullagh）、麦斯金（Aaron Meskin）、内塔（Ram Neta）、里德（Baron Reed）、索萨（Ernie Sosa），以及奥本大学（Auburn University）、孟菲斯大学（University of Memphis）、德州理工大学（Texas Tech University）的师生们，他们提出了许多有益的意见和建议。

[1] 帕斯特（Joel Pust, 2000：ch.1）讨论了当代哲学中直觉所起的核心的证据作用。

不过也许对直觉来说，最好或者在心理学意义上最具说服力的情形，就是一种"还用问吗？"（what else?）论证。如果没有可以取代它、与之对立的方法，那么很显然，更理性的做法就是保留我们所知道的这一知识论，尽管它问题重重，而不是完全放弃知识论。我的意图不仅是要强化这一情形，来反对传统的、以直觉为中心的方法，而且也是要说清楚一个更完善的元知识论是什么样的。首先，在清晰说明我们的规范知识论有哪些需求的基础上，我提出了一个论证这些问题的（一个元-元知识论的？）框架。然后，我把这个框架应用于对比直觉主义、自然主义和实用主义这三个基本的方法论思想体系。我希望表明，从现有情况看，实用主义（或者我的实用主义版本，无论它是什么样的版本）是未予以充分研究的选项，并且我会为此进一步论证其方法是如何应用到某些现有的哲学难题。

I．元知识论的需求

这里的论证模式与最佳解释的推理（the inference to the best explanation）在规范性上有相似之处。在最佳解释的推理中，我们先找到一些现象，然后根据它们对这些现象的解释如何来评价那些竞争性理论。胜出者无须做到完美解释所有现象，而且事实上它可能在某些理论上惨遭失败，当然，要是那些失败的情形通过更多的、整体的成功解释而得到补偿会更好。就我们这里的目标而言，我们确实没有什么亟待解释的现象。相反，我们会有相应的需求（desiderata），这样的特征正是我们满心希望我们的方法论所具有的。在比较不同的方法时，我们会发现每一个方法是如何推进每一项需求的。作为胜出者的某个方法总体上会得到最彻底的执行，即使它在面对所有现象时表现得并不完美，而且事实上有可能在某些方面会被与之竞争的理论超越。

我会列出七个需求。而关于这个列表也没有什么是不可更改的。对于哲学方法到底会为我们带来什么，列单中每一项作为经验的概括均有其吸引力。这个列表同样也没有穷尽，我愿意接受那些需要加以论述的需求被添加进来。不过这些应该足够我的论证应付了：

3. 知识论的目标：规范的元知识论中的新实用主义

（1）利真性（truth-conduciveness）
（2）规范性（normativity）
（3）辩证的鲁棒性（dialectical robustness）
（4）非激进主义的进步主义（progressivism without radicalism）
（5）跨学科的表现（interdisciplinary comportment）
（6）极弱的自然主义（minimal naturalism）
（7）合理的相对主义/普遍主义（plausible relativism/universalism）

我将逐一简要展开讨论。

两个最核心的需求就是**利真性**和**规范性**。我们需要所运用的方法趋向于产生真的结果，而且真假判断比例越高则越好。我并不打算用这个需求来考察直觉主义、自然主义和实用主义，尽管我希望它为这一缩减版的备选对象清单提供依据，比方说，占星术的元知识论完全没什么问题。此外，我们正在寻求规范知识论的方法，从严格意义上说，它至多会赋予我们的，是那些自身在本质上就是规范的结果。需要注意，这些需求与其他需求相比得到了更多关注——不像其他五个需求，出现失败也不会通过其他地方的成功来予以补偿。

也许有助于利真性的恰恰就是**辩证的鲁棒性**这一需求：我们希望我们的方法会是这样的，它支持、鼓励并实现知识论学者之间的成功对话与争论。它除了应该会导致出现相应的共识之外，还有与之相关的分歧情形，而且如果是后者的话，它应该帮助我们富有成效地解决这样的分歧（参阅下文 II. B）。**非激进主义的进步主义**主张，我们所希望的方法是能够让我们超越单纯的常识，并随着总体认识与认知环境的改变而赋予我们新的规范。我们希望我们规范的知识论会随着环境的改变而改变其判断；今天看起来恰当的规范或许与柏拉图时代或者甚至笛卡尔时代恰当的规范并不相同，而且我们希望我们的方法能够展示出那些变化。然而，我们所提出的规范不可能与常识距离如此之远，以至于我们无法发现理解它们这样的认识规范，像我们这样的生物也无法遵循。因此，我们需要非激进主义的进步主义。此外，一个方法之所以更好，是因为它会从其他领域的判断中习得不同的东西，或者至少予以它们相一致。如果知识论与心理学这样的科学及历史学这样的人文学科分离开来，那么与那种有着丰富**跨学科的**

表现的知识论相比，其他情况差不多的话，它显得并不十分可取。

上述两个方面的考察，在本质上显得更为形而上学。首先，我们的方法应该与一种自然主义相一致，我把这样的自然主义视为当代哲学时代精神的一部分。然而，我这里只坚持最小的自然主义，我认为它所提出的要求就是，所有在因果意义上有效的实体在唯物论意义上（materialistically）都是可接受的。它不像那种强硬的还原论式的物理主义，更像是宽泛意义上的反对超自然主义（anti-supernaturalism）。尽管我们的本体论中可能有数、集合或虚构对象，但是如果确实有这样的东西，那么我们就无法在因果意义上让它们与椅子、电子以及世界上的有机体进行交互。这样的话，比方说，各种柏拉图主义知识论要被排除在外。其次，我们的方法的认识规范图景在认识相对主义问题上的立场很明智。如果它是一种普遍主义方法，我们就应该能够理解为什么它允许那样的普遍主义；如果它许可一定程度的认识相对性，那么我们就应该能够明白为什么那样的相对主义是有道理的。

让我们来看看两种主流的元知识论表现如何吧。

A. 直觉驱动的浪漫主义

在过去数十年中，知识论中主要的代表性方法论，即最近被称为**直觉驱动的浪漫主义**（Intuition-driven romanticism，IDR，Weinberg, Nichols & Stich, 2001）。恰当的知识论规范在某种意义上已然在我们之中，知识论学者的任务是把它们找出来，将它们说清楚，并且最好的做法就是，在面对各种假设情形将认识的赞扬或责备应用或悬置时，自然而然地瞬时做出判断。"盖梯尔理论的"（Gettierological）方案就是直觉驱动的浪漫主义方法论的典型情形。

就我们的需求而言，很显然 IDR 分析的结果是规范性的：它们旨在告诉我们统辖着我们认识生活的**这些**概念或术语的结构。而且，我们自身判断能力中最为基础的里德主义（Reidian）自我信任就要求我们把 IDR 视为至少是具有适度的真理追踪的特征。

然而，根据其他需求，IDR 的情况就没那么好了。首先，IDR 并没有证明其自身能够与其他领域进行卓有成效的交互。或许它与逻辑、数学的某些要素融合在一起，尽管不是全部。（比方说，在标准的彩票情形中，就我们的直觉而言悬置知识归赋这一点表明了它明确反对被干净利落地数学化——不存在小于 1 的概率 p，却又大到足以使一个客观概率与主观概率为 p 的真信念会因此而自动成为知识。）尽管戈德曼等人做出了非常出色的努力，IDR 仍没有从认知心理学那里学到什么，或者也没有教给认知心理学什么东西。

此外，IDR 存在进步性不足的风险。有人可能会担心，尽管我们的民众心理学反映了推理与信念规范在过去几个世纪的发展，但是仍然没有机会将近来学到的教训整合进来。比如，那些受过良好教育的西方人的直觉，似乎对那些最终为假的信念的概率非常敏感。然而，鉴于现代科学的研究成果完全不会在不可错性方面形成什么主张，那些更加绝对的直觉在今天的认识世界中似乎不会承担引导我们这一重任。

IDR 显然无须拒斥最小自然主义，尽管至少有些实践者已然感到被迫如此。比方说，在邦儒（BonJour, 1998）为理性主义辩护时，他明显倾向于一种非自然主义（non-naturalism），在这种情况下我们的心智从某种意义上说就与抽象实体，比如呈三角形（triangularity）有着直接关联。人们能够看出为何这里可能会有一个自然的（natural）超自然的倾向：尽管要求 IDR 弄清楚是什么解释了我们直觉判断的利真性是很自然的事情，但是如果对我们的直觉能够告诉我们有关我们自身心智的后果，而不是关于规范自身的后果是什么一无所知（Goldman & Pust, 1998），那么要给出一个在自然主义意义上可接受的回答还是很困难的。因此，某些 IDR 的实践者可能会试着放弃自然主义。

到目前为止，IDR 似乎在两个需求上表现得很不错，在另外三个需求上的表现则不太好。然而，在剩下的两个需求上则可以用灾难来形容了。辩证的鲁棒性要求我们要能够辨识出我们彼此所引用的证据所具有的效力。不过直觉完全就是主观性的。如果我有一个推定性直觉 p，你有推定性直觉非 p，那么对我们而言诉诸这样的直觉几乎没什么意义，除了彼此指责都是各自理论的拥趸。（我在下文 II. C 中更加全面地展开对直觉及辩证的鲁棒性的担忧。）

各式各样的直觉所存在的难题同样在相对主义问题上对 IDR 提出挑战。IDR 的实践者们通常会援引某个情形中"我们的"直觉来讨论，但是"我们"是谁，这一点并不清楚。在尼科尔斯、斯蒂奇、温伯格（Nichols, Stich & Weinberg, 2001）中，我们认为知识论文献中不同情形的直觉，包括盖梯尔情形及可靠主义（reliabilism）争论中的那些重要情形，或许会因为种族和社会经济地位的不同而存在显著差异。IDR 实践者们要么找到什么方式来辩护此类群体的直觉比其他群体具有优先性，要么就放弃某种形式的认识或语言的相对主义。其中前一个选择难以实现，后者则大大削弱了 IDR 在这一需求上的表现。至少，我们需要表明，既然人们不会预先期待，那认识规范为什么在**这几个**不同的维度中各不一样是有意义的，比方说两个来自新泽西的母语为英语的本科生**应该**遵从不同的规范，只是因为其中一个学生的祖父来自德国而另一个学生的祖父来自中国。（我们现在并不是在根据，比方说种族，来用不同的标准改试卷。）

总之，IDR 在两个需求上表现很好，另外三个需求上的表现还行，还有两个需求上的表现则很糟糕。我们现在要看看它在当代的主要对手——元认识的（metaepistemic）自然主义——是否表现得更好一些。

B. 元认识的自然主义

人们在想到"自然化知识论"这一短语的时候有很多立场，但是其中只有一个被作为与 IDR 相对立的方法论：科恩布里斯将知识作为自然种类的理论。正如他在他的著作（Kornblith, 2002）中所主张的，我们应该像我们如何对待水那样，将知识当作自然种类来对待。它的本质被隐藏了，通过审视有着充分依据的科学如何看待这样的本质是什么，我们才得以把握本质。最好的科学在研究水的时候会分辨出化学结构是 H_2O 的物质。与之相似，他认为，最好的科学在研究知识——认知行为学（cognitive ethology）的时候，会分辨出由可靠的过程（process）所产生的信念。现在，人们或许可以接受科恩布里斯的框架，但对行为学的解读则不一样；或者也许会选择一个不同的领域来遵从，比如心理学或信息学，并因此而有可能得到不同的知识分析。尽管如此，由于我们这里所关注的是在元层次（meta-level）上，我们应该将方法论上的想法与那个方法预计产生的结果区分开来。

当然，正如所预料的那样，**元认识的自然主义**（metaepistemic naturalism, MN）在最小自然主义与跨学科表现上结果都很不错。我们应该同样承认它在利真性上有着默认的优异表现，除非我们怀疑科学。MN 或许在辩证的鲁棒性上表现也很强势，尽管最近对行为观察的客观性的一些担忧已然有人提出来。②

我们或许会担心 MN 所隐含的相对主义，因为也许它显得过于普遍主义了。也就是说，我们也许会担忧，当我们更强的认知与语言能力，以及更复杂的社会组织可能值得用截然不同的规范时，它就错误地将我们恰当的认识规范与那些有可能统辖黑猩猩或鸽的规范混为一谈。

最后，MN 在余下的两个需求上则遭遇完全的失败。MN 有可能成为进步主义，但有着极端激进主义的风险。科梅萨那（Juan Comesaña）在最近的谈话中半开玩笑半认真地向我提出，这种自然主义看起来允许知识变成煎土豆，但人们无须考虑那么极端的假设，以检视 MN 有可能许可我们的认识规范在尚未辨识的情况下远离我们的常识之树。克劳利（Steve Crowley, manuscript）已经提出，在认知行为学中使用的知识观念它甚至并不要求真（truth），因为这一观念包括了表征状态，它过于以行为为导向，或者在一组同种个体中分布过于广泛，以至于无法成为命题那样。

然而，最糟糕的是，MN 在两个最关键需求中的一个——规范性——上栽了跟头。[当然这个反对自然主义的意见在知识论中存续已久，至少可以追溯到金（Kim, 1988）。] 在我们根据科学而知道什么是"真正的"知识的时候，涉及知识是不是值得我们追求的东西，这一问题仍然会将其呈现出来。科恩布里斯尽管为这个价值辩护，但在极大程度上，他的论证本身并不是个科学推理问题。相反，他努力表明，知识正如行为学向我们揭示的那样，它是我们可以从中找到工具价值的东西。不过这并不保证，MN 的判断会有这样的规范性维度。实际上，MN 或许根本不适用于我们认识行为中更为明确的规范性术语，比如"确证的"（justified）或者"理性的"（rational）。

因此，与 IDR 相比，MN 似乎没有表现得更好，而且事实上它在某种意义上甚至更糟：三个需求上表现很好，两个马马虎虎，还有两个很糟

---

② 对于这些担忧的讨论以及对它们的回应，可参阅爱伦（Allen, forthcoming）。

糕，其中之一还是规范性这一核心需求。这两个方法的糟糕表现应该促使我们去寻求其他的选择。

C. 重构的新实用主义

尽管我前面所论证的元知识论指向各种实用主义，但是不应该将它与这种简单粗暴的实用主义版本混在一起，后者用其他术语，比如我们同行赞同（Rorty，1989），或者获得了任何有内在价值的东西（Stich，1990），来简单、直白地界定认识之善（epistemic good）。我认为这些观点在哈克（Haack，1993）那里已经得以详尽阐述，并且可能因为对认识行为完全不抱希望而犯下错误。我的新实用主义则采用一个巧妙的两阶段进路。

分析哲学家通常注重正确应用概念的条件，同时沿着问题"某物被视为 X 要有什么条件呢"这个轴来开展研究。但是，我们当然不会将概念用来对世界加以范畴化：我们利用这些范畴是为了帮助我们做出更进一步的判断和概括。一般而言，就必要性与充分性来说，氖指的是带有十个质子的那种元素。不过"知道某物是氖"的兑现价值（cash value）源自知道"有十个质子的东西可以进一步推衍出该物质"，比方说是一种惰性气体。如果不能进一步推衍，那么我们根本就不会想到使用这个概念罢了。[哲学远不是有关理智的鳞翅目学（lepidoptery）。]我们对诸如人（PERSON）或者自发的（VOLUNTARY）这样的哲学概念的兴趣，不只是以如此这般的方式来分析世界。相反，我们认为对待人与非人（non-person）的方式应该有所不同（或许只是他们获得了权利），同时对待自发行为的方式也不同于对待非自发行为的方式（或许只是它们有其道德意义上的价值）。我们出于特定的描述或解释或评价的目的来分解世界，而且，如果我们想理解我们生活中某个概念的功能，那么我们或许就会提出——我们用这个概念的目的何在呢？

因此，我的新实用主义方法所问的问题就是，在我们理智地选择根据某个认识规范来形成信念时，我们的意图可能是什么呢？比方说，我们为何依照是否有确证或知识或确定性来评价信念呢？提出这类问题的方式同样带有规范的味道。对发生在我们身上的事情，我们不会只寻求满足我们的偏好的解释：或许有很多这样的解释，比如心理学、进化论或者文化。

我们会想知道我们为什么应该在反思之后再认同这样的偏好（而不是，比方说因为它们是心不在焉的认知习惯、脑子短路，而决定放弃它们）。我们的问题是：我们进行认识评价时为何要考虑这些维度呢？之所以提出这个问题，意图在于（按詹姆斯的说法）在某个概念周围"搅动大气层"（pump free air），努力把握它是如何在总体上契合我们的认识活动的。如果我们能够平衡概念的目的论观念与传统的归赋观念，那么我们就会因此而获得更具深度的理解。

这样的目的论策略对知识论本身来说同样也是前所未有的。我们这里不妨对它进行一点分析，以给出一个清晰、简洁的描述。

> 如果认识概念能够切实立足，它们就必须形成自然的、理智的种类。甚至即使一些由多部分构成的分析准确地匹配我们在不同情形中的判断，仍然有必要提出，我们为何只是对**那**一组条件感兴趣……但是如何才能说它围绕这一个复杂概念来组织认识活动就很重要，而不是围绕另一个概念呢？我们需要确定认识的概念到底起什么作用，而且这个看起来最自然的角色就是为相应的认识活动排列、选择名称。我们不得不从我们的感觉，以及彼此身上选取关于世界的信念。因此，我们就需要一个词语来确定我们信念的来源是否就是那些自身恰当表明了真理的来源。这是一个自然的需求，而且它也为我们提供了自然的、理智的种类，我们据此而做出认识判断。（Blackburn，1984：169-170）

鉴于我们在归赋问题上对那种成功的描述性论述感兴趣，布莱克本（S. Blackburn）对此甚为怀疑，这一点表明他在这里对 IDR 显然并不满意。他要辩护我们认识归赋中对真理的关切，并且他诉诸我们的欲念，以根据可靠性对我们的信念来源进行归类。从这一段引文中同样可以引出我们提出以下问题的意义，"我们为何在意知识呢？"其方式不单单是一种心理学探究。这个问题不是说，"我们面对知识时心理上的赞成态度意味着什么？"而是指向更重要的内容，"在组织我们认识的活动中，知识的概念起什么作用？"（这一问题适用于其他认识评价术语）

不过我们想分析得更为全面，而不是像上文那样只有一段分析。我们需要的不仅是策略，还有方法。我们需要一个工具来组织对我们认识规范之目的的研究，这个工具能在目的论分析中起到相应的作用，就像案例分析在归赋分析中那样。幸运的是，克雷格（Edward Craig）在这个方法论上最近向我们展示了一个全方位的尝试。在他的《知识与自然状态》(*Knowledge and the State of Nature*)中，他对该问题的归赋-预测类型（attribution-prediction type）表达了类似的不满。甚至即使我们对此给出了成功的分析，他也认为（1990：2）：

> 我应该希望（那个分析）被视为进一步探究的前奏：按照那些条件划界而成的概念为什么愿意有如此广泛的运用呢？看起来似乎没有哪个为人所知的语言中运用"知道"的句子会找不到一个适宜的、口语的对应词。这就意味着，它与人类生活、思维的某些非常普遍的需求相符合，而且它当然有兴趣知道是哪一个，又是如何实现的……
>
> 我们不从日常用法开始，而是从日常情境开始。有关知识的概念对我们意味着什么，以及它在我们的生活中可能起到什么作用，我们姑且先接受一些表面看来比较合理的假设，然后提出问题——扮演那个角色的概念会是什么样的，以及统辖这一应用的条件有哪些。

克雷格借助了社会契约的政治哲学中"自然状态"这一框架（这就是为什么他会用那个标题的原因）。在洛克等人关注我们合作、安全等基本的社会需要时，克雷格则关心基础的认识需求，比如区分谁的证言可以信任、谁的证言不能全信。如果我们要理解我们的政治与认识制度应该如何安排，首先我们就应该考虑的是这些制度建立时可能有什么样的人类目标。

我特别赞同这个框架，而且对于接下来的内容要特别感谢克雷格。③ 不过我这里在方法论的选择上有着显著的差异。毕竟"自然状态"这一隐喻从根本上说是有着历史导向的。比方说，对于那些论证相关制度与实

---

③ 内塔（Ram Neta, forthcoming）基于类似的元知识论旨趣诉诸克雷格的研究，尽管希冀获得不同的知识论结果。

践的真实的过往起源而言，似乎就有些对峙的味道了。此外，"自然状态"这一进路假定，今天我们相关人类需求在基础意义上，与它们回退到我们政治和认识制度与实践的神话起源时代那个阶段并无二致。我们的更基础意义的、生物学上的需求有可能或多或少未曾改变；然而过去几个世纪社会结构与知识基础中的那些开创性转换，已经改变了我们希望从政治和认识制度与实践中获得的东西。可以认为，在政治领域中，公民已经开始提出要求，这样的自然状态与个体安全、财产权的保证者（guarantor）相比，要成为某种更强的东西，并转换成寻求积极改变和社会公正的主动的行动者。而且，很显然我们在认识领域中的需求也不一样，在概率方面变得更加宽容，也不总是纠结于确定性，对证言不再疑虑重重，并更加倾向于社会合作探究。鉴于这种历史以及现实的发展状况，如果过于关注任何自然本质分析中设想出来的过往条件，可能就不是明智之举了。

  为了保留克雷格所提出的目的论视角，同时避免"自然状态"进路可能存在的历史偏见，姑且让我借用想象性重构分析的框架（a framework of analysis-by-imagined-reconstruction）。④ 我考虑的将是以下这些问题：如果我们要考虑对我们认识规范加以彻底地重新构造（re-constitution），那么我们要包括哪些，我们可能要加强什么，还有哪些是已然无用并且我们可能要放弃的？

  这里进行类比或许会有帮助。很多现代社会的政治规范在很大程度上都内在于它们的构成之中。而且大体上说，政治可接受性有可能就用来指称某一类文件，它们或许考虑了其起草者的"原初意图"。不过，至关重要的是，一个社会同样保留了修正那种构成的能力，或者如果必要的话，要求确立一个新的构成性约定（constitutional convention）。这样的基础性改变有时颇为必要，原因在于改变条件往往使得原有文件更加不适合施行其功能。一个社会可能要考虑改变现有的结构（比如，扩大选举权以涵盖非裔美国人、妇女或者18岁公民），引入新的规范（禁止出售烈性酒；实行国家所得税），或者废止现有规范（废除这样的禁令）。

  认识的世界同样持续发生着变化。近代思想家们早已经运用他们现成

---

④ 我打算将它作为克雷格框架的友好变体，而不是一个竞争对手。

的科学模型和数学工具，但这些并不为古人所知。从科学早期开始，就像哈金（Ian Hacking）所阐述的那样（Hacking, 1990），统计推理作为知识来源逐渐为人们所接受，这一直是个缓慢的过程。而且无论是针对人类认知的内部运作而不断增强的（但并不成熟的）科学，还是它所需要的行为隐含的心理机制的厚重（chunky）实在论均提出那些官能的认识地位问题。

这一点可能会产生异议，具体来说，为了对我们的认识规范进行那种通过想象性重构的分析，我们将不得不想象我们自己处于规范自身之外的某种阿基米德点上。而且一个理性的结果怎么可能来自我们规范之外呢？比勒（Bealer, 1998）认为，既然从整体上拒斥那些实践就等于是拒斥认识活动自身，我们就无法将那种面对"我们标准的确证实践"时加以粗暴拒斥视为理性。人们根本不可能完全走出确证领域，同时又拥有那个领域的确证的理论。我勉强同意这一论证，因为我所提出的那些不同类型的针对我们认识直觉的批判性修正，并不要求我们完全处于我们标准的确证实践之外。何况那些实践本身就包含了反思它们的手段。它是我们评价以及重新评价我们的规范、程序的标准实践的构成部分。（有人或许会说，这就是哲学的目标所在。）正是因为这一点，在法律系统中我们不再使用神判法（trial by ordeal），而且我们现在会顾及概率推理形式的合法性，同时在科学问题上又基本不会诉诸教会权威。

因此，根据我们的需求，这种新实用主义——我会称之为**重构的新实用主义**（reconstructive neopragmatism，RN）表现如何呢？在利真性问题上，它与 IDR、MN 是可以进行比较的，因为只有怀疑主义者才会否定我们审视我们的目标、评价什么规则会推动这些目标实现的能力。显然，规范性同样也得以满足，而且它与最小自然主义没有明显的冲突。重构性要素（reconstructive element）容纳了进步主义，原因在于它考虑到了下述可能性——过去所形成的规范对未来而言未必是最好的；与此同时，如果现在我们在我们的目标以及什么会推动它们实现的问题上大错特错，那么激进主义（radicalism）就可能会出现。而且，既然我们在我们的规范工程（norm engineering）中将向心理科学与社会科学寻求帮助，那么跨学科的表现同样会得以保证。

因为我们的认识目标究竟是什么并不清楚，所以 RN 在辩证的鲁棒性和相对主义的地位问题上有一点棘手。一旦某些认识目标确定了，对于如何最好地满足那些目标，就不用担心我们讨论的鲁棒性，因为我们在这类手段-目标推理方面有丰富的经验。同时，我们还会有理由期待那些目标——比如获取真信念，出现显著的一致性。然而，基本目标本身可能在其他一些方面存在无法解决的分歧。⑤ 在这种情况下，由于不同的认识目标会产生不同的规范，RN 同样会在一定程度上允许相对主义。不过我希望这一有限的相对主义似乎将有其合理性：如果两组人真的需要根本上不同的事物来支持、反对其信念的话，那么它们分别由截然不同的规则来统辖或许才是恰当的。此外，终极的认识目标上的那种相对主义，缓解了对这些目标的难以消除的争论的担忧。有关目标问题的争论，即使卓有成效的话语有很多地方也解决不了，但相对化能够消解它们。

因此，在最糟糕的情况下，RN 在五个需求上得到相当不错的评价，最后两个则喜忧参半。与 IDR 和 MN 的糟糕表现相比，RN 为知识论的未来允诺了希望。本章的其余部分将着眼于表明，我们是如何可能开始履行那个诺言的。

Ⅱ．重构的新实用主义、内在主义和先验论

无论是 RN 之可行性的最佳论证，还是表明我们对它的希望并非徒劳的唯一路径，都是在行动中证实。我这里将要做的就是，把这个方法应用到几对知识论核心论题中：认识确证的内在主义/外在主义争论，以及先验确证是否存在及其程度的问题。

A．确证的目的是什么？

既然我们这里是在应用 RN 的方法论，那么我们阐述内在主义/外在主义这一话题就不能通过兜售直觉，而要提出如下问题：为什么我们应该在意的是我们的信念是否有其确证，而不只是关注信念的真假呢？人们可

---

⑤ 还有其他可能的变化——有人或许会主张只有一类目标真的与知识有关，不过我这里不打算细究它们。

能会在文献中至少发现两个基本的理由，来解释我们可能希望我们的信念除了单纯为真外，还要得以确证。简言之就是**历时的可靠性**（diachronic reliability）与**辩证的鲁棒性**（dialectical robustness）。（有人可能会从第一部分中感到有点似曾相识的味道；但这不应该令人惊讶，两个元知识论的需求同样应该与确证自身的两个需求相似。）我将称之为"DR 的需求"。我在这里先对它们进行描述，然后讨论它们是如何与这个话题相关联的。

首先，假定你要做出一个重大的、影响一生甚至性命攸关的决定。你没有时间来反思或研究，而是必须要马上决定。在那一刻你更喜欢用哪一个来指导你的行动，是大部分为真但通常未得以确证的信念集合，还是大部分得以确证但通常为假的信念集合呢？依照谨慎原则的话就会倾向于前者——如果你的决定错了，那么世界上所有的确证就化为乌有，而且如果缺少更进一步的反思，你的信念在当前实际上为真或为假，它将会决定你的行动的结果。

值得庆幸的是，我们很少处于这样的情形之中（也许我们无论什么时候穿过街道除外）。相反，当面对任何一个重要的决定时，我们都能够为我们的选择找出更多相关的证据。但是随之我们就要确保，在收集这样的信息之后，我们就会对我们的信念集合做出任何相应的修正。在这一点上，确证就成了关键。如果我们能够找到我们原初信念之间，以及那些信念和新证据之间的合理关系，那么我们就可以调整我们的信念条件，根据需要重新分配我们的认识资源。这不是信念的唯意志论，而只是我们有能力重新集中我们的注意力，以及调整我们的探究活动。在我们觉知到事实有所改变，或者当事实本身已然改变时，我们就会希望我们的信念随着它们而改变，而且我们信念之间的确证性关联就是这样的变化得以合理传递的通道。我们的信念要有类似的跨时间的准确性，这样的期望成为期待我们的信念得以确证的适宜理由。

我们同样期望，我们能够把我们的信念与他人的信念整合在一起。波洛涅斯（Polonius）告诉雷厄提斯（Laertes）别借债、莫放贷；不过我们没有听从像笛卡尔这样的在认识意义上的波洛涅斯们的建议，在面对彼此的认知能力、专长以及信息时，始终是既借入又借出。否则我们的理智生命将注定十分贫乏，进而给我们个体与群体带来伤害。⑥ 在寻求他人证言时，我们往往需要将他们的信念与我们自己的信念结合在一起。如果两人的智慧果真胜过一人的，那么每一双眼睛、每一对耳朵的所见所闻最好能够找到它们进入他人心智的通路，反之亦然。而且这样的信息交换过程有必要做到协调一致。通过确立这样的过程，你我就能够形成认知者共同体，并能够运用我们认识能力的差异，作为"我们"，来一起探究我们世界的本质。要做到这一点，所要求的不仅仅是依其表面意思采纳他人证言，因为我们同样需要解决合作探究者之间证言冲突的方法。

我这里要强调的是确证所起的作用非同一般。无论哪一类论辩者，都必须为其主张提出相应的确证，并会遭到其他论辩者的质询。我们能够善用各式确证总体上的品质，将其作为相互对立的理论之间进行选择的标准，并且我们每个人都在确定哪一个理论才是确证最为充分的，这样每个人自己才会相信它。从某种程度上说，如果我们每个人都选择同一个理论，那么我们就可以说是在理想情况下相信这个理论。不过，即使我们谁也无法改变彼此的想法，下一代的研究生也将能够做出那些判断，并且不再支持。确证的规范同样需要根据针对一个理论的挑战是否有效，以及针对这样的有效挑战的回应是否充分来进行区分。我们确证的实践应该为我们探究群体提供一个基础架构。这样的话，我们就可以进一步期望，除了一般的可靠性，我们的认识实践应该具有**辩证的鲁棒性**。

因此，我们的确证规范应该增进历时的可靠性与辩证的鲁棒性，也即 DR 的需求。也许对确证而言还有其他什么关键的需求，我乐于见到任何人构想出类似的情形。不过我相信这两个足以成为核心的需求，倘若我们只通过那两个价值的角度来看待它们，我们也不会因此而在确证的规范上出现一个过于扭曲的图景。

在阐述完确证的规范问题上的两个目标之后，我们接下来就可以转向从中可以或无法得出什么样的认识原则。这两个价值是否穷尽了我们的认

---

⑥ 请参阅 Schmitt（1994a）中的各类论文，包括 Solomon（1994）、Gilbert（1994）和 Schmitt（1994b）；这同样也是 Alston（1989）、Craig（1990）和 Sosa（1991）所讨论的主题。

识需求？然而或许首先可以非常合理地提出这个问题。我承认我们有可能会有其他价值，它们应该在我们的认识规范中得以表达。实际上，我从来没有想过这些论证会被视为实用主义确证分析的最后一个阶段，而是更像最初的一步。这个方法能否奏效，只取决于是否严肃地讨论我们最终的认识需求到底是什么，而且如果提出不同认识目标的话，人们就能够接受到目前为止我说的所有内容，并仍然会得到不同的结果。尽管如此，历时的可靠性与辩证的鲁棒性很显然对于我们的确证规范来说是非常核心的需求，因此我相信，如果我们只通过这两个价值的角度来看待它们，我们就不会因此而在确证的规范上出现过于扭曲的图景。

随着针对确证的 DR 的需求进入视野，内在主义版本的吸引力就变得清晰了。它通常会满足 DR 的需求，让行动者能够通过反思或内省的方法，弄清楚他们各式信念的确证来源是什么。如果我们希望将历时的可靠性最大化，那么意识到我们的信念的可能证据基础将会大有帮助（比如 BonJour，1985；Moser，1985）。对于一个行动者而言，基于自身所意识到的理由，或者至少能够根据反思来提供理由而持有信念，就允许她依照其并不拥有的相关证据来源来调整她自己的探究。她可以有意识地控制自己的信念活动，并根据她觉得合适的情况来分配其资源。

此外，行动者将能够更好地利用她意外获得的信息。假定她相信她兄弟说的微软股票要崩盘，但是后来又惊奇地获悉，她那个一贯信息灵通的兄弟完全被经济与计算机发展状况误导了。通过阅读《财富》（*Fortune*）杂志，收听应用软件"市场"（Marketplace）的信息，并且不管她兄弟什么时候提到比尔·盖茨，她都转变话题，她可以因此而调整她的信念状态。希望通过这样的做法，她最终能够拥有更为准确的信念，来替换有关微软公司的那些错得离谱的信念：如果她的确证是内在可通达的，那么一旦她获悉微软公司经营状况已经按照其信念的确证之锚（justificatory anchor）相关的方式有所改变，那么她就可以开始新的探究循环。

更进一步说，只有认识上可获得的信念理由才可以用到公共话语中，这几乎是一个常识。根据吉尔伯特（Gilbert，1994）所说，我们作为共同体的探究与认识能力取决于我们是否能够就探究的术语形成一个"共同的承诺"（Gilbert，1994：246）：每个成员必须承认彼此之间有义务维护这些术语，并且进一步要求每个成员彼此之间都有类似的义务。仅当每个成员都明确承诺那样的接受，并认同他人的接受时，这个群体才可以作为一个群体来接受某些命题。因此，该承诺必须是公共事务，这样的话每个成员才会明白他们得到了其他人的支持，并能够表明她自己也支持其他人。当然，当我们自己觉知到它们时，我们才可能更易于使他人意识到这样的接受与承诺。因此，在内在主义意义上可通达的确证，将是维护这些共同的探究承诺这一作用的最佳选项。

　　作为认识共同体，我们的成功将同样取决于我们相互之间共同调整我们的信念。如果我根本不顾及你说什么而绝不改变主意，并且你同样在认知上冥顽不化，那么我们就可能只是作为认知者共同存在（co-exist），而不是真正的合作。作为单个有机体，我们每个人都拥有无意识的信念调节机制，但是对探究性共同体的考察则需要一个更为开放的方法。我们必须要使我们的确证彼此都是可见的，但是如果你并没有认识到你信念的基础，那么你就无法向我引述它们。而且，在我们将我们的理由放置于公共话语中时，它们就与来自他人的适宜理由形成对照，同时它们自身也要面对来自他人的糟糕理由，这样就会增强我们实现和谐的共同体信念集合的能力。

　　因此，在我们对认识确证的新实用主义分析中，DR 的需求会引致某种内在主义。我们应该高度重视行动者在其反思与内省把握范围内，觉知其确证基础的能力，以及向那些与她一道的行动者表达那样的把握能力。⑦ 然而知识论中很多内在主义/外在主义争论都在围绕我们的规范是否要求行动者有能力通达那个使其信念得以确证的东西而展开。典型的"外在主义"理论家们一直愿意承认，至少有意识状态下持有的（consciously-held）确证具有某种价值⑧，但是他们又坚持认为我们同样能够在我们内省能力范围之外获得确证。因此，我们接下来应该提出的问题就

---

　　⑦　可接受理由的确切形式有可能比断言的命题更为宽泛。在很多情况下，单单正确的指向或许就构成了充分的公共理性。

　　⑧　对比戈德曼愿意考虑到的以下直觉的结果（Goldman, 1979）——对有意识状态下所持有证据的不当运用有可能使得确证失效，他认为否则这样的确证就会由可靠的过程赋予。

是，DR 的需求是否也能够在确证问题上引致一种**绝对的**内在主义约束，或者只是某种更有局限性的东西。我们是不是应该将毫无例外的内在可通达性条款作为必要条件之一加于确证之上呢？

我们的新实用主义建议我们应该提出的问题是，带有直觉特性的这种必要条件的规范是否会创造出达到 DR 目标的有利环境。任何可能被提出的约束条件必须要满足两个标准：（1）我们绝不能把这样繁重的负担加到我们的认知之上，我们认识生活对此几乎无力承担。（2）无论经历什么样的信念与推理，都必须要在一定程度上对 DR 有利。如果提出的约束在两个条件上都失败了，那么它与我们 DR 的旨趣就相互矛盾，并因此而应该被弱化。

B. 为何严格的内在主义无法让我们得偿所愿？

如果一个严格的内在主义出现的话，那么认识确证的资源就必定是通过内省和/或反思而可以获得的。我们可以把这个备选的内在可获得的资源集合分为三个部分：（1）信念得以形成的过程，或者施行的推论；（2）信念或推论本身；（3）有别于目标信念或推论的某个内在可把握的心理上的独立存在物。我们现在必须要考虑的是，我们的心智事实上是否有足够的内在可获得的材料，以及实际上有利于 DR 的（DR-promoting）那种材料，它们会允许一种严格的内在主义。如果没有的话，那么我们就必须愿意放弃与我们的认识价值不一致的那种约束。如果一个规范将我们的大部分或所有信念都规定为不可接受，那么它就无助于我们达到我们任何信念的持久之真；如果一个规范压制了我们彼此之间所有或大部分陈述，那么它就无益于顺利开展对话。

首先，就我们的心理过程而言，它们的开放性是不是足以让我们的内眼（inner eye）进行内在把握呢？有关我们实际的心理构成是什么样的问题很大程度上显然有偶然成分。而且事实上，心理透明性在心智哲学史上似乎间或就是个很有吸引力的论题。然而，在查看经验性文献时，人们的确会怀疑这里没有什么东西会让内在主义觉得很舒服。我们的海量证据表明，许多基础认知机制明显是无意识的。我这里将采用基于**文献索引的论证**（*argumentum ex bibliographia*），从大量文献中选取并列出代表性的参考书目。尼斯贝特与威尔逊（Nisbett & Wilson, 1977）

提出一种说法，即人类根本无法说明究竟是哪些类型的心理过程承担它们自身的推理任务。至少要回到赫尔姆霍茨（H. von Helmholtz）所处的时期，心理学家一直将有意识的视知觉视为表征极少部分的知觉处理（比方说，Crick & Koch, 2000）。诸如研究演绎推理的埃文斯与欧福（Evans & Over, 1996），以及斯洛曼（Sloman, 1996）这些研究者，他们主张"双过程"（dual process）理论：一个无意识、前注意的筛选过程只选择那些对于解决当下问题最关键的可能性，它就会将其提供给我们有意识、分析的过程。在前者功能不正常的时候，后者那些过程同样无法正常运作。归纳推理甚至更加显得无意识；莱博（Reber, 1993）主张，我们在学习各种偶然的相互关系方面，往往是无意识的方式要好于有意识的方式，而且即使向那些主体提示关于有待发现的相互关系的线索，他们的表现也比那些仅仅依赖更为纯粹的无意识学习形式的主体更加糟糕！从基础物理学（Spelke, 1990; Leslie, 1982）到心理学（Premack, 1990; Scholl & Leslie, 1999），再到道德（Shweder & Haidt, 1993; Cummins, 1996; Darley & Shultz, 1990），我们在各个领域中的认识能力，绝大部分均依赖于无意识过程，即使对于那些调用这些过程的人，他们对其运行也一无所知。经验性科学研究基本上依靠我们的能力来对自然种类进行理论化，它根源于生物本质主义的原始能力之中（Atran, 1990; Keil, 1989）。

作为内在主义确证的来源，信念或推论本身又如何呢？在我们的现象之中，有些信念或推论的必要性，或者至少是恰当性和可信性让我们印象深刻。我们是不是在这样的现象中有时还会拥有自荐的成分（self-recommending component）呢？即使对这个问题给出肯定的回答也并不为过：这样的直觉性认知无论在其数量还是范围上，必须要足以给我们的无意识认知基础架构提供必要的内在支持。我这里为了论证所需，将会承认直接基于知觉和记忆的信念有相应的现象属性。不过很显然，那两个确证的来源，尽管它们有着非常核心的意义，但不可能承担我们所有关于世界的认知。我们有大量的信念涉及非观察事物（比如未来，或者无法检验的普遍性概括）或甚至不可观察的对象（比如理论构建或者伦理原则）。严格的内在主义仍将要求来自我们内省范围内的更多原材料。

像比勒、邦儒这样的直觉主义者，通常会关注理性（rational）直觉［或者用邦儒的概念"理性的洞察"（rational insight）］的存在与说服力。他们已然将激进的经验主义者视作其对手，这些经验主义者会否定有任何这种完全非知觉的确证形式。我认为他们的论证基本合理，我同样也赞同先验论者的立场（见下文）。不过现在的问题是，严格的内在主义是否为得以确证的认知提供充足的空间，或者是相反，这个空间是否确实太小了，认知之屋根本无法建在上面。如果直觉主义的内在论会成功的话，那么除了其说服力之外，它必须要更进一步阐述的话题还包括理性直觉的充分性问题。

我这里担心的是他们最终的结局不妙。或许我们确实有某些这样的直觉，在这些直觉中的命题有合理冲动的现象——比勒最喜欢的一个例子就是德·摩根定律（DeMorgan Law）。不过这些情形似乎有点离题，并且很大程度上并没有超出某些简单省事的演绎与数学推理。甚至它们所涉及的很多形式经常无从把握，比方说，绝大部分主体都不认同否定后件推理情形的有效性。而且我们的直觉能力在非演绎推理领域尤其差。尽管邦儒在书（BonJour，1998）中富有胆识地努力构想引出这一现象的归纳原则，不过（至少对于我而言）它们缺乏那种理性必然性的意义。⑨

此外，有这个现象特征的很多命题只不过是种类不当而已。比方说，

---

⑨ 这里就有一个可以被称为文中所讨论的直觉性归纳原则："在一个标准归纳前提得以确立的情境中，（除了单纯的巧合或偶然发生之外）极有可能对被观察对象的趋同性与稳定性做出某一解释（而且可能性越大，出现这种情形的机会就越多）。"（BonJour，1998：208）这个命题真的向我们呈现出直觉主义者所要求的那种清楚明了的现象吗？尽管它确实让我们觉得是一种可以相信的基本合理的事物，但是很显然我们所相信的大部分事物基本也是这样。而且有人会认为，理性的直觉与那种极为常见的、十分普遍的初始合理性的表象相比，应该具有更高的标准。否则，依靠它将无助于推动我们DR目标的实现——几乎我们所有的信念都是"直觉的"，所以内在主义约束就将轻易得到满足。然而只要看看我在下文中对"完全确证者"（Global Justifier）论证的讨论，就可以明白为何这样微不足道的内在主义约束，比毫无内在主义约束更为糟糕。

我们实际的归纳直觉往往是一团糟。事实上，赌徒谬误的情形看起来似乎比任何恰当归纳原则的构想更加让人信服（Garnham & Oakhill, 1994）！要再次说明的是，从这种并不可取的直觉出发，我并不是要论证我们永远不能依赖直觉，相反，我是主张，我们或许并不希望在先验确证的重要性上完全依赖它们。

我并不怀疑邦儒是真诚的，他声称他的构想"非常清楚，无须多做讨论"（BouJour, 1998：208）。我同样不怀疑比勒在其文章（Bealer, 1996）中宣称，拥有理性直觉大致就意味着直觉是合理的证据来源。不过我要再次说明我无法认同这样的直觉。我把这个分歧视为在更一般意义上缺乏现象的单义性的标志，它指向诉诸直觉而导致的更进一步的困难。正如前文中针对 IDR 的情形所讨论的，我们缺乏合宜的工具来解决直觉中的冲突。因此，不但是我们的直觉在数量与范围上不足，与历时的可靠性经常不一致，而且依赖于直觉同样有害于辩证的鲁棒性。内在主义者有必要表明，我们能够将认识权重从默认过程之中移除，并将它置于内省意义上的可获得的结构之上。不过鉴于不知道那个结构会有多大，因此直觉对于它来说就是过于纤细的、辩证的芦苇（dialectical reed）罢了。

另一内在主义策略，我们或许可以称其为推论主义（inferentialism），旨在通过论证得出我们默认的心理过程的结果是理性的和/或可靠的这一结论。我并不怀疑有些哲学家能够对它给予解释，尽管它不那么容易，毕竟文献中出现很多相反的论证（Stein, 1996），而且确实难以看出它如何以非循环的方式做到这一点。⑩ 不过姑且把这些顾虑放在一边。然而我所要质疑的是这样的论证与当下话题的关联性。因为如果这些论证只有那些训练有素的哲学家易于获得，那么这个策略就会推衍出，只有我们哲学家才能拥有确证的信念！我这里沿用戈德曼（Goldman, 1993：13）的论证，他近来提出："几乎不可能出现的情况是，任何人从未学习哲学，却能够为其归纳或演绎推理过程的可靠性产生令人满意的确证。然而从这一

---

⑩ 对该问题的交流讨论，可以对比 Boghossian（2003）与 Williamson（2003）。

点可以得出结论,那些未经过哲学训练的普通人没有推论性确证,就将向怀疑主义完全缴械投降。"用我们这里的说法,它就是 DR 需求的彻底投降。当然,每个人都能够有意识地为其无意识认知加以辩护无疑很不错。但是有鉴于 DR 的需求以及我们作为有局限性的生物,它根本不可能是认识的必需品。

需要注意的是,我并不是主张,作为一个知识论原则,普通民众一般情况下无法形成一个论证,它大致可以表明他们在不依赖论证中的这类能力的情况下,拥有认识上成功的非经验性认知能力。同样也看不出来,对那些为严格的内在主义条件辩护的人而言,他们确有必要接受这一看法,这似乎要求像 JJ 原则那种有倾向性的东西。我所要说的只是,作为一个心理事实,一般情况下普通民众根本无法形成这样的论证。

内在主义者或许会努力回应称,即使大部分普通民众根本无法为他们非经验的认知能力取得认识上的成功而辩护,他们显然也能够对其认知能力给予一般意义上的辩护。他们可以注意到他们漫游在世界时的那些基础意义上的成功——他们通常情况下不会撞墙或忘记躲雨等——而且他们可以用这个成功来证明,他们至少正常看来是相当不错的信念持有者。由此他们可以进一步得出结论,他们至少在其基于非经验的认知中正常情况下是成功的。这里称这样的论证为"完全确证者"论证。⑪

不过这样的内在主义回应会许可普通民众证明太多东西,并导致内在主义约束毫无意义。我始终在表明,我们并不需要过强的约束,以免我们将确证置于大部分人力所能及的范围之外(即便不是所有人)。不过如果约束太弱的话,对我们而言同样也没有什么意义。不妨回想一下,内在主义约束的动因在于,要求行动者与他们具体的确证来源保持密切的认知关联,比如我们早先的例子,那个女人有一个受到微软公司伤害的兄弟。内在主义对她而言毫无帮助,如果依靠完全确证者,按照 DR 需求来测定,在没有改进其信念状态的情况下,她就可以满足该约束。如果所有行动者

---

⑪ 在希望我们接受我们通常情况下值得我们自身的自我信任这一说法时,莱勒(Keith Lehrer, 1997)似乎也提出这样的论证。

都可以运用一个确证其所有认知活动的重要论证，那么内在主义约束的原初动因就会被削弱。因此，我们不能允许单纯地控制或利用完全确证者论证作为一个人所有信念之确证的充分条件。如果是这样的话，就与我们在阐释认识时的目标相矛盾。在没有考虑它们是不是 DR 需求要我们改进的那些种类信念的情况下，恰如我们必须避免将确证标准设定过高，以防没有信念达到这一标准，我们同样必须避免将其设定过低，以免所有信念又都达到这样的标准。

C. 不太严格的内在主义版本的前景

因此到头来，我们将不会赞同针对确证的严格的内在主义约束：以上三个可能的确证的选择没有哪一个是充分的，或者是在内在主义意义上可充分接受的。我们的确证规范必须要允许存在明显的空隙，由此我们的无意识认知基础构造所产生的信念中，就有足够多的信念可能通过它而得以确证，甚至即使内省和反思已然证明无法为我们产生持有它们的理由。与此同时，我们一般情况下也不可能只是因为没有什么理由会出现，就允许我们自身在根本没有任何理由时持有信念。缺少理由本身几乎不能成为持有信念的一个理由！那会是一种认识的自毁行为，并且会造成 DR 的需求像严格的内在主义糟糕的表现那样以失败而告终。相反，我们认为 DR 的动因仍有必要加以阐述。在什么条件下，X 的真但原始的（true-but-brute）信念 p 仍然与我们所期望的历时的可靠性与辩证的鲁棒性相称呢？

首先，如果无论是否 p（whether-or-not-p）的事实本身不可能改变，至少在 X 有机会找到其自身所处的什么环境中如此，那么我们就无须担心 X 在一定时间跨度内持有真的 p 信念（true p-beliefs）。如果 p 之真根本不会随时间而变化，那么追踪那个真就不难。同样不允许出现的情况是，X 碰巧找到反对 p 的证据，因为在没有关于 p 的更多理由的情况下，这样的证据应该完美地迫使她远离其初始信念。因此，既然 X 的正确信念没有受到更多可变事实的认识不确定性影响，那么她就不太需要针对 p 的有意识状态下的可把握的证据。历时的可靠性将会得到保证。在这样的条件得到满足时，我们就称信念 p 具有**认识的稳定性**。

其次，如果 X 的认识共同体中其他大部分人同样都被赋予真但原始的信念 p，那么将 X 的 p 信念（p-belief）与她的合作探究者的信念加以整合就没什么困难。X 不可能受到有关她的信念 p 的什么挑战，因为其他每一个人都同样持有那个信念，这样 X 就没有必要为 p 做什么内在可通达的辩护（internally-accessible defense）。因此，在这样的条件之下，辩证的鲁棒性就不会因为缺乏可引述的理由而受到威胁。一旦这个条件得到满足，我们就能够说信念 p 具有**认识的普遍性**。

所以认识的稳定性与普遍性，共同为我们在面对任何针对确证的内在主义约束时所需的原则性空隙（loophole）的概貌，提供了合宜的备选。尽管这些一般来说就是为数不多的信念属性，但在更大的知识论旨趣范围内的认识领域则相当常见。认识的稳定性与普遍性在先验确证的典型的领域如算术中容易找到。这个领域很显然非常稳定，因为它的真理都具有必然性；而且我们很幸运，毕竟运算分歧的发生极为罕见。事实上，必然性是先验领域的传统标志，并且必然性推衍出认识的稳定性；这可以追溯到柏拉图，而且最近也有［例如（Antony，2004）］，先天性（innateness）已经被当作先验的标志之一。因此，即使理性主义者有可能将思想本身自然地与基于直觉的方法论视为一体，我们的重构进路或许已经揭示了理性主义与新实用主义之间的密切关系。在那些我们大部分人会明确期望做出先验确证的主张的领域之中，我们的新实用主义考察表明，我们很显然几乎无须坚持要将内在主义约束强加于确证之上。（尽管如此，有人或许会想搞清楚，上文引述的结果是否有可能同样表明，哲学自身作为这样的例外领域显示了普遍性的不足。）

III. 结论

我们开始于在知识论中考察方法可能具有的合宜特征，并认为重构的自然主义或许比直觉驱动的浪漫主义或者元认识的自然主义更为可取。我们将 RN 应用至我们确证的规范之中，并假定了确证规范的两个普遍目标——历时的可靠性与辩证的鲁棒性。这些 DR 需求继而导致针对确证的普遍的内在主义约束。然而，我们首先假定的那类先验确证的最佳理由表明，要允许，或者甚至可能是需要同样为确证的外在主义来源留有空间，尤其是在先天知识这样的特殊情形中。因此，我们就可以看出，在内在主义与理性主义这样存在已久的论题上，RN 使新的立场得以可能，并且它更为解释这样的立场提供新的路径。在重构的自然主义提出我们究竟想从我们的知识论中获得什么这个问题时，它同样在我们要从我们的元知识论中获得什么这一问题上赋予我们更多内容。

参考文献

Allen, C. (forthcoming). 'Is Anyone a Cognitive Ethologist?'. *Biology and Philosophy*.

Alston, W. (1989). *Epistemic Justification: Essays in the Theory of Knowledge*. Ithaca, NY: Cornell University Press.

Antony, L. (2004). 'A Naturalized Approach to the A Priori'. *Philosophical Issues*, 14: 1–17.

Atran, S. (1990). *Cognitive Foundations of Natural History: Trends in the Anthropology of Science*. Cambridge: Cambridge University Press.

Bealer, G. (1996). '*A Priori* Knowledge and the Scope of Philosophy'. *Philosophical Studies*, 81: 121–42.

—— (1998). 'Intuition and the Autonomy of Philosophy', in DePaul and Ramsey (1998), 201–39.

Blackburn, S. (1984). 'Knowledge, Truth, and Reliability'. *Proceedings of the British Academy*, 70: 167–87.

Boghossian, P. (2003). 'Blind Reasoning'. *Supplement to the Proceedings of The Aristotelian Society*, 77: 225–48.

BonJour, L. (1980). 'Externalist Theories of Empirical Knowledge'. *Midwest Studies in Philosophy*, 5: 53–73.

—— (1985). *The Structure of Empirical Knowledge*. Cambridge, Mass.: Harvard University Press.

—— (1998). *In Defense of Pure Reason: A Rationalist Account of A Priori Justification*. Cambridge: Cambridge University Press.

Craig, E. (1990). *Knowledge and the State of Nature: An Essay in Conceptu-*

al Synthesis. Oxford: Clarendon Press.

Crick, F., and Koch, C. (2000). 'The Unconscious Homunculus', in T. Metzinger (ed.), The Neuronal Correlates of Consciousness: Empirical and Conceptual Questions. Cambridge, Mass.: MIT Press, 103−10.

Crowley, S. (manuscript). 'An Inadequate Epistemology of Animal Cognition'.

Cummins, D. (1996). 'Evidence For the Innateness of Deontic Reasoning'. Mind and Language, 11: 160−90.

Cummins, R. (1998). 'Reflections on Reflective Equilibrium', in DePaul and Ramsey (1998), 113−27.

Darley, J., and Shultz, T. (1990). 'Moral Rules: Their Content and Acquisition'. Annual Review of Psychology, 4: 523−56.

DePaul, M., and Ramsey, W. (eds.) (1998). Rethinking Intuition: The Psychology of Intuition and Its Role in Philosophical Inquiry. Lanham, MD: Rowman & Littlefield.

Evans, J. St. B., and Over, D. (1996). Rationality and Reasoning. Hove, UK: Erlbaum.

Fumerton, R. (1988). 'The Internalism/Externalism Controversy', in J. Tomberlin (ed.), Philosophical Perspectives, 2: Epistemology. Atascadero, Calif.: Ridgeview Publishing, 443−59.

Garnham, A., and Oakhill, J. (1994). Thinking and Reasoning. Oxford: Blackwell.

Gilbert, M. (1994). 'Remarks on Collective Belief', in Schmitt (1994a), 235−56.

Goldman, A. (1979). 'What is Justified Belief?', in G. S. Pappas (ed.), Justification and Knowledge: New Studies in Epistemology. Dordrecht: D. Reidel, 1−23.

—— (1999). 'A Priori Warrant and Naturalistic Epistemology', in J. Tomberlin (ed.), Philosophical Perspectives, 13: Epistemology. Oxford: Blackwell, 1−28.

—— and Pust, J. (1998). 'Philosophical Theory and Intuitional Evidence', in DePaul and Ramsey (1998), 179-97.

Greco, J. (1999). 'Agent Reliabilism', in J. Tomberlin (ed.), *Philosophical Perspectives*, 13: *Epistemology*. Oxford: Blackwell, 273-96.

Haack, S. (1993). *Evidence and Inquiry: Towards Reconstruction in Epistemology*. Oxford: Blackwell.

Hacking, I. (1990). *The Taming of Chance*. Cambridge: Cambridge University Press.

Hintikka, J. (1999). 'The Emperor's New Intuitions'. *Journal of Philosophy*, 96: 127-47.

Jackson, F. (1998). *From Metaphysics to Ethics: A Defence of Conceptual Analysis*. Oxford: Clarendon Press.

Katz, J. (1998). *Realistic Rationalism*. Cambridge, Mass.: MIT Press.

Keil, F. (1989). *Concepts, Kinds, and Cognitive Development*. Cambridge, Mass.: MIT Press.

Kim, J. (1988). 'What is "Naturalized Epistemology?"', in J. Tomberlin (ed.), *Philosophical Perspectives*, 2: *Epistemology*. Atascadero, Calif.: Ridgeview Publishing, 381-406.

Kornblith, H. (2002). *Knowledge and Its Place in Nature*. Oxford: Clarendon Press.

Lehrer, K. (1997). *Self-Trust: A Study of Reason, Knowledge, and Autonomy*. Oxford: Clarendon Press.

Leslie, A. (1982). 'The Perception of Causality in Infants'. *Perception*, 11: 173-86.

Machery, E., Mallon, R., Nichols, S., and Stich, S. (2004). 'Semantics, Cross-Cultural Style'. *Cognition*, 92: B1-B12.

Moser, P. (1985). *Empirical Justification*. Dordrecht: D. Reidel.

Neta, R. (forthcoming). 'Epistemology Factualized: New Contractarian Foundations for Epistemology'. *Synthese*.

Nichols, S., Stich, S., and Weinberg, J. (2003). 'Metaskepticism:

Meditations in Ethno-epistemology', in S. Luper (ed.), *The Skeptics: Contemporary Essays*. Burlington, VT: Ashgate, 227–47.

Nisbett, R., and Wilson, T. (1977). 'Telling More Than We Can Know: Verbal Reports on Mental Processes'. *Psychological Review*, 84: 231–95.

Plantinga, A. (1993). *Warrant and Proper Function*. New York: Oxford University Press.

Premack, D. (1990). 'The Infant's Theory of Self-Propelled Objects'. *Cognition*, 36: 1–16.

Pust, J. (2000). *Intuitions as Evidence*. New York: Garland Publishing.

Reber, A. (1993). *Implicit Learning and Tacit Knowledge: An Essay on the Cognitive Unconscious*. New York: Oxford University Press.

Rorty, R. (1989). *Contingency, Irony, and Solidarity*. Cambridge: Cambridge University Press.

Schmitt, F. (ed.) (1994a). *Socializing Epistemology: The Social Dimensions of Knowledge*. Lanham, MD: Rowman & Littlefield.

—— (1994b). 'The Justification of Group Beliefs', in Schmitt (1994a), 257–88.

Scholl, B., and Leslie, A. (1999). 'Modularity, Development and "Theory of Mind"'. *Mind and Language*, 14: 131–53.

Shweder, R., and Haidt, J. (1993). 'The Future of Moral Psychology: Truth, Intuition, and the Pluralist Way'. *Psychological Science*, 4: 360–5.

Sloman, S. (1996). 'The Empirical Case for Two Systems of Reasoning'. *Psychological Bulletin*, 119: 3–22.

Solomon, M. (1994). 'A More Social Epistemology', in Schmitt (1994a), 217–34.

Sosa, E. (1991). *Knowledge in Perspective: Selected Essays in Epistemology*. Cambridge: Cambridge University Press.

—— (forthcoming). 'A Defense of the Use of Intuitions in Philosophy', in M. Bishop and D. Murphy (eds.), *Stich and His Critics*. Oxford: Blackwell.

Spelke, E. (1990). 'Principles of Object Perception'. *Cognitive Science*, 14: 29–56.

Stein, E. (1996). *Without Good Reason: The Rationality Debate in Philosophy and Cognitive Science*. Oxford: Clarendon Press.

Stich, S. (1990). *The Fragmentation of Reason: Preface to a Pragmatic Theory of Cognitive Evaluation*. Cambridge, Mass.: MIT Press.

Weatherson, B. (2003). 'What Good Are Counterexamples?' *Philosophical Studies*, 115: 1–31.

Weinberg, J., Nichols, S., and Stich, S. (2001). 'Normativity and Epistemic Intuitions'. *Philosophical Topics*, 29: 429–60.

Williamson, T. (2003). 'Blind Reasoning'. *Supplement to the Proceedings of The Aristotelian Society*, 77: 249–93.

4. 内部空间和外部空间：新知识论[*]

保罗·M. 丘奇兰德

Ⅰ. 与康德的一些异同之处

通过与那些已然为人所熟悉的观点进行类比或对比，有时候这样就是引入一个新颖观点的最好方式。那么，让我们从知识论情境的康德式描绘开始吧，更具体地说，是从康德对经验**直觉**和理性**判断**这两种机能的刻画开始。最为人所知的是，康德认为这两种机能构成了一张人类特有的画布，人类的认知行为注定要被绘制在这张画布上。空间和时间被认为是所有**感性直观**的"纯形式"——抽象的背景形式，即所有可能的人类感觉表征的形式。各种有组织的"理解的纯粹概念"的集合，被声称为经验世界中人类所做的任何**判断**提供了必要的表述框架。因此，尽管自在世界（world-in-itself）（"本体的"世界）当然不是我们"建构"的，但是我们所感所思的世界（三维物体的"经验"世界）实际上的确展现了一个非常重要的组成部分，它准确反映了由我们自身内在认知组织带给认知活动的独特贡献。

当然，康德有一个我们现代人无须共有的议题，即想要证实一类据称是先天综合的真理（例如几何学和算术），并且详细解释这样的真理是如何可能的。除此之外，他还有一些我们现代人或许会否认的承诺，比如这里所讨论的"纯形式和纯概念"的先天性，以及它们使认知行为得以可能的不可塑性。但是他的描绘仍然构成了一个有用的起点，由此一个与之

---

[*] 本文为 *Proceedings and Addresses of the American Philosophical Association*, 76 (2002): 25-48 (Presidential Address, Pacific Division) 的重印，并有所修改。它是一本尚在写作中的同名著作开篇章节的删节版。

相对立的、非常不同的描绘能够被快速勾画出来，并且也易于被掌握。

那么，不妨来看看以下可能的情形：人类认知可能涉及的不仅包括这两个抽象的"空间"——一方面来自可能的人类**经验**，另一方面来自可能的人类**判断**，而且包括成百上千，甚至有可能成千上万的内部认知"空间"，每一个这样的"空间"都提供了一张专有的画布，人类认知的某个方面正在这些画布上不断展开。让我们再看另一种可能，每一个这样形象的认知空间在物理意义上被嵌入由诸多可能的**集体**活动构成的极为真实的空间，这些活动来自人类和动物大脑中尽忠职守的神经元的某些专属集簇。

接着，我们同样假设每一个这样的表征空间的内在特征都不是由某个在先的规定所确定的，无论该规定是神性的还是遗传的，相反是由成长中的动物的延展经验慢慢形塑与改造而成的，由此来反映其所遇到的独特经验环境和实际需要，并反映内嵌在大脑的不间断突触修正（synaptic modification）中的独特学习过程。这些内在空间可能因此而具有不同程度的**可塑性**，同时可能为相同物种**范围**的极为广泛的概念和知觉的可能性做出承诺，与之形成鲜明对比的则是康德为我们所设立的冰冷的概念牢笼。

让我们再来看另一种可能性，人类大脑将其认知活动中的每一个节点都用于生成和管理连贯的**运动行为**（走路、游泳、演讲、说话、钢琴演奏、投标枪、做饭、组织会议），就如同它对传统哲学经常关注的知觉和判断的活动所做的那样。而且要注意这个可能，类似的专属认知空间——其神经元基础比方说位于额叶皮层、运动皮层和小脑，能够通过空间中的集体神经元活动的肌肉控制**轨迹**，成功**表征**上述复杂的运动过程和行为过程。同时要注意的是，各类**感官**空间中的轨迹和极限环路同样可以表征复杂的**因果**过程和**周期**现象，就如同外部知觉经验中所经历的那样，而不像是产生身体行为内部所发生的。

因此，我们从扩大表征空间的数量开始，将其扩展至成百上千个，这远远超过康德式的一对对概念。我们把它们定位到大脑不相关联的解剖部位中，使得它们中每一个在其语义内容和概念组织上都具有可塑性和多样性。同时，我们把运动认知和实践技能，以及知觉理解和理论判断包括进来，作为我们论述人类知识的同等对象。

Ⅱ. 大脑中的表征：短暂与持久

不过我们还没有面临我们所要描绘的单个最大的对比，即上述康德式描绘和本文所探求的解释之间的对比。对康德而言，毫无疑问人类认识的基本单位是**判断**，这一单位处于与其他实际的、可能判断的各种逻辑关系的空间之中，而且它展现了真或假的典型特征。然而，根据本文所做出的解释，"判断"——如康德和几个世纪以来其他逻辑学家所理解的，并不是认识的基本单位，无论是对动物还是对人类均如此，这一点毋庸置疑。相反，认识的基本单位——严格说来，是正在发生的、短暂的认知，是贯穿神经元的专属集簇的**激活模式**。它是上述一再强调的成百上千的表征空间中任一空间的激活**点**。

表征这个基本形式是我们与所有具有神经系统的其他生物所共通的，并且在每个空间和每一情形中都做着大致相同的工作。这样的表征让动物们知道——更确切地说，它构成了动物的知识——在通过相应的神经元集簇所理解的可能情形的空间之中，其目前的位置**恰好**处在内嵌于那个集簇中的认知地图之上。这一激活点更像是激光笔的亮点一样，照在漆黑公路地图的一个个小点上，这个亮点通过移动，不断更新一个人在由地图表征的地理可能性的空间中的当前位置。

由于这些成千上万的空间或"地图"都通过数十亿轴突投射和数万亿的突触连接而彼此关联，因此，一个地图中像这样的具体位置信息能够并且确实引发了在**一系列**下行的表征空间中随之而来的点状激活态（point-like activations），而且最终在一个或多个动态表征的空间中，其展开的激活态被投射到身体的肌肉系统上，从而产生在认知上富含信息的行为。

基于这种观点，康德主义式的"判断"虽然完全真实，但它构成表征活动的外在形式，即便对成年人而言也是无足轻重的形式，而且在非人类的动物以及前语言阶段的孩子中完全没有这样的形式。我们人类如何才能成功产生一个"语言空间"，来维持我们的言语生成和言语理解呢？在某种意义上，这是一个我们必须回归的迷人的科学问题。现在，不管结果如何，我姑且宣布，正是因为我们有一种与生俱来的"思维**语言**"，这篇文章中探究和发展的观点与人类能够认知这一观点截然相反。

福多捍卫了这个最近几十年中最具锋芒、应变力最强的语言形式化观点，当然大体的想法可以追溯到康德和笛卡尔。按照我自己的假设，这三位非常睿智的先生都被错误地蒙蔽了，蒙蔽他们的则是直到近来才为人类经验所获得的、仅有的系统性表征系统（即人类语言）的**例子**。在得到我们自身所钟爱的大众心理学的结构的进一步支持之后①，他们错误地将一般认知（cognition-in-general）的客观现象解读**为**在历史意义上的**偶然**结构，该结构对单个物种（即人类）而言具有独特性，而且即便在这方面，它也只是有着次等重要意义。当然，我们确实使用了语言——一个我们必定要探究的最值得称道的发展物，但是类语言（language-like）结构没有体现认知的基本机制。显然这不是就动物来说，也不是对人类而言的，因为人类的神经元机制，总的来说在各种细微的程度上均不同于其他动物，但在根本形态上两者没有差别。

因此，任何一个负责的知识论理论，其首要需求就是如何阐释把我们与所有跟我们一起共同演进的兄弟姐妹们定位到连续统一体的认知。同时，为了满足这一需求，我们不得不付出的代价就是放弃作为知识或表征的假定单位的语言形式化"判断"或"命题"。不过我们没有必要不明不白地做出这种牺牲。鉴于现代神经生物学和认知神经建模的概念资源，我们终于能够寻求一个替代性的认知阐释，它包括一些非常具体又极其不同的表征单位。本文中我想表明的是，在一个非正统假设（涉及我们表征的基本单位的本质）中的最初投入，将在我们继续研究的过程中产生可观的回报。

其中一个回报很早就出现在我们的论述中，因为我们所主张的知识形象在两者之间做了根本的区分，一方面是有关我们此时此刻飞逝而过的知识之短暂媒介，另一方面是有关我们世界的一般时空结构的**背景**知识之持久媒介。正如刚才所提到的，前者是贯穿于特定的神经元集簇的短暂激活

---

① "大众心理学"是个普通的概念框架，用于理解例如"欲念P""相信P""惧怕P""意图P"的概念，**每个人**都用它来解释和预测他人的行为。

模式；它们是不断移动、不断跳跃的点，在它们专有的概念子空间中被即刻激活。想想这种移动，再看一下漆黑的公路地图上的激光点。

后者，即"背景"媒介则完全不同。在这一层次的**一般**知识中，表征的媒介或单元是**整个概念框架**。对于相关的神经元集簇而言就是**整个激活空间**，该空间通过数月或数年学习被塑造出来，并且包含主体目前拥有的任何观念的所有可能**情形**。事实上，这个空间恰好是那块背景画布，有关任何范畴的每一个稍纵即逝的实例都被"描绘"在上面，并且这块画布或多或少不过是某个特定位置上的一个激活态，在该位置之中构建起了**可能**的激活态空间。（重新描述上一段的隐喻：背景概念框架是这里所说的整个**公路地图**，即激光点在某一时刻所照亮的该地图所有**可能**位置的等待空间。）

用一个简单、具体的例子来说明，不妨看看图 1 所示的可能的**颜色经验**空间。该空间可以体现人类视觉系统能够感受到的每一个可能的颜色可

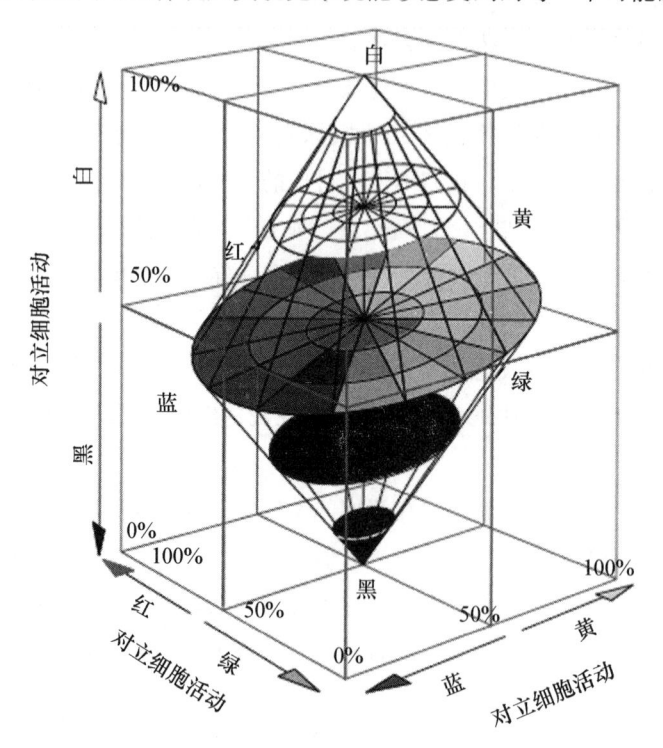

图 1　表现客观色彩的人类现象学空间

4. 内部空间和外部空间：新知识论 | 67

感性（color-qualia），并且该空间是以一种非常特殊的方式组织起来的，这种方式为所有正常视力的人所共有。相对于其同属的所有颜色表征，除了某种形式的色盲之外，我们都属于**同一个**距离关系和中间态关系（betweenness-relations）族类（family），这样的关系族类一起定位该空间中的每一个颜色表征。拥有这种大致的双锥形空间就相当于拥有关于客观色彩领域一般结构的最基本的人类知识。而且，在这样的内部概念空间中的某个特定的点上拥有一个当前的激活向量（例如，在中轴线的中间）就相当于拥有当前某个特定颜色的［在该例中是中**灰色**（middle-gray）］表征**或体验**。

第二个例子涉及一个表征人类**面孔**的内部概念空间，如图 2 例子中（设想的）所示。事实上，这个三维空间是在某个**人工**神经网络内的具体的神经元集簇的激活空间示意图，此图尝试模拟人类主要视通路的整体结构，该网络训练的是区分面孔和非面孔，分清男性面孔和女性面孔，并且通过浏览许多照片中的每一张来重新确定各个已命名个体的面孔（Cottrell，1991）。②

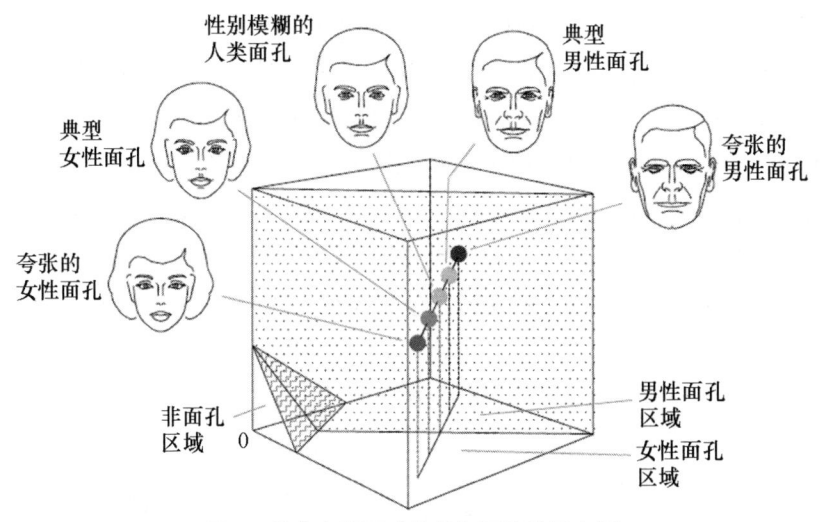

图 2　代表人类面孔的神经网络激活空间

正如你马上会看到的，在整体空间中，训练过程产生一个包含诸多清

---

②　正如我的三维线型图所显示的，在关键的表征层（representational layer）上，人工网络实际上有 80 个神经元，而不是 3 个。我之所以采用这一低维的虚构（fiction），是为了在视觉上理解更加复杂的八十维空间的情形中所发生的事情。

晰表征区域的层次结构。靠近该下行概念空间的**原端**的杂多激活点表征网络感应神经元所呈现的杂多非面孔图像，而远离原端的某个更大"面孔区域"中的各个激活点表征各个面孔。这个补充区域本身一分为二，各自成为大致相等的男性面孔区域和女性面孔区域。在每个性别子空间中都散布着许多更小的子空间，每个子空间都包括（comprehend）一簇非常相近的激活点——表征单一个体面孔的清晰的感觉呈现。

当然，在更大的区域中的**每一个**点都要么代表这一类面孔，要么代表其他类的面孔，而不只是那些被显示出来的点。不过，当一个人逐步远离平均或典型的男性面孔点与平均或典型的女性面孔点之间的实线时（再次参见图2），其所遇到的面孔表征以不同的形式变得越发不标准或夸张。由于这类外围点是在最大程度上与更中心的点进行对比，它们表征的面孔从一堆面孔中"突显出来"。这样的面孔与我们正常期待的人类面孔存在极大不同。正如颜色空间在其中心点上有一个中**灰**色，因此我们的面孔空间在其中心点上也有一个**中性**（gender-neutral）面孔。

色彩和面孔这两个空间的明晰结构，在一些简单的知觉错觉中重新揭示了其本身。将你的目光固定在图3右侧淡红色方格的中心×上并且保持10秒，然后立刻注视其左侧的灰色方格中心×，短短的几秒钟你将会感知到中性色调的方格好像变为淡绿色。一个类似的实验，从图3左侧真正的绿色方格开始，将使得同一个中心方格看起来是淡红色的。如果你回过头去看图1的色彩空间，你会发现红色和绿色在该空间的相对两侧进行编译，并且它们之间存在最大的距离。为了编译这两个极端颜色中的任何一个，强迫自己进入一个延时性稳定神经活动，就产生了一个具体的短时

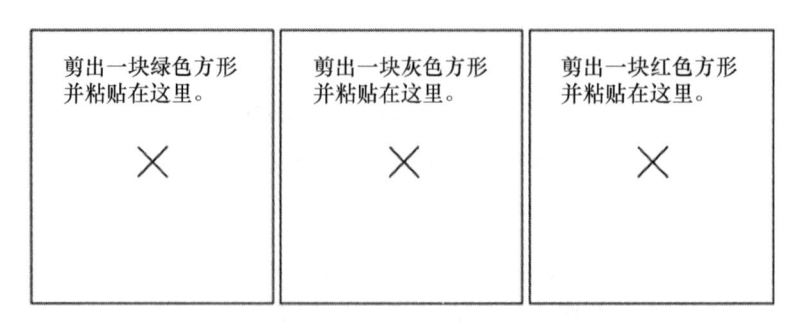

剪出一块绿色方形并粘贴在这里。 ×	剪出一块灰色方形并粘贴在这里。 ×	剪出一块红色方形并粘贴在这里。 ×

图3 一个中性色调的测试方格两侧截然相反的颜色

"疲劳"和/或"增强"模式,它贯穿了我们三维色彩空间之下的三种颜色编译神经元。

当最后释放神经元的极值负担时,疲劳诱使这些神经元退回到它们**过去正常的中性点**,也就是说,返回到一个短暂地**错误表征**某个**中性色调**的知觉输入的瞬间激活模式,仿佛它是来自与原先的、疲劳诱导的刺激正好相反的颜色空间那一侧的输入。因此才会有互补色这样一个短暂的错觉。

在图4的中间位置,你或许会观察到一个类似的关于面孔**性别**的短时错觉。这个刻意模糊性别的、具有平均矢量的人类面孔的右边为一个夸张的女性面孔,而左边是一个夸张的男性面孔。用你的手盖住除了男性面孔以外的其他面孔,并且将视线固定在他的鼻梁上十秒。然后将你的手向右滑动以便(仅仅)显示中性面孔,迅速将你的视线固定在**它的鼻梁上**,对这个(客观上的中性)面孔做出一个关于**性别**的快速判断。由于夸张的男性和女性面孔(如同红色和绿色)被编译到相关激活空间的对立面上以及某种可比较的疲劳或饱和效应,前面所说的颜色实验表明这个中性面孔看起来——如果有什么不同的话——有点像**女性**。如果你的反应与我的相似,就会得到这样的结果。如同颜色错觉,你也可以做相反的实验。将你的视线固定在这个单独隔离的夸张女性面孔上至少十五秒,然后突然再注视中间的面孔,随之会发现它看起来是否明显就是**男性面孔**,哪怕这只有一秒的时间。你自己判断一下。(你或许也注意到一个有趣的**年龄**效应。在这两个条件下中间的面孔在两种情形下表现为两个完全**不同的个体**。当被视为男性时,它看起来非常年轻,不超过20岁。当被视为女性时,它看起来是一个年长得多的人,不少于35岁。我仍然在考虑这个问题。)[3]

---

[3] 这两个例子会让人们联想到很多。读者可能还记得洛克与贝克莱那个被广为传播的三桶水例子——一桶不冷不热,另外两桶分别是热的和冷的。不冷不热的水感觉起来是热还是冷,取决于边上两桶水中哪一桶会最先使测试手中的热感受器疲劳(fatigue)。"瀑布错觉"则提供了第四个例子。假定有三块纹理整齐的正方形,饱和状态之后,左边一块进行平稳的向下运动将会引起并未运动的中间那块出现向上运动的错觉,而且右边那块正方形的向上运动会出现相反的错觉。不过这些都属于一维错觉。关于颜色和面孔错觉,还有不同于温度和运动的神秘之处,就是它们发生在一维以上的表征空间中,颜色是在三维空间中,而面孔有可能是在成千上万维的空间中。

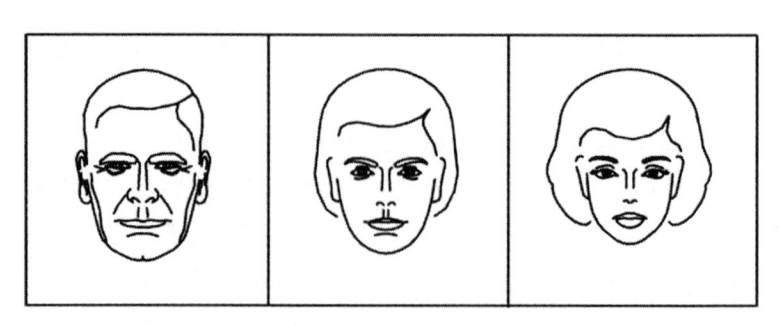

图4　位于中性面孔两侧的相反极性面孔

就颜色空间和面孔空间而言，尽管这些实验主题中有许多令人着迷的变化形式，但是我们必须在此继续前进。无论是这些空间**存在**，它们显示确定的内部**结构**，还是它们有至少轻度**可塑**的神经元基础，所有这些都是这个引导性讨论留下的启发性经验。

Ⅲ. 个体学习：缓慢的和结构性的

尽管如此，对于这些引导性空间而言，有人或许会问，它们是否可能是先天的，即以某种方式由人类基因组所规定。无论这里的正确答案是什么，该回答肯定是经验性的。至于人类的颜色空间，答案很可能是肯定性的。在这篇文章的后半部分，我们将会看到，上述讨论的三维颜色立方体的可能神经元和突触的基础，就正常人类个体的解剖学层面而言，似乎是简单、重复又高度统一的。因此，以某种方式位列于人类的基因组之中的说法是一个合理的选择项。

然而，对于先天的人类**面孔**表征空间而言，我们的判断必定是倾向于否定的，这里有几个原因。第一，不同于你的色彩空间和图2中（图解的）面孔空间的三维性，你大脑中的面孔空间的维度几乎可以肯定是位于数以百计或数以千计的神经元之中。第二，构成面孔空间的突触连接分布因此一定包括至少将近一百万个突触连接。[④] 不同于我们的颜色系统，

---

④　平均来说，大脑中每一个神经元都有着超过1 000个以上与其他神经元的突触连接。

这些连接没有一个在强度和分布上是重复的,所以它们的遗传表征将非常复杂。第三,这些连接在任何情况下对于每一个体而言都不是统一的。我们已然知道,一个人的面孔表征空间的测量结构随其功能而**变化**,实质上它是作为她成长于其中的文化功能之一,尤其是作为种族或民族群体的功能之一,而种族或民族群体恰好依照人类面孔来穷尽或主导她的童年经验。(有时它被称作"异族效应",这并不准确。)总之,我们面孔空间的基础是复杂的,个体之间无法通过递归加以说明,而且变化形式非常多,因此是最不可能被编入基因组的选项。

当然,主要承担面部分析工作的神经元集簇的纯粹**存在**,很可能**是**遗传所表达的产物。毕竟,我们每个人都有一个下颞叶皮层(大脑支持面部识别的假定区域),同时所有正常婴儿一出生就关注类面孔的刺激物。不过成人所具有的这种空间的结构,其特有的维度及其内部相似性度量标准,都是在表观遗传学层面所决定的特征。到目前为止,人们所知道的有关面孔的东西,有非常大一部分,也许甚至是全部,都源于人们关于面孔的后天经验。⑤

这种涉及大脑表征空间,以神经元和突触为基础的反先天论的结论,几乎适合所有为大脑所理解的空间。唯一可能的例外是那些临时空间,比如我们的颜色空间,它也许直接编译出我们各种感觉神经元行为。在这里有一个不会错得太离谱的规则。具体来说,一个给定的神经元集簇和机体的感觉神经元之间的**距离**越大——通过测定连续的突触连接数目,这些连接不得不经由一个轴突贯通,以便从一个集簇连到另一个集簇,目标集簇表达某个通过**学习**而被构建起来的表征空间的可能性就越大。

事实上,从出生起,新的**突触**连接的修改、衰减和增长是大脑中结构变化最引人注目的方面。创建和调整 10^{14} 个突触连接的精准分布是一个

---

⑤ 一个人出生前的**运动**,以及对于其自身的脸、嘴唇和舌头**本体感受的**(*proprioceptive*)体验,可能有助于其在出生之后看到面孔时的产后(*post-natal*)**视觉**处理。因为这些"视觉"面孔是受到同态行为影响的同态结构。不过即使在子宫中同时获得的,这里涉及的"知识"仍然是**后生的**(*epigenetic*)。事实就是,胎儿在妊娠晚期高度活跃:他们驱动他们的舌头和嘴巴,甚至吮吸他们的拇指和拳头。这些经验具有重要的指导意义。

人在婴儿和儿童阶段学习的本质，因为正是映射在任意神经元集簇的突触连接上的集体性分布，**决定着**内嵌在集簇专属激活空间中的诸范畴的族群。如我们的人工神经网络所显示的那样，突触连接的集体性分布形塑了异同关系的网络形态，这些异同关系在由此产生的激活空间中联合和分离各个范畴。相同的突触连接集体性分布是将任何传入激活模式（例如，来自感觉神经元的一个早期集簇）**转变**成位于这精心雕琢的次级空间中的具体位置上的一个新的激活模式。因此这些集合连接**无论是**对于首先通过个人学习而获得的、相对持久的概念框架，**还是**它随后通过短暂的感官投入获得的即时激活而言都至关重要。同时，这些突触连接不但是大脑的基本信息**处理器**，而且也是其关于世界的抽象结构的**重要的一般信息库**。

因此，某人（大脑中）无数个突触连接的建立，及其个别强度或"权重"的调整构成了学习的重要过程，在人生的前二十年，每个人的大脑都会经历这一过程，前十年尤为重要，而前五年最为重要。正是在这一期间，一个人的背景概念框架逐渐形成，这个框架可能在一个人余下的生命中保持着，只做轻微的改动。

值得注意的是，尽管这极为重要，但是突触调节/空间塑造过程几乎完全为学术型知识论传统所忽视，甚至在进入第三个千年的早些年还是这样。这也许不是那么令人惊讶。大脑的微处理过程极难搞清楚，其补偿性的计算机模型的缺失、对规范性问题的专门关注，以及认知活动常识心理学观念的专制性主导，对**过去的**理论家而言，这些因素结合在一起，为这一重大的、造成严重后果的忽视勾画出了一个可以接受的借口。不过这几个借口的有效期（例如，"在2001年1月1日之前使用"）都已经过了。

除了传统的显微镜，一个日益增长的实验技术和仪器的"兵工厂"——例如，选择性神经元染色和它们的连接途径、电子显微镜、单细胞微电极、膜片钳、转基因小白鼠、CAT扫描、PET扫描、MRI扫描和fMRI扫描——现在为我们提供了一系列重叠的通向大脑物理结构及其神经元活动的窗口，从亚细胞的分子活动细节一直到其全脑神经元网络的摩尔级别的活动。大脑不再是一个可望而不可即的黑盒子。相反，刚刚提到的稳定的实验数据流为可靠的认知理论化过程提供了一系列不断展开的实证**约束**。这也使得那些不可估量的理论建议和实验探究两者之间的反复互动成为可能，在其他科学事业中，该互动被证明是非常成功的。理论可以建议和激励在它缺位的情况下可能永远不会被尝试甚至设想的实验。同样，实验结果可以迫使对被考察的理论进行必要的修正。而且这个循环又重新开始了。

人工神经网络在电子硬件上的直接实现，或离它稍远一些在传统计算机中模型化，为我们提供了另一种方法来确切表达与检验认识活动如何能够从相互关联的类神经元元件集合中产生的理论。不同于生物网络，人工神经网络能够如我们希望的那样被简化，并得到良好的控制。我们可以监控它们的每一个连接、每一个抽动和每一个变化，而不减弱、破坏或干扰所涉及的网络要素。因为人工神经网络是电子带动的，它们也比其生物学中的同名物运行得更快，我们也可以在**几个小时**内，在它们的"学习"活动中执行和完成实验，而在一个生物大脑中，将需要好几个月或好几年来进行实验。当然，这意味着，我们经常能够非常迅速地知道，我们模拟某个大脑功能或其他功能的初步尝试是**错误的**。因此，为了更新理论灵感，我们可以回归经验意义上的大脑，然后怀着构建更可靠的人工模型的希望重新开始。

这项活动已经产生了针对认知活动的竞争性理念的大致框架，它成为替代过去 2 500 年以来在哲学中占主导地位的"命题"或"命题态度"模式的一个备选项。有很多理由可以表明这一更新近的观念的重要意义，尤其是因为它最终与维持我们认知活动的生物器官（即大脑）的物理与功能细节建立了解释性联系。但是还有其他许多理由同样也证明了该观念的重要性，其中第一个理由或许就是，它为任何个体的概念框架的**起源**提供的新颖阐述。

这个话题恰恰在很大程度上被哲学传统忽视、埋没，或用一种粗线条的理论一笔带过。有两种风格的"解决方案"占据主流位置。柏拉图、笛卡尔以及福多的著作阐明了第一种解决方案：因为人们不知道如何解释我们的概念起源，便宣称它们是先天的，要么归因于一个在先的生命，即全能的上帝，要么归因于五千万年的生物进化，我们在自身之中找到了实际的概念集。亚里士多德、洛克和休谟的著述则代表着第二种解决方案：它们指向一个被我们视为感觉"单一体"（simples）的调色板，如各种味道、气味、颜色、形状、声音，然后将我们诸多单一概念的基础性集簇解释为诸多单一感官原件现存的模糊"复件"，它们在与原件的单次邂逅中获得。然后非单一的或"复杂"的概念被解释为通过递归方式实现的诸联结和/或简单"复件"的调制（完全不考虑该建构性机制的起源）。

　　这两种解决方案都注定要失败，其中有一些有趣的原因。如果我们把上帝和柏拉图所谓的上天（Heaven）作为不切实际的想法放在一边，第一个选项的首选（即，进化）版本面临这样的困难，究竟要如何为完整的 10^{14} 个突触个体的连接点位和连接强度编码——以便塑造目标概念框架——而使用只包含 30 000 个基因的进化基因组资源，其中还有 99%（除了微不足道的 300 个基因）是我们与老鼠共有的，五千多万年前我们与它在进化上分道扬镳。这里问题不在于这两个数字之间如此大的九个数量级的差距（原则上，一个递归过程能够弥合任何大小的差距），尽管这鸿沟值得人们深思。真正的困难是这一经验事实，即每个人成熟的突触分布与其他任何人的都完全不同。对于个体来说，它完全是独一无二的。因此，作为在我们所有人中都**相同**且通过递归方式能够指明的突触分布是一种注定要失败的备选方案，就像是假如上面提到的数字鸿沟被递归性地桥接起来，并且如果相同的概念框架在每个正常的人类个体中通过遗传方式得以重塑的话，它必定会有效那样。

　　第二种解决方案好不了多少。针对灵活运用于我们几个感觉神经系统中神经元编译策略的实证研究表明，即使是对那种被视为"最简单"的感觉刺激做出反应，其发送到大脑的感觉信息通常也是相当复杂的，而且其突触转置的矢量物——信息编入的下行概念化表征——依旧更为复杂，并且通常复杂得多。概念究竟是什么以及我们如何获得它们，关于这些问题的直接内部复制（direct-inner-copy）理论，乍看起来就是一个笑话，它作为一个事实，是经年累月才得以反映出来的，任何一个人类婴儿都要花这么长时间，去获得全方位辨识绝大部分所谓"单一"感觉属性的能力（这需要时间去配置大脑的 10^{14} 个突触，甚至是领会这里所说的所谓"单一"属性）。此外，就像任何曾经寻求这一物质的人注定会发现，为"复杂"概念提出的递归定义这样的思路本身就是完全错误的。根据可以合理表征诸多感觉"单一体"的概念，试图构建

"电子"或"民主"的一个明确定义——就此而言，或者甚至"猫"或"铅笔"——都是做不到的。

即使双方——总体性的先天论者（Blanket Nativist）和连接性的经验论者（Concatenative Empiricist）——都能够引述各自有利证据，这样的最强论证很明显都缺乏与之相反的观点。鉴于它们缺失有深度的对立观点，只要这些替代方案穷尽了可能性，那么它们每一个都有其不可小觑的内容。不过当然它们做不到这一点。因为如同我们的人工训练模型所表明的，我们已经有了一个可行的叙述思路，来表明一个神经元激活空间如何能够通过经验，被缓慢改造为一个融贯的、有层级的原型区域族群。这个叙述同时解释了随之而来的、与情境相符的概念**激活**，这些激活是对它们所表征的范畴的感官实例做出的反应。而且同样的神经结构、神经功能框架维护着种种知觉和概念现象的深刻解释，并包括许多我们认知**失败**的情况。这便构成了这里所引入的更广意义上的知识论的必要基础。

Ⅳ. 个体学习：迅速的和动态的

不过这**只是**基础而已。数万亿突触连接的调整并不是介入值得冠以"学习"之名的过程的唯一方法，同样对此类连接的调整良好的分布的吹嘘也不是体现关于世界的系统"知识"的唯一方法。对于学习过程这一基本维度而言——脑部**结构性**变化的维度——我们必须加入学习过程的第二个维度：脑部典型或习惯性运作模式中的**动态**变化的维度。相比于我们已经在讨论的结构性变化（数周、数月及数年），这些动态变化能够在一个较短的时间量表上（数秒或者更少）发生，同时至少在短时间内，它们通常不涉及任何结构性变化。不过我们也将会看到，认知发展的这一维度至少像它的结构性先导（precursor）一样同等重要。

大致说来，人们可以将大脑的动态活动构想成在大脑的总神经元激活空间中的单个移动点，这个点像石头一样（marble-like），将时间花在欢快地滚动于几乎没有边际的概念图景的山丘和山谷间，基础性和结构性学习过程用了相当长的时间塑造了这一概念图景。这种图景类比足够准确，因为它恰当地表明，某人展开的认知状态往往朝向"山谷"（所得到的原型区域或范畴）而滑离"山丘"（与"更可能的"山谷两边相对而言"不可能"的隆起区域）。但是它没法充分表明大脑"总"激活空间如此巨大的**容量**（数以万计模糊的康德式子空间聚集在一起）。让我们做一个简单的叙述。

如果我们非常保守地假设大脑中每个神经元只容许功能上区分明显的十档活动——例如，从最小的峰值频率 0 Hz 到最大的 90 Hz 之间的十个级别，那么，因为大脑有 10^{11} 个神经元，我们关注 10 到 10^{11} 或 $10^{100\,000\,000\,000}$ 个功能上不同的一个空间，该空间是一个先天可能的全面激活状态。（相比之下，可理解的宇宙只包括 10^{87} 立方米。）正是在这几乎没法理解、巨量的、清晰的激活可能性之中，某特定个体移动激活点必须精心完成一次性的、70 年左右的独特认知旅程，也就是那个个体的有意识的（与无意识的）生命。

这个空间太大了，根本不能在人的一生（≈2×10^9 秒）中探究到它任何重要的部分。如果一个人的激活点是要以每秒 100 的速度飞速通过可能的位置，一生的探究只能触及 2×10^{11} 个不同的位置，留下足足 $5\times10^{99\,999\,999\,988}$ 个未被探究的位置。

这一叙述大致上准确，但是它只关注人类神经元激活空间先天的容积，也就是说，是其潜在的容量，倘若每个神经元的活动是独立于所有其他神经元活动的话。相比之下，鉴于某种你会接受的理由，仍然令人难以置信的是，其后验的容积要小得多。根据上文所述，突触调节的学习过程总的要点是使得信息处理层级较高的神经元行为深刻地、系统地**依赖于各种层级低于它们的神经元活动**。因此，该学习过程大大缩小了在经验意义上可能全面激活点的空间。

更具体一点说，它将原有空间缩小为一系列精心设计的内部子空间，每一个这样的子空间都尝试通过其获得的内部结构，表征外部世界持存结构的某个专有方面或维度。正是因为一般情况下都在谈论其表征意义，因此这些子空间表征了大脑的各种**可能路径**的理念，通过这些路径，世界在我们个体的、不间断的知觉经验中，可能将其自身呈现给我们。例如，图 1 的色彩空间试图表现所有可能的颜色范围。图 2 的面孔空间试图表现所有可能的人类面孔范围。第三个空间可能表现所有可能的抛物运动的范围。第四个空间表征所有可能的声音的范围，依此类推。总的来说，这些繁多的子空间表述了一系列"名义上可能的"世界，这些世界示例了相同的范畴，并共有我们自身世界的持存的因果结构，但是在它们的初始条件和随后发生的个体性细节方面存在不同。

如前所述，某人的内部认知记述是通过这样一个先前被塑造出来的总激活空间的特定轨迹。不过有鉴于这样一个信息丰富的空间，该认知轨迹的路径不单单取决于某人的感觉体验。事实远非如此。如我们将看到的那样，在你全面激活空间中的下一个激活点往往（1）部分取决于你当前的感觉输入，（2）部分取决于你已经取得的背景概念框架的描述（也就是说，取决于你的突触连接的持续性分布），并且最为重要的是，（3）取决于你的**整个神经元集簇**并行的激活状态，这是一个复杂的因素，该因素反映你优于当前计算机交互作用的认知活动。这种安排使得大脑成为一个真正的**动态系统**，一个有大量可能行为能力的系统，甚至在原则上这些行为中的大部分是不可预测的。

要再一次提示的是，通过必要的对比以及现成的类比，一个康德式的类似理论或许有助于阐明这里的主张。我们可以认为，康德乐于接受有别于直觉和判断的第三大类认知活动。这就是想象的能力，其典型特征是这里所表明的认知活动的**自发性**。不同于康德，我们不应该假定一个独特的空间或一块画布来维持想象的活动。在我们看来，这些活动发生在之前所讨论的神经元激活空间的极为相似的集合之中。将想象活动和其他认知形式区别开的标准不在于其定位，而在于其原因。想象性认知活动并非源于由一些感觉形态而来的上行输入，而是源于神经元集簇的下行或周期性输入，这些集簇处于大脑信息处理结构中的较高层级。来自上级的大脑活动而不是来自下级的感官活动发起和控制该认知活动。

然而，在自发性这个问题上，我们与康德的观点一致，而且有着充分的理由。大脑是一个空前复杂的动态系统。它是一个不断变化的物理系统，有着好几十亿自由度——作为发起者的数十亿神经元的激活水平。它是这样一个系统，其动态性显然是非线性的，这意味着就许多活动组织方式而言，一个人当前的认知状态中无限小的差异能够像滚雪球般在大脑随后的认知状态中变成非常大的差异。即使根据大脑行为是严格具有确定性

62 的这一假设，我们或者任何其他可设想的物理装置都能够**预测**大脑不断展开的认知活动，而这个系统就会给多大程度上能够预测设置无法避开的限制。问题是对于这样的一个系统而言，首先，有效的预测需要大脑当前结构和动态状况的无限完整的信息；其次，需要针对它根据定律而发展为后续状态的无限精确的计算。在这个世界上，这两个需求均无法满足，甚至进行相应的大致估算也做不到。

其结果就是，一个系统它的认知行为一般而言无法被自身预测，也不能被其他任何东西预测。这并不意味着乍一看没有规律显示出来。相反，当大脑处于一些典型的活动之中，例如刷牙、打牌或喝咖啡，这些特定的运动行为在未来的几秒钟能被可靠地预测到。如果我们花上数天或数周来观察所预估的行为，我们可以可靠地预测到，如果情况正常，人们会在下午六点吃晚餐，在晚上十点左右睡觉，并在早上六七点左右起床。这种周期行为的细节我们也许预测不到。（他是吃香肠还是吃鱼？他会穿绿色还是蓝色的睡衣？他会在床的左侧还是右侧起床？）但是一个非线性的系统也可以表现出大致稳定的轨迹或循环，即便它们处于永远的变化之中。然而，除了这两个例外（非常短期行为和长期行为模式），一个人的认知和运动几乎是完全不可预测的。这就表现为一种自发性，在某个不可监测、恒久变化的诸多善变的微处理交杂过程中，它反映出这一开端。

不过让我们回到学习过程这一主题。除了受欢迎的自发性标准外，使得周期性或下行神经元路径成为可能的，正是脑部认知反应的持续性调整，该反应针对的是不断展开的感觉输入。这种调整的细节反映了作为一个整体的大脑不断变化的动态状况；反映了所有此时此刻获取的情境信息，当相应的感觉输入时这些信息被录入大脑。最重要的是，每个感觉输入所遇到的当前情境在人的一生中从来不会出现完全相同的两次。因为随着大脑突触连接权重在其成熟结构中得到固定，大脑的动态状况、当前神经元活动层级的总体模式就提供了一个不断转移、永不重复的认知情境，在该情境中每一个感觉输入在诠释意义上被接收到。因此，一个人对两个不同场合永远不可能有一个完全相同的认知反应，即使基于这两个场合的总感觉输入可能恰好相同。相同的石头被连续扔进这条赫拉克利特的河流中，永远不会飞溅起相同的水花。

当然，由此产生的差异通常很小，它们下行的认知结果差异通常也很小。就像太阳系，大脑至少是一个准稳定态的动态系统。但是有时候下行的差异是巨大的，并反映一个变化的世界景象，就像一个值得信赖的朋友突然狂暴地虐待了一个无辜的同事那样。虽然这个朋友在随后的数天或数周之后可能恢复正常，但是他再次对你微笑和问候以及其他的社会交流看起来就完全不一样了。至少他所关注的方面，对你的看法、期待和互动发生了永久性的改变：你已经了解了关于他性格的一些东西。

更具体地说，该经验已经使你的认知轨迹进入一个属于你先前已然塑造而成的神经元激活空间中显著不同的、迄今为止未被光顾的区域。在该空间绝大部分维度中，你的轨迹仍然是在熟悉的范围之内。不过至少在一小部分可到达的维度中，该轨迹现在是在探索新的领地。

应该说，严格来讲，该轨迹**始终在**探索新的领域，因为它永远不会和其自身完全相交（对于一个单独的动态系统而言，这样一个完美的回归将注定使这个系统有一个无休止的、不变的周期）。但是有时候一个人的激活空间位置的变化也是不小的：它具有实质性意义。偶尔情况下，一个人重新定向的轨迹会将其带出一个熟悉的、经常被光顾的动态吸引力的盆地，越过相对而言不大可能到达的局部山脊，并进入一个新的、完全不同的吸引力盆地，在这个吸引力盆地中某特定类型的所有感觉输入现在接纳一个概念解释上极为不同的组织方式。如果新的组织方式碰巧产生出得到增强的预测和控制一个人环境的能力或该能力的某个具体方面，那么就有必要认为该生物有新的视角来介入这个世界。尽管在某人的神经系统中没有发生**结构性**变化，但是这样的情况仍然是学习过程——**动态**学习过程——的明确的实例。

误会尔后重新认识朋友这样的例子，是对该过程的一个刻意普遍化的例子。尤其是当一个人认识到大多数重要的科学洞见或所谓的"概念革命"也是动态学习过程实例时，这个过程的重要性将更加赫然地显现出来。例如，不妨看看牛顿著名的顿悟［在乌尔索普庄园（Woolsthorp）的苹果掉落事件］，月亮的轨道只是**抛物运动**的另一种情况，如石头扔到地上一样受同样的规律支配。看一下达尔文（C. Darwin）的见解，不同物种的起源可能归功于对畜牧业**人工选择**长期实践的一个完全自然的模拟。

再看看托里拆利（E. Torricelli）的洞见，我们都生活在**空气层**（ocean of air）的底部，对这种假说的测试用到了一根被费力拖上山坡的（然后平稳下降的）气压计。或者考察伯努利（D. Bernoulli）、麦克斯韦（J. Maxwell）和玻尔兹曼（L. Boltzmann）的推测，气体只是一团相互碰撞的**弹道粒子**，并且也和幽禁它们的容器壁发生碰撞。

在所有这些情形，以及许多其他情形中，受到影响之后产生的有决定意义的认知变化并非出现在任何人突触权重的重置中。这里所说的认知变化，对于糖浆状的流动（molasses-like）过程来说发生得太过于迅速，以至于不能提供解释。相反，这种变化存在于现成的概念资源的动态调配中，这些资源多年前就已经习得了，而且在其他完全不同的环境中，这些资源**最初**是通过现在恰恰缺乏的那种更缓慢的突触过程而习得的。上面提到的历史上的实例中，新奇之处并不是那些被灵活运用的概念（**抛掷惯性**、**选择性繁殖**、**深海**以及**弹道粒子群**），而是它们被灵活运用中的非同寻常的目标或环境，也就是，**月亮**、**野生动物**、**大气**以及**封闭气**（confined gas）。在每一种情况下，又旧又熟悉的事物逐渐被理解成针对一个完全不同范畴的意想不到的例子，这个范畴至今被用于完全不同的环境中，它使旧现象产生了新的系统化意义。借用一个来自生物学的概念，我们这里正在关注各种**认知的扩展适应**（cognitive exaptations）*，这个认知工具最初是从某环境中发展出来的，后来它在不同环境中异常出色地服务于不同目的。

读者或许开始猜想，这样的动态学习过程论包含的资源，可以针对理论假设是什么、解释性理解关键在于什么，以及解释性统一或"理论间还原"（intertheoretic reduction）主要在于什么这些问题给出新的阐释。其经典的对立解释包括对理论的**句法学**解释（"一个理论就是一组句子"）——它对解释与理论间还原给出恰当的演绎性阐释，以及关于理论的**语义学**观点（"一个理论是同态模型的一类东西"）——它对解释与还原给出恰当的**模型论**（model-theoretic）阐释。我认为，这两个经典的阐述都不充分，尤其是较老的句法/句子/命题性的阐释。除了其他许多缺陷

---

* 原文为 exhaptations，疑为拼写错误。——译者注

之外，它否认对非人类动物的任何理论上的理解，因为它们没有在句子或命题态度中得以运用。

那个经典阐释对人类来说同样极不充分，因为它错误地试图将只适合在社会层面的**语言**范畴，运用到个体大脑占主导地位的**非语言**活动，这些活动最好根据不断**展开的激活向量**，而不是强求一致的句子或命题态度来给予描述。在接下来所呈现的知识论的叙述中，为句子表征留有足够的空间，同时也让它们发挥重要的作用。不过适合它们的园地在社会世界中，在人类大脑之外的共享空间中，在公共话语和公共媒介空间中，而不是在人类个体的头脑中。

理论的语义观也是错误的，但是对于这两个经典的对立解释而言，它更接近事实的真相。尽管这种观点值得商榷，但是此处篇幅所限，我就跳过不论了。让我直接移至一个类似的不同解释，它仍然更为接近事情的真相。这里要捍卫的针对理论的立场是一个基于神经系统的传统，它以黑塞（Mary Hesse）、库恩（Thomas Kuhn）、吉尔（Ronald Giere）以及卡特莱特（Nancy Cartwright）为代表。这个传统集中讨论有关科学的理论化中模型、隐喻、范式和理想化"法则学机器"（nomological machines）的作用。⑥

就某些方面而言，这是一个高度多元化的群体。众所周知，库恩的重点在于社会层面；吉尔的重点则坚定地在于心理层面；而卡特莱特侧重于客观实在的形而上学本质。不过他们也是统一的，这表现在将我们的科学研究视为依赖于把复杂和有问题的现象巧妙地同化为一些特殊的现象，这些现象都为人们所熟悉，易于处理，而且已然得到充分的理解。这类精准同化处理过程的神经计算**基础**，正是我努力要把握并将其作为动态学习

---

⑥ 这个列表只是局限于科学哲学家，但是这里所借用的理论传统超出了那个特定的分支学科限制。正如埃尔曼（J. Elman）、贝茨（E. Bates）、兰盖克（R. Langacker）、莱考夫（G. Lakoff）以及福克尼尔（G. Fauconier）这些语言学家的研究工作所表现出的，"认知语言学"是同一棵树上不同但重要的分枝。"语义场论"，就像吉泰（E. Kittay）和约克逊（M. Johnson）这些哲学家的研究工作所展现出来的，则是另一个分枝。而且通过整整一代心理学家探讨的有关概念组织的"原型理论"也是如此。

过程的实例。

实现这个目的的合理的形式论并不是句法学进路的谓词微积分论，也不是像语义学进路那样的集合论，而是**向量代数**（*vector algebra*）和**高维几何**（*high-dimensional geometry*）。同时对该形式论的合理运用就是叙述生物大脑庞大网络中的向量编码和向量处理是如何实现的。此外，这就允许我们将一个动态维度带入我们人类科学理论的描述中——毕竟，这是一个适时逐渐展开地不经意的过程——该维度很大程度上或者完全不顾及原来的句法学和语义学阐释。

在结束动态或二阶学习过程的导论性讨论之前，值得一提的是，知识论传统中一个异常关键的难题将在一个新的、潜在的、更易处理的幌子下显露出来，也就是，证据对理论的不完全决定性（the underdetermination of theory by evidence）难题，以及科学哲学领域宽泛的实在论说明相对宽泛的工具论说明的地位。不完全决定性难题并没有消失，几乎恰恰相反，它呈现出不同的形式，而且我将表明，这预示着某个哲学教训，它多少不同于传统中对立解释所力主的教训。第一，正如你或许会同意的，"证据"关系有必要彻底地加以重新构想，因为它所涉及几方（the parties to it）都不再是句法观的"理论性的"（theoretical）和"观察性的"（observational）句子，也不是语义观所接受的集合论结构以及它们的"观察性的子结构"。第二，我们将会发现不完全决定性会影响所有可能**证据**的领域，且不少于所有可能理论的领域，我们又将不得不评估相应的后果。第三，我们将再次发现另一个老朋友——"不可通约性"（也被重新构造过）——在我们面对神经认知备选对象为被人类接受而潜在地竞争成为我们全面理解的优先选择媒介时。尽管有这些熟悉的、奇奇怪怪的问题，但如我所理解的，它将变成科学实在论公认的版本，并对整体情境给出最佳解释。

V. 集体学习与文化传播

如果把大脑（在试图将其概念运用到对世界不断扩展的体验中）的**动态性**冒险，区别于它（最开始在缓慢构造一个有用的概念框架时）更基本的**结构性冒险**这一点很重要的话，那么把这两个最初的个体活动与学习的第三个主要层次——**文化**变迁和**集体**认知活动的层次——区分开来也同样重要。因为正是通过学习过程的第三个层次的建立，才确定无疑地把人类的认知活动和其他物种的认知活动区分开来。大致说来，第三个层次的活动包括个体认知成果的文化同化，涉及这些成果带来的技术开发，这些所获得的成果向后世的传播，以及在**前两个**学习层次中对个体认知活动进行的极为复杂的**规约**（regulation）。

第三个层次认知活动的存在，以及压倒一切的重要性，对任何人来说都毫不陌生。不过，对这个集体化过程的恰当刻画仍然是一个有着极大争议的问题。是不是就像黑格尔（Georg Hegel）所推测的那样，这是精神（Geist）走向完整的自我意识的历程？或者如道金斯（Richard Dawkins）所提出的，这是语言内容层面的选择性进化的重复，也就是自私"基因"的残酷的竞争吗？或者正如一些实用主义者和逻辑经验主义者所热切希望的，这就是面向最终真正理论（the Final True Theory）的聚合性科学大游行（March of Science）吗？或者如一些持怀疑态度的社会学家提出的，这只不过是变化多端的学术领域之间，为期刊空间和基金经费（journal space and grant money）而竞争的充满曲折但最终毫无意义的冲突呢？

如果是出于揶揄之用，那么回答或许就是，这些问题全都属实，甚至还有更多问题。但是一个经过深思熟虑的、更为准确的答案应该是，以上这些都不是。第三个层次过程的真正本质永远也不会变得清晰，除非我们领会很多种不同的路径，在这些路径中，人类文化的各种机制在我们与非人类动物共享的**前两个**学习层次中培育、规约且**扩大**人类个体的认知活动。

正如前文中随便列出的那些所要证明的，有关文化或第三个层次学习过程的结构、动态以及长远未来，根本不缺这方面的哲学理论。这些哲学理论不仅数量繁多，类型也各异。不过如果这里提出的想法正确，即这些文化机制的核心**功能**就是规约并开发前两个学习层次中的学习，那么还是不要指望有哪个为我们所熟知的理论，在它描绘人类认识探险方面不是那种更具偶然的或意外的正确罢了。因为在现阶段之前，知识论或者科学哲学对前两种学习过程都没有任何兴趣或任何清晰的观念。也就是，在新的经验领域（即第二个学习层次）中，经由在某人的突触权重设置过程（即第一个学习层次）中的渐变，以及随后成功的重新部署，也即来之不易的激活空间表征的框架的发现，原型表征的层级是如何生成的。

　　的确，这些原初的、更为基础的表征和学习层次，毫无疑问已经因为它们糟糕的描绘，而被错误地刻画为仅仅是隐而不见、向内的（inward）**语言**表征和活动，明显带有第三个学习层次认知活动的特点。如前所述，福多（Jerry Fodor, 1975）正是在这个问题上，成为异常清醒而又率直的、典型的犯错者（prototype felon），因为他的认知活动理论从一开始就是清清楚楚地类语言的（language-like）。正如你已经开始明白，该观点根本没法把握迥然不同的、**次语言类**（sublinguisitic）表征和计算，而实证的神经科学和人工的神经建模则把这些向我们揭示出来。这些次语言类表征和计算完全没有得到关注。这将是非常失败的。然而，这一次，极具讽刺意味的是，因为**低估**了语言的重要性，"思维语言"假说在这样一个次等重要的方面失效了。具体来说，该假说未能承认，语言创生所代表的非凡的认知**新颖性**，以及其将人类带上智能轨道的程度，并否定了那一创新的意义。该轨道对于有些生物而言是不可能进入的，也就是对于仅仅局限于第一个和第二个学习层次的生物而言是无法进入的。

　　我的想法是这样的。随着语言的出现，人类获得了一个公共的媒介，在其特定的词汇库以及其所接受的句子当中，该媒介至少体现了共同使用它的成年人所得到的一些智慧以及对概念的理解。但又不是**所有**的获得性（acquired）智慧。这绝不可能。而是它足以提供一个富含内容的模板，使后代的概念发展和动态认知能够遵循该模板。因此，这些语言学习者和语言使用者的后代至少是他们祖先的一些认知成就的继承人与受益人。特别是，他们没有必要完全从零开始塑造一个概念空间，就像非语言动物所做的，以及像前语言人类必定有的那样。相反，就像人类儿童从他们的父母及周边有概念能力的成年人社群那里学习他们的语言那样，他们能够使他们的个体概念的发展符合，至少大致上符合通过前一代认知行动者已经被实际成功证明了的一个范畴层次结构。

　　在这一点上，学习过程不再局限于单一个体一生所能学到的东西。表征的集体媒介——语言——可以用来体现许多不同的人类个体偶然的认知革新,同时可以累积这些革新,千秋万代。更重要的是,语言体现的概念模板可以缓慢地**演变**,越过诸个历史时期,来表达一个不同于通过其更原始的先辈所表达的更强大的世界观。

  关键在于不能夸大这一点。人们**所有**的获得性智慧几乎都随其进入坟墓,包括其必然出现的、特有的人类语言资源的指令。现实中根本没有希望记录任何人的 10^{14} 个突触权重的具体分布,也没有希望追踪任何人的脑区中诸神经元激活的动态历史,因此也就没有希望在另一个人的头脑中准确地再现某人当前的大脑状态。不过人们可以希望至少留下某人所获得的理解,哪怕是其中一个微弱的和部分的理解物,途径则是"团体的交谈和共有的概念实践",人们的言语行为——无论是口头的还是书面的——将有助于形塑这样的途径。

  这就是说,同样非常关键的是,不要**低**估语言的重要性。作为一种公共建制,其当前的词汇、语法和被广泛接受的句子网络不受任何个体的专属私人控制,因此鲜活的语言构成一种"认知重力中心",正是围绕该中心,个体的认知活动才可以开拓出它们独特而又极为稳定的轨道。同样,作为一种文化建制,语言远比不断穿越它的生命短暂的个体认知者们存活得要长,一门语言体现历代认知者们不断累积的智慧,恰恰在认知者们持有语言的短暂时期,一代又一代认知者以各种微不足道的方式重塑着语言。因此,从长远来看,该建制能够致力于某个有根据的范畴结构以及传统的智慧,而对于活在跨代系框架之外的任何生物而言,传统的智慧矮化了它们认知成就的可能等级。现在大规模**概念**演变既是可能的也是可信的。

  当然,每个人都会同意,带有某些历史记录机制的物种,相比于没有这种机制的物种能取得更高的成就。但是在这里我要提出一个更有争议的主张,它将通过与福多的人类认知图景的进一步对比而被领会。基于思维语言(Language of Thought,LoT)的假说,任何**公共**语言的词汇直接继承其含义,该含义来自每个个体先天思维语言的先天概念。反之,思维语言的诸多固有概念的含义源自**它们**所拥有的对各种"可检测"环境特征的、固有的因果敏感性集合。最后,根据这一观点,在经过数百万年的生物进化而形塑之后，这些因果敏感性固定在人类基因组中。因此，无论在文化进化的什么阶段，每一个正常人都注定要与其他任何人一起共有**相同的**概念框架，当前的公共语言继而注定要反映的正是这一框架。尽管也许很显然，文化的演变可能会因此而添加到这类基因遗传的遗产中，但文化的演变不可能破坏或取代生物进化。我们综合世界观的最核心内容被牢牢地钉在人类基因组上，除非基因组发生改变，否则它将不会改变。

我不赞成这一观点。公共语言词汇并不是从它对先天的思维语言的反思中，而是从被广泛接受或带着深深文化烙印的句子的框架中获取其含义，并且因此也是通过带有规范特征的推理行为模式而得以实现的。事实上，这些使得任何个体思维过程呈现出结构特征的次语言范畴，在很大程度上，是通过她成长过程中的外部语言的正规结构，而非其他的方式来形塑的。

为了引出一个更深层次的异议，人们的个体认知范畴的含义或语义内容，无论是先天的还是其他方面的，不是源于他们与外部世界之间可能存在的带有重要特征的普遍关系，而是源于他们在高维的神经激活空间中确定的位置，它是一个独特且复杂的相似性关系空间，这个空间就像一幅高度详尽的"地图"，显现出那些属性的某个外部领域。显然，对第一个层次学习过程的正确描述要求我们抛开任何形式的原子论、外在论和**指示符**语义学（indicator-semantics），支持一个确定的整体主义、内在论和**领域描绘的**（domain-portrayal）语义学。

这意味着公共语言的语义内容，以及个体概念框架的语义内容，完全没有"钉"在一个固定的人类基因组上。作为局部认知环境与我们个体及集体的认知历史的一个函数，两者的异动不受任何限制。不过，尽管大约七十岁之后，每个人所获得的认知框架注定是要终结的，但某人彼时语言（then-current language）被卸载了的公共结构注定要继续存在下去，以寻求一个没有明显限制的认知探险。当然，这第三个学习层次的世界表征过程，在某种程度上，不需要依附于一些受人类基因组支配的旧石器时代或前旧石器时代的概念框架。

相反，同时也有鉴于时间的问题，第三个学习层次过程为我们实际从事的系统重建开启了大门，也为我们实际的、感性的世界——即使是最平凡的方面——的系统重新设想开启了大门。我们可以在纽约证券交易所（NYSE）上市，以支持一个公司计划，该计划是建立一个百万瓦特的核电站以便从铝土矿中炼出铝来。我们可以开通一部竞选电话来号召注册过的民主党人投票反对反堕胎法案，即参选 2006 年州选举的第 14 号提议。我们可以基于同样的和弦序列——经过适当的变调《暴风雨的天气》(Stormy Weather)，像哈罗德·阿伦（Harold Arlen）的流行打击乐一样，致力于在 G 音调上写下一段 32 个小节的曲调。通过柜台炉中的电磁微波煮沸其残余的水，我们能够消灭一个肮脏的洗碗海绵中的细菌。我们可以惊叹于我们看到的圆形地球绕着南北轴以每小时 15 度的速度旋转，也惊叹于太阳在西方的地平线上"落下"，同时满月在东方的地平线上"升起"。类似的思想和工作显然超出了石器时代某个人类狩猎采集群体的概念资源。另外，作为他们自身的第三个层次的历史受益者，这种石器时代群体所拥有的思想和工作，涉及诸如火的操控、准备食物、武器技术和服装制作这样的事情，对于一支狒狒队伍的成员来说同样是不可思议的。由于处在由语言建制所提供的长期概念阶梯的一段不同梯子上，我们不同于石器时代的人。由于没有这样的梯子去攀爬，狒狒与我们以及石器时代的人不同。

然而，该语言建制在第三个和超个体层次中，只是许多强大机制中最为重要的那一个。在其后的文章中，通过探索它们在前两个学习层次中的人类认知活动的规约、放大和传播作用，我想要提供一个基于所有机制的新视角，如同前面所概述的在神经结构和神经动态框架中所设想的那样。这一结果——如果有一个这样的结果——在于缓慢涌现的人类认知图景的多层次连贯性，也在于这个图景的丰富性，它建基于对人类认知活动各方面的新颖解释，我们现存的知识论传统认为这样的解释问题重重。简言之，我要尝试讲一个有关诸多老问题的新故事。与此同时，我希望已经激起了你对这一更大计划的强烈好奇心。

参考文献

Cottrell, G.（1991）.'Extracting Features from Faces Using Compression

Networks: Face Identity, Emotions, and Gender Recognition Using Holons', in D. Touretzky, J. Elman, T. Sejnowski, and G. Hinton (eds.), *Connectionist Models: Proceedings of the 1990 Summer School*. San Mateo, Calif.: Morgan Kaufman, 328−37.

Fodor, J. A. (1975). *The Language of Thought*. New York: Crowell.

5. 如何知道（所知就是能知）

斯蒂芬·海瑟林顿

在本文中，我重新提出、改进并应用在过去超过 40 年的历史中几乎没有得到应有的知识论关注的一个观点。它涉及的是知识的本质；如果没错的话，那么知识从根本上说，并不是大多数当代哲学家所认为的那样。我将努力使得这个基本观点更加具有吸引力，具体途径则是表明如何将它深深地嵌入知识论中，并因此而显示出如何重新调整一些核心的知识论讨论。总之，我将提出这个正在讨论的观点相较于知识论的过去，在知识论的未来何以显得更为重要的理由。

I．赖尔式的区分

半个多世纪以前，通过对所知（命题或事实知识，即知道什么东西就是如此这般）与能知（实践性知识，即知道如何去做一件事）的区分，赖尔（Ryle，1949：ch. II；1971）吸引了广泛的知识论关注。[①] 伴随这种区分，赖尔论证了在能知这一问题上理智主义（intellectualism）的错谬。他主张，知道如何做 A 无须包含某些指导性知识 p。[②] 一个得以明智施行的行为，无须以斟酌某一命题为前提，不需要靠它推动，更不用说要由它构成，当然也根本无须考虑命题之为真的知识（knowledge of the proposition's being true）。

---

① 史密斯（Smith，1988：15 n. 2）提出，杜威（John Dewey）是第一个明确这一区分的现代哲学家。

② 当我说知道如何的时候，我说的并不是，比方说，知道它如何成为 p 的（knowing how it is that p）。正如富兰克林（R. L. Franklin）所解释，这就是一种所知。（在第 II 节中这一区分会很重要。）

赖尔的分析主要招致两个反应。第一个反应是接受所知和能知在形而上学意义上是分离的：

> 所知是一种认知状态，在这样的状态中人们准确地表征或反映或报告实在的某些方面；能知则不是。能知是一种能力，一种做和行动的非必要的认知能力；所知则不是。

同样有人试图反驳赖尔。这些人几乎不知疲倦地致力于表明：能知就是一种所知——事实上他们意在延续某种理智主义，同时又赋予所知那种概念上的核心意义。

然而，对于赖尔的挑战还有更进一步可能的反应。也许（如赖尔所认为的那样）能知不是一种所知。也有可能（与赖尔所认为的相反）所知与能知并非完全不同。我将论证所知和能知并没有什么区别，因为一方还原到另一方是可能的。不过这不是一般情况下所讨论的那种还原。我将表明，所知可以被还原到能知。知道 p 就是为了知道如何施行各种行为；至少我将会如此主张。

II. 赖尔式论证

首先我要反对斯坦利和威廉姆森（J. Stanley & T. Williamson，2001）最近提出的由能知到所知的还原，来为赖尔加以辩护。③ 大致可以说，他们的最初目标是要迅速而确定地证明赖尔的推理是失败的。不过他们反对赖尔的论证同样迅速而确定地遭到了失败。在某种程度上，这是因为他们误解了赖尔是如何推理的。同样，从某种意义上说，这是因为赖尔在这一方面恰恰没有任何问题。

按照斯坦利和威廉姆森的分析，赖尔的论证有两个前提和一个**还原性假设**（reductio assumption，RA）（413–14）④：

---

③ 斯诺登（Snowdon，2003）有助于为他们的进路提供一些概念上的方法。
④ 在前提 1 和 2 中，我通过一开始量化的形式，把斯坦利和威廉姆森那里隐晦不清的地方表达清楚。

1. 对于任何行为 F：如果一个人实施了行为 F，那么这个人就运用了有关如何 F 这一知识。

2. 对于任何 p：如果一个人运用了知识 p，那么这个人就慎思了这个命题 p。

RA 对于某个 φ：有关如何 F 这一知识（Knowledge how to F）就是知识 φ（F）。

通过 1 可以看出，如果一个人实施了 F（对于某一特定的 F），那么这个人就运用了如何实施 F 这一知识。因此，由 RA 可以得出，有这样的某个 φ 使得一个人拥有知识 φ（F）。通过 2 可以看出，一个人因此而慎思命题 φ（F）。但是慎思一个命题本身就是一个行为。因此，1——然后 RA，接着 2——也适用于这一行为，从而产生**更进一步的慎思行为**，1——然后 RA，接着 2——将会适用于这一行为，从而产生，如此等等，**直至无穷**。我们因此开始了一个恶性的（vicious）无穷倒退，而且倘若实施了最初的行为 F，那么无限多的逐渐复杂的慎思行为变得很有必要。如果 1、2 和 RA 都为真，那么就没有这样的行为因此而被实施。但是我们知道这样的行为**确实**被实施了。因此，1、2 和 RA 的合取为假。有鉴于 1 与 2，RA 为假。

这就是由斯坦利和威廉姆森重现的赖尔的论证。现在，他们希望保留 RA（他们论文的其余部分都在尝试为 RA 建模）。所以，他们如何能够在拒斥赖尔的观点的同时保持 RA 的完整性呢？他们的回答（414–16）非常简单。如果 1 为真，那么它必须限定在意向性行为之中，否则的话，像人们消化食物这样的行为就证明 1 为假。但是一旦该论证以这样的方式被限制，那么 2 就为假，因为许多所知的实施并没有伴随着任何针对慎思命题的意向性行为。⑤ 简言之，1 和 2 至少有一个为假。因此，RA 不需要被归类为假的，即使是鉴于赖尔的论证。

然而，不幸的是，对于斯坦利和威廉姆森的方案来说，他们完全误解

---

⑤ 斯坦利和威廉姆森（Stanley and Williamson, 2001：415）引用吉内特（Ginet, 1975）的例子，一个人（i）通过转动把手来表明门被打开这一知识，同时（ii）没有慎思任何有关这一点或类似内容的命题。

了赖尔推理的要义与形式，更不用说论证的力度了。

首先，赖尔论证的核心是这样一个假设，即并非所有行为都是能知的实施，也就是说，不是所有的行为都是得以明智地实施的行为。他区分了两类行为（Ryle, 1949：28, 45—7）：表明能知的行为与未表明能知的行为。由此可以看出，（按照拒绝 RA 的思路）他不会接受 1。我认为，赖尔所依赖的正是这种理智主义前提［实际上，R（1）代替了斯坦利和威廉姆森的 1 与 RA，同时 R（2）代替了他们的 2］：

R 对于任何行为 F，以及描述了如何实施 F 的充分条件的某一内容 φ 来说：如果（当实施 F 时）一个人知道如何 F，那么（1）这个人就已经拥有知识 φ（F）［knowledge that φ（F）］，（2）一个人知道如何，而且他确实为了实施 F 而应用了那个知识。

R（1）说的是，某个恰当的所知的存在，对于一个能知的某情形而言是必要的。R（2）则描述了，所知的存在在产生相应的能知的施行中又是如何牵涉到的。而且正是以下这一具有代表性的段落（1949：31）表明 R 是如何反映了赖尔所思所想的精神要义和关键细节：

根据这样的［理智主义］构想，一个行动者无论何时明智地做了什么事，都会有另一个内在行为先于并指导他的行为，这个内在行为充分考虑到了与他的实践问题相适应的规约（regulative）命题……接下来，假设还要合理地采取行动，我首先必须仔细考虑如此行动的理由，那么，我怎样才可以将这一理由合适地应用于我的行为要满足的特定情境呢？……理智主义者构想出的荒谬假设是这样的，任何形式的行为的实施都要将其效果归于才智（intelligence），后者来自针对如何做这一计划的某种在先的、内在的执行。

继之，R 允许赖尔式的反理智主义论证按照这些路线来进行：

如果一个人知道如何 F，那么这个人确实就会 F，（对于描述了如何实施 F 的充分条件的某一内容 φ 来说）仅当：

一个人已经拥有知识 φ（F），这就意味着一个人知道如何，而且他确实为了实施 F 而应用了那个知识。

但是如果一个人已经知道如何——并且确实——应用了知识 φ（F）以实施 F，那么这就是一个**新的**实例——既施行又知道如何施行一个具体的行为。在这一点上，R 同样适用；因此前述的推理形式便再次出现。我们因而又开始了回溯（一个恶性的无限回溯）——越来越多渐趋复杂的需要的规约性所知，以及正被实施的这些知识之应用的实例的回溯——所有这些都发生于一个人能够施行甚至一个表明知道如何的行为之前。因此，鉴于 R，我们甚至一开始就无法施行这样的一个行为。但是我们**可能**这样做。所以 R 为假。

然而，R 是作为应用于我们那些得以明智做出的行为的理智主义，也就是说它**是**理智主义。因此，理智主义为假。

那么，斯坦利和威廉姆森针对他们所理解的赖尔的推理而提出的异议又怎么样呢？他们的反对意见是否同样损毁了修正后的赖尔式论证呢？

我认为没有。就像我们没有哪个人知道如何消化食物；只要我们身体的相关器官功能正常，我们就这样做了。因此，这种情况和 R 毫不相干，即使它证明斯坦利和威廉姆森的 1 为假。对于那些一个人使用一些知识 p 又没有慎思命题 p 的情形而言，即使它们证明斯坦利和威廉姆森的 2 为假，它们也没有触及 R。因为虽然 R（2）提及了**应用**一个人的 φ（F）以实施行为 F，但也不能推衍出，这其中就关涉到**慎思**或**考虑**的行为。这样的运用可能是自动的、无意识的。

因此，斯坦利和威廉姆森没有公正地对待赖尔的推理。与此相关的是，他们没有表明，在他们试图定位从能知到所知的反赖尔式还原中存在的逻辑空间。还有一些人，如科特（Koethe, 2002）、希弗（Schiffer, 2002）以及拉斐特（Rumfitt, 2003）等人已经对后一个分析给予批判性评论。不过对于斯坦利和威廉姆森已然表明的那种相反情形，我们**已经**知道——出于对我们的赖尔式论证的好感——他们的分析不可能正确。能知并不只是，或者根本不是复杂的所知。

Ⅲ. 知识即能力的假设

不过从赖尔式的成功来看,这并不意味着,所知就像赖尔所认为的那样有别于能知。恰恰相反,这就是为什么我们应该研究所知**成为**能知的可能性。⑥

无论你何时知道 p,你都有一种能力——在这个意义上你知道如何去——准确地表达或回应或报告或推论 p(通常这些潜在的结果不需要被公开验证)。同样,不管你什么时候碰巧准确地表达或回应或报告或推论 p,你是不是仅仅知道 p 呢?从传统来看,知识论学者会有这个意思,比方说,告诉我们,知识 p(knowledge that p)是对 p 的某种适切的表达。因此,根据这种传统的思维方式,准确地表达或回应或报告或推论的**能力**并不是这样的知识;它只是伴随或者产生了知识。相反(根据这样的理解),在一个具体情境中能力的**表现**——准确地表达或回应或报告或推论的实例——才是这样的知识。(一个人在 t 这个时间知道 p,只是相当于,比方说一个人在 t 拥有对 p 的准确表达。)然而,这意味着,拥有知道 p 的能力并不因此,甚至不是隐含地知道 p,因为不是所有的能力都曾经得以表现出来。但是这样的解释是错误的。如果你知道如何知道 p,那么你就确实知道 p。

话虽如此,但是还需要澄清两点。首先,在提及你知道如何知道 p

---

⑥ 这个观点最初(虽然短暂)的表述似乎是由哈特兰德-斯旺(Hartland-Swann, 1965; 1957)做出的,也许同样受某些维特根斯坦思想的启发。这样的知识观念在当代知识论中几乎看不到。怀特(White, 1982: 115—21)提出过一个跟我的表达最相似的版本。最近的支持者则是海曼(Hyman, 1999),不过他所强调的与我的稍有不同。他的目标是确定"(如果它是能力的话,知识)是如何在思想和行为中得以表达的"(438)。我的关注在于,如果知识是一种能力,有关知识的各种主要的知识论难题是如何被重新表述甚至得以解决的。

时，我所说的你知道如何知道 p，并不是在知道如何**找到**一个比如是否知道 p（以及会告诉你是否 p）的人这一意义上说的。在这种情况下，就**不能进一步说**，你确实知道 p。不过如果你知道如何——通过你**自身之内**拥有那样的能力——来知道 p，那么你就确实知道 p。⑦ 这就是我所说的知道如何知道 p。其次，在这里我们需要注意的是时间索引标记。我并不是说，例如，如果你现在能够观察明天的 p，你就知道现在的 p。我的意思是，打个比方，如果你现在能够观察**现在的** p，你现在就知道 p。⑧

因此，在将这两个条件视为理所当然之后，这个更简单的解释本身表达是这样的：

> 你知道 p **就是**你有能力展示 p 的各种准确的表达。这样的知识本身就是这样的能力本身。

我将称之为**知识即能力**（knowledge-as-ability）的假设（过会儿我将

---

⑦ 对于这样的观点，有一个异议可能会是这样："一个人可能知道如何进行，为了知道 p，通过（例如）知道需要什么类型的证据，在哪里可以找到它，等等。但是假设，也许因为缺乏兴趣，她拒绝这种探究方法。因此她知道如何知道 p，即使她不知道 p 的时候。"但是这样的异议依赖于一种错误的诠释。如上所述，这个人知道如何知道**是否** p，而不是如何知道 p。相比较而言（如我所主张的），只有在她已经知道 p 的时候，她才是已经知道如何知道 p。[对此，反对者可能有如下回应："如果她知道如何知道是否 p，她就知道如何知道 p 和如何知道 not-p。"然而，情况并不是这样的。充其量，如果过一段时间她会知道 p 的话，她知道如何知道 p（she knows how to know-that-p-if-at-a-later-time-she-is-to-know-that-p）；而且相应地她也知道 not-p。但是这并不意味着，她现在绝对地、无条件地知道如何现在知道 p。]

⑧ "此时此刻你看不到你的桌子下面的口香糖。但是你**能够**观察到它，因为你可以继续向桌子下面看。然而这算不上你现在知道口香糖的存在。"但是这里提出的分析并没有威胁到我所要展开的假设。因为我现在并没有看桌子下面，所以我**现在**就能够观察到的只是后来的口香糖，而不是观察现在的口香糖（I am able now to observe the gum only later, rather than to observe it now）。（我现在也无法记得它。我以前没有看桌子下面。）我现在知道的口香糖在那里，是我现在能够观察到的现在的口香糖（My knowing now of the gum's presence is my being able now to observe it now）。

稍微概括一下它)。⑨

　　这个假设与那种常见的将知识视为一种信念的知识论主张相冲突。但是那种常见的主张也许并不为真,甚至即使允许信念是偶然发生的或是倾向性的。如果知识即能力的假设是正确的,那么知识就不是一个偶然发生的信念。而且它甚至也许不是一个倾向性的信念。⑩ 因为,有鉴于这样的假设,没有偶然发生的信念是知识;它最多是知识的**表现**。而且,只有当这种倾向相当于表达或回应或报告或推论的能力时,这样倾向性的信念才可能是知识。然而,这种理解信念的方式比通常情况下标准的理解方式更加广泛。一般来说,知识论学者会认为,知识 p 就是信念 p——而且**还存在**与之相关的能力,比如回应或报告或推论 p 的能力。然而,这为我们提供了一个毫无必要的琐碎分析。即使我们给(作为某种表达的)信念和回应或报告或推论之间的区别留有余地,我们仍然可以通过知识**连接**它们。我们不需要**只**把其中**一个**,例如信念,看作知识。它们每一个可能都只是表现知识 p 的方式,不是一些**像**它们的东西(一种更深的心理或语言的行为或状态),而是相反,是以这样的方式得以表现的能力。

　　在这种分析中有重大的理论统一。我们可能会承认有几种表现知识 p 的方式的存在,而真信念只是其中一种这样的方式。真正接受的则是另一种情形,当一个人正在解决一个理论的问题,而 p 就是正确的答案。也有的是正确回答——对其自身或其他人——当自己问自己或者被他人问及——这是不是真的 p。可以认为,甚至还有一些实施行为的现象是这样的,除非 p 为真,否则它们不会是恰当的。相对于这些以及其他针对那些似乎是产生这些回应或表达的潜在能力的可能表现,为什么一个相信 p 的

---

⑨ 这个假设应该区别于,比方像索萨(Sosa, 2003: ch. 9)的分析,根据后者,当它是由一个认知上有德性的官能或能力的施行所引起时,真信念就是知识。在索萨看来,有这样的一种能力或本领,是真信念成为知识的必要条件。不过他承认,这样的知识本身**就是**信念(一个人拥有一些有利的特征,比如做到准确无误的特征)。正如我要解释的,这不是我所设想的知识。

⑩ 然而,它可能是相信的倾向吗?[有关这一区分,参看奥迪(Audi, 1994)。]参考第 90 页脚注 37,关于为什么我没有集中讨论倾向。同样,对于信念,我要解释为什么信念不过是几个现象中的一个,并且这几个现象在构成性意义上均与知识相关联。

状态应该要被赋予特殊的地位呢？为什么知识 p 只是一个信念，比方说，不是其他任何表达 p 的可能方式呢？⑪ 总的来说，它们可能很容易被解释为构成了知识 p 的可能表现形式的理论上的统一体。这个统一体中的任何成员都不应该被当作知识挑出来——而其他的仅仅作为其表现形式。因此，我们可以推测，知识 p **超越**了它们，而不是和它们有什么**相像**之处（也就是说，**比**它们都蕴含更多的东西）。具体来说，它们是它的表现形式，并且它就将是产生这类表现形式的能力。那么，再强调一下，我的假设是知识 p 即能力——知道如何准确地回应、回复、表达或者推论 p。⑫〔简言之：它是知道如何准确地**表达** p 的能力。〕⑬

IV. 确证

我们知识即能力这个假设的第一目标必须要表明，它允许我们构建相应的模型，而且如果可能的话，解释所知的各种关键特征。这个假设已然将所知描绘为一种能**准确地**表达 p 的能力。因此，从一开始，知识传统中真这一条件就得以保留。在这节中，我要考察同一传统中针对命题知识的**确证**这一构成要素。我们对知识的能力分析会成为这一构成要素的模型

---

⑪ 一些知识论学者，例如莱勒（Lehrer, 1990: 10-11, 26-36）主张将知识理解为接受，而不是信念。科亨（Cohen, 1992: ch. IV）则描述了在知识中信念和接受的可能角色。我正努力将知识的形而上学之网传播到更远的地方。

⑫ 或者也许还有更多的例外；在这种能力的表现必须要多么有代表性、做到多么集中这一问题上，我认为仍然有讨论的空间。同样，以下问题的答案我也没有最终的想法："当我处于无意识状态，无法观察或回忆或反思时，会怎么样呢？那时我缺乏所有知识吗？"也许我真的是这样。在我睡时，我那时候通过拥有相关的更进一步的能力，比方说我有能力醒过来，**然后**知道。

⑬ 当然，我们也可能在特定情况下保留作为信念的知识，前提是我们使这些进一步的特征成为我们的信念概念的一部分。不过那样的话，根据我们对它们的看法，信念就**会**是能力。如此只是在名义上，而不是在实质上，避开我的假设。

吗？实际上它确实可以。⑭

首先，一种能力也许相当明显——它足以成为一种**技巧**。（本文的其余部分就是我对"能力"这一术语的理解。）因此，在原则上是没有问题的，这种能力恰恰具有这样的**力量**——无论力量的程度确切地说是什么样——在知识中这种确证性支持应该具有这样的力量。⑮ 你拥有一个信念 p 的确证（作为知识 p 的构成部分），可能就是你有强证据支持该信念为真。同时，在一个更广泛的恰当情形中，这样证据的存在可能会使你，或者比方说通过有这样的能力可靠地做到，来反映你**强有力地**（strongly）能够准确表达 p。

其次，能力可以具有不同的**形式**。（i）有些能力以部分或完全"自动的"方式表现出来。例如，当一个击球手能够很好地做到某次击球时，他执行这种能力可能并不要求他在这样做的时候思考，或者甚至也不要求他有能力思考他的击球。这次击球必定会被执行，不管是在恰当的情况下，还是在**完全不用考虑**的情况下。⑯ 任何伴随的思考——即使这个人在

---

⑭ 不过它还允许存在这样确证的可能性——确证在知识中并**不**总是被要求作为构成要素，我（Hetherington, 2001a: ch. 4）主张这一可能性。如果一种准确表达 p 的相关种类的能力，只是要求，比方说，准确回应的单纯物理能力，那么这样的能力可能既缺乏规范性维度，也缺乏反事实的力量，在知识论学者那里，他们通常希望知识的确证这一构成要素要提供这些内容。在本文中，通过给出一个非常简明扼要的分析，我并没有解决知识是否可以如此弱这一话题。这一话题无论是对于我的分析还是对于相对而言标准的分析都没有制造更多的麻烦。我的分析所需要做的，就像其他的分析一样，是**考虑到**这一话题会出现；而且我也这样做了。

⑮ 知识的确证性构成要素是多强呢？准确地说，知道 p 和不知道 p 之间确证的边界在哪里呢？在本文中，我没有为这样困难的（也是讨论不足的）问题提供什么答案；在这里，它相当于问，对一个**技能**而言，究竟需要有多少能力。（它必须使一个认知者成为专家吗，比方说——甚至只有一个专家现在准确地表达 p 吗？）相比于在一个更传统的知识论中可能做到的，在第 V 节中给出的建议至少将会更简洁、自然地考虑到这个**话题**。有关那个知识论难题是什么，参看邦儒（BonJour, 2002: 43, 46, 48–9; 2003: 21–3）和海瑟林顿（Hetherington, 2001a: 124–6, 143–5）。关于为什么第 V 节中的非传统观点，从某种意义上说，在这个问题上显著地改进了传统知识论，参看海瑟林顿（Hetherington, forthcoming）。

⑯ 无论怎样都会如此，即使他在没有提前反思如何击打的情况下，他也不能很好地完成这次击球。

那一刻仍然**能够**思考——将干扰他很好地完成这次击球,不管当时的情况恰好多么适合。现在设想一种能力,它具有这种结构,并且被用于准确地表达 p。这就会使任何这样的表达都以一种**外在主义**方式得到确证。举个例子来说,在一个人准确表达 p 的能力中,就有一种实际的**可靠性**——并且没有任何针对这一可靠性的伴随的反思。(ii) 有一些能力,为了被有效地执行,确实要么涉及心理监测的真实情况或有效利用率——这些心理监测包括检查、评价、推理,等等。像这样的能力,在被用于准确表达 p 时,将会以一种**内在主义**方式使任何这样的表达得到确证。[17] 比方说,好的证据经过深思熟虑会被用于形成以及评价是否应该保有这样的表达。[18]

Ⅴ. 知识的等级

对于知识论学者来说,很自然会同意,有助于构成知识 p 的确证或多或少具有一定强度,并且不管怎样都为信念 p 之真提供支持。因此,知识论学者欣然接受,可能有两种知识 p,每一种都包括足够的确证,而且其中一个确证主体要比另一个更强。但是知识论学者不接受以下观点也很正常,两种知识中更好地得以确证的那一种——只是**作为**知识 p——本身因此而更强。即使确证是有等级的,(知识论学者通常会说)知识也不是:在这个意义上,知识 p 就是绝对的。不过在其他地方(Hetherington, 2001a),我已然提出,确证和知识之间没有这样的结构性差异:**每个都是有等级的**。描述知识的这一方面有不同的方式。比如说,得到更好确证的知识 p 可能要么被称为**更好的**知识 p(Hetherington, 2001a),要么就是**更不易出错**的知识 p(Hetherington, 2002b)。

同时,知识即能力的假设恰好契合那些彼此独立支持的讨论知识的方法。毕竟,能力可以更强也可以更弱,可以得到更充分展开或没有得到充分展开。通常情况下,能力是有等级的。因此,对某个具体的知识 p 而言

---

[17] 有关认识的外在主义和认识的内在主义的差异,参看海瑟林顿(Hetherington, 1996a: chs. 14, 15)和科恩布里斯(Kornblith, 2001)。

[18] 克雷格(Craig, 1990: 157)对于所知的一些更为宽泛的情形,显然赞同一个相似的立场,也就是说,这些情形明显涉及某种理智的能知。

也是如此，只要它是能力的话。鉴于相关的能力如此**复杂**，这一点尤其如此。在**许多**方面，它可能非常强或不太强。例如在面对质疑时，你准确表达 p 的能力可能或多或少在心理上是有弹性的；它可以或多或少对一个很大或不太大范围的真实以及反事实的环境敏感；在思考那些它能够更全面或无法做到全面予以回应的可能的问题时，它可能更有想象力或更加缺乏想象力；在做这些事情时，它可能很快或不太快；等等。[19] 因此，鉴于知识即能力的假设，完全可以赋予你的知识 p 等级的属性，并反映所有这些以及类似的可能性。任何具体情形的知识 p 因此或多或少都是得以充分展开、复杂的能力——一个有关能知的更强或更弱的例子。

因此，当存在两种知识 p 的情形，而且其中一种比另一种得以更好的确证时，知识即能力的假设就允许我们把得到更好确证的知识 p 视作一种**更强或更好或更不容易出错的**能力来准确表达 p。第 IV 节表明，我们可能乐于将作为知识 p 的知识 p 的强度，视为由它的确证构成要素的强度所构成。现在我们就详尽地看到了它所涉及的东西。在各种反映不同种类能力的相应的方法中，你的知识 p 可能更强，**或者**也可能不太强。知识即能力的假设进一步支持了以下说法——你因此而对 p 知道更多或者更少。[20]

VI. 怀疑主义的挑战

知识即能力的假设使得知识 p 等同于准确表达 p 的能力。而且（如第 III 节所解释的），这种能力有可能包括，比方说准确地回应 p 的能力。这

---

[19] 有关这种复杂性的可能维度的一些讨论，参看埃尔金（Elgin, 1988）以及戈德曼（Goldman, 1986：Part II）。

[20] 海曼（Hyman, 1999：439）忽略了这方面知识的能力分析。很显然，他意识到拥有这里所说的能力并不意味着能够以所有相关的可能方式来表现这种能力。他还表示，能够产生这样**一个**表现并不意味着正在讨论中的这种能力存在。那么，接下来又是什么呢？有一些不可避免的含糊性。而且，这是不是知识即能力假设的一个难题呢？我们现在在看到的是未必如此，因为我们可以允许任何知识 p 的情形都是一种能力，它得到很好的展开，或者它展开得并不够。

样的回应可能是针对孤立的或连续的问题、简单的问题或者机巧的及复杂的问题。因此，这样的回应或许没有——或许有涉及证据与推理的谨慎运用。而且那些更为机巧的、也许无须谨慎回答的问题，通过运用好的证据和推理，就变成了**让人怀疑**的问题。这样的话还有知识存在吗？还可能有一些知识吗？人始终都是理性的吗？有关于物理世界的知识吗？有人拥有道德知识吗？这样的问题很容易被提出来，但是不容易被理解或给出很好的回答。尽管如此，在这节中，我会给出一些可能的非怀疑论的主张。（同时在下一节中，我将给出更多说法。）鉴于知识即能力的假设，我将表明关于知识的怀疑主义问题是如何甚至可能**帮助**我们这些推定性认识者。

首先，不是每个人都持有相同的怀疑态度，而且不是所有值得怀疑的问题都有相同的难度与深度。[21] 你也许会质疑一个观点是否为真，或者质疑其证据，这样的质疑或多或少具有一定深度，有探究意义，乃至做到很准确。[22] 而且一旦知识是一种准确表达的能力，一个具体的知识情形就意味着一种更强的准确表达的能力，（其他条件不变，）只要它包括回应那些值得怀疑的问题能力，这些问题本身就很强——是更具有探究性、更为明智的怀疑与挑战。与之相关，改善某知识情形的方法之一就是使它经受怀疑主义问题的检视——事实上这些问题是更强，而不是更弱。你可以通过正视怀疑主义问题应对它们，并回应它们，其方式就是确立你拥有这里所说的知识，这样就可以改进你的知识情形。本文第 V 节提出，原则上（通过强化构成那一知识的能力）是有可能改善知识的。做到这一点的可能方法之一，就是直面并反驳怀疑主义的质疑。

波普尔也许非常认同这样的图景。而且确实也存在未能满意地回应怀疑主义问题的风险。一个人也许无法让人满意地消除某个具体的来自怀疑

---

[21] 那些更加缺乏技巧的、值得怀疑的提问可能更像是儿童没完没了的提问："为什么？为什么？"

[22] 通常情况下，教育在部分意义上就是丰富这种能力的一项事业。可以进一步认为，对于每一个人而言，可能有这样一些信念，它们的真在接受适当教育之前，似乎超出真正怀疑所能实现的。怀疑所蕴含的理由在这类人这里不会出现；它们没有得以严肃对待；或者它们没有得到很好的理解。

主义的质疑，更不用说要获得更广泛的知识论喝彩。因此，事实上，怀疑主义问题所起的作用可能是作为潜在的**证伪者**，用于一个人声称要么拥有某个具体的知识情形，要么就是某一规定好的知识类型。这对于怀疑主义者的质疑来说尤其如此——它们都是相当强的质疑。即使一个人的知识p——相关的能力——幸免于一个不太彻底的怀疑主义问题的检验，但它有可能抵挡不住来自更强的怀疑主义问题的攻击。因此，我们是不是应该努力**避免**这些怀疑主义问题，尤其是那些强有力的问题呢？当然，安全的生活未必是有意义的或强大的；而对于知识之真也差不多是这样。无论一个人的知识p——相关的能力——是在什么时候努力克服怀疑主义问题，**至少它正在接受检验**。还有一种情况是，怀疑主义问题会因此而成为知识、能力、自身的构成部分。这不会自动就发生，只是听到或回应怀疑主义问题无须包括在真正意义上检验一个人准确表达的能力。此外，无论一个人什么时候将那样的能力交由怀疑主义来检验，他都是在恪守一个基本的波普尔主义律令：一个人将自己的知识主张视为可能随时被证伪。而且无论何时那样的能力幸免于一个怀疑主义的检验（如果实际上也确实幸免），这一幸免都带有波普尔主义的遗迹。正如同某些具体的怀疑主义问题被当作检验能否准确表达的某具体情形那样，这样的能力也许就因为幸免于这一检验而变得**更强**。我承认，总会有这样的可能性，也就是一个具体的知识实例或特定类型的知识**没有**幸免于这个怀疑主义的检验。这些知识有可能完全丧失，例如当怀疑主义的可能性过于明显地侵入一个人的能力，而不能使其专注思考什么才是真的。当然，尝试这样的检验对你而言仍是个风险；怀疑主义的质疑对于我们来说有可能变成心理上为真的东西。不过要再次说明，波普尔主义律令就是，无论哪里有这样的风险，一个与之相对应的**收益**同样是可能的。如果你的知识真的幸免于怀疑主义，那么它不仅仅依旧存在，而且其有等级的维度现在因此而得以增强。它变得更强了；它已经得到改进；它已经成长起来了。

与此同时，这种可能性也将额外的认识紧迫性赋予很多知识论论争。这一点很明显，因为正是在知识论中，怀疑主义问题才得以思索、理解以及讨论。㉓ 因此，我们现在发现，当我们以带有冒险性质的、异乎寻常的怀疑主义问题面对我们的知识主张，这样的知识论论争为我们改进特定情形下的知识或特定类型的知识提供了一个特殊的机会，而这些问题恰恰要我们在非怀疑论意义上努力做出成功回应。然而，出于同样的原因，知识论探究同样有着认识上的危险。让怀疑主义问题给我们知识主张松绑，也许会使后者受到惊吓而退却。我们有可能会因为通过这些怀疑主义的妙处来检验而**丧失**这样的知识。情况就是这样，即使我们并没有将同样的知识交给怀疑主义思维来检验，它同样也可能被排除在外。不过，我们仍然可以用进取心十足的想法来安慰自己，如果这种知识真的在怀疑主义的检视中得以幸免，那么（在其他条件相同的情况下）它现在就强于没有经过这样的检验过程的情形。如果没有经历这样的检验过程，那么（在其他所有条件都不变的情况下）它也会继续存在，**只不过是以一种不那么令人印象深刻的形式**。比方说，**作为**知识 p，它本来就是相对贫乏的。从其属性上说，相比较经过怀疑主义质疑（这里要再次强调是在其他条件完全相同的情况下）它可能达到的状态，它可能只是有着较少内涵的知识 p。从等级意义上说，那样的知识可能已然停滞不前而不是在成长之中。因此，如果推定性知识确实与怀疑主义观点成功相容，那么作为因此而继续存在的知识它所具有的力度就得到了加强。它之所以得到加强，更确切地说是因为，相关的继续准确表达的能力得到提高。在准确表达方面，它这样的能力现在变得更为全面，也更加巧妙，甚至即使是面对回应更为困难、更具挑战性的怀疑主义问题。这些问题恰恰是很多人所具有的那些知

㉓ 这并不意味着，在知识论之中怀疑主义问题**始终**是，或者需要以这些方式出现，这与刘易斯（Lewis, 1996）的主张恰恰相反。他认为，从事知识论研究就是自动沉浸于怀疑主义之网中，并专注于怀疑主义可能性："在做知识论问题研究时，要让你的幻想敞开，到处发现无法消除的错误的可能性……最终的结果将是知识论必定摧毁知识"（559-60）。不过无论是在描述意义上还是在规范意义上，刘易斯在这个问题上都犯了错误。它对于他论文中的核心立场——"这就是知识何以是错觉。检验它的话，它就会立刻消失"（569）——至关重要。然而，刘易斯至多表明，（对于他的知识理论而言）出于某种同情之心思考怀疑主义——按我的说法它对于从事知识论探究并非必要——相当于在这样做时恰恰缺乏知识。与刘易斯声称所取得的成效相比，这是一个更加令人心安的结论。

识没有妥善应对的，它们作为知识，会因而错失那种波普尔主义的，也充满风险的改善的机会。

VII. 怀疑主义的种种局限

怀疑论者基本不会乐观地解释那些波普尔主义可能性。他们强调风险，同时对机会不屑一顾。由于怀疑主义问题不能被适当地回答，他们会确凿地认为，既然怀疑主义问题无法得到充分回应，那么自然就没有知识可言，更不用说（如我们在第Ⅵ节中所力主的）因为充分回应怀疑主义问题而出现的得到改进的知识。

然而，知识即能力的假设提供了一个避开这一怀疑论悲观主义的途径。比方说，假定有以下情形，在面对怀疑主义问题——你是否知道你没有梦见 p 时，你拥有准确表达 p 的技能。在其他条件相同的情况下，知识即能力的假设会因此而让你拥有知识 p。尽管如此，知识即能力的假设仍然能够解释你的知识为何得以幸存，也许在某种程度上反映的是被一个怀疑论者视为**局限**的东西，而不是对你而言单纯的一个成就。你也许会拥有知识，从某种意义上，这是因为你没有成为一个足够敏感的思考者，进而能够充满想象、深深地进入怀疑论者的思维空间。你听到了怀疑论者的问题；你迅速地做出回应，甚至是仓促又毫不怀疑，同时又保有你知道 p 的能力。你保有这个知识 p，部分意义上是通过对怀疑论者做出相应的反应，就好像你一直**没有**在听她说话。然而，知识即能力的假设允许我们认为，这可能**是**许多——也许是无限多——知道 p 的可能方式之一。通过知识即能力的假设而进行的这个评价错了吗？失败了吗？当然不是的，因为这种评价包括了你被视为只是机械、缺乏想象力而又浅薄地知道 p。我们必须因此推断你**不**知道 p 吗？同样也不是的：你会缺乏**好**（*good*）知识 p，**了不起的**（*impressive*）知识 p。尽管如此，第Ⅴ节提出知识就其属性上而言是有等级的：对知识 p 的一个实例而言，它作为知识 p，可能比其他某个知识更好、更了不起，或者没有它好、没有它了不起。而第Ⅵ节则描述了，尤其是怀疑主义问题是如何将以下机会呈现给我们，即在所有其他条件相同的情况下，**使**我们所持有的一个有关具体事实的知识更加令人印象深刻。然而，尽管你没有抓住这些机会（如我们想象正在发生的，也许是因为你没有认真对待怀疑论者的思维方式），但这并不表示你缺乏怀疑论意义上被质疑的知识。从中可以**得出**的结论是，你将缺乏被改善的知识——它可能通过你妥善地回应那些怀疑主义问题而得以形成。然而，一般而言，你不会只是因为存在一些理论上你可能更好地知道 p 的方式而**无法**知道 p。㉔ 这样的话，我们就发现，（第Ⅵ节中所概括的）那些完全相同的特征，它们使怀疑主义问题在认识上更有吸引力，同样也会减少它们的认识风险。因为只要妥善回应怀疑主义问题就可以（在其他条件相同的情况下）改善一个人的知识 p，那么（其他条件相同的话）一个人没有很好回应它们要么会使这个人的知识 p 不存在，要么就是降低其品质。怀疑论者（就像回应他们的非怀疑论者）只讨论前一个——悲观主义的——备选项。比较之，我这里要表达的是，后者不应该被忽视。如果我这样做是对的，那么传统的——悲观主义的——怀疑论解释充其量是在概念上作为选择之一。

尽管如此，知识即能力的假设并没有排除怀疑论获得胜利。它很容易接受技能也许会消失的可能性。你可以不那么准确地表达 p，比方说，如果怀疑论者针对 p 碰巧灌输了足够真实的怀疑在你的头脑中，或许是足够多的怀疑使你犹豫，转移你的注意力，让你不那么直接、准确地观察世界中相关的东西。不妨想想一个运动员在执行某个动作时的技能，是如何因为她没有排除头脑中各种杂念而被降低。这些甚至未必是毫不相干的想法。它们可能是关于她的技艺，比方说，这些想法可能是她在其他什么时候**应该**拥有的。但是它们也可能涉及她会犯下的错误，这些错误使她无法成功地完成相应的动作。而且在施行这一行为时，这些思想并不是她不应该有的那些思想。大致说来，她施行行为的"流畅度"会减弱，同时损害她的能力在其中得以展示的"区域"。如果这个情况发生得太频繁，能力本身可能会被削弱。现在，让我们回归到怀疑主义问题的情形。对于运动

㉔ 最起码，如果你几乎不关注怀疑主义问题，你就无法完全地知道 p。不过有多少能力或技能才是永远完美的呢？不完美几乎不会将一个推定性能力变成一种无能力（inability）。

员而言要保持其完成某一特殊动作的能力,这种"思想的分心"(我们可以这么称呼它)类似于怀疑主义问题是如何能够影响一个人知道 p 的能力。这些问题凸显出一个人可能犯错误的方式;而且在知觉上专注于这样的可能性也许恰恰会分散一个人对什么为真的注意力,并导致其做出笨拙的或者错误的认知"动作"。它可能会扰乱其"流畅度",损害其"区域",作为 p 是否为真的观察者以及思考者。在开始思考人们也许如何才会并**不准确**地表达 p 的时候,这可能就削弱一个人准确表达 p 的能力。那么,以这样的方式,怀疑主义问题就可能削弱你相关的能知,也即你的所知。一个真正的技能有可能真的会退化。㉕

不过,要再次强调的是,只要针对怀疑主义问题的任何在理智上富有说服力的回应没有出现,上述情况就不会自动发生。㉖ 知识即能力的假设为我们提供了一系列不同于怀疑论的可能结果。如果你对于这些怀疑论者的挑战不能提供一个合理地令人信服的直接回应,那么(在其他条件相同的情况下)你就无法**改善**你的知识 p。但是你无须因此而**丧失**你的知识 p。可能的情况是,既然你意识到了怀疑论者的问题,那么你不能通过充分应对这些问题来改善你的知识 p,这会在一定程度上**降低**你的知识 p 的**品质**(quality)。然而这并不意味着这种知识的消亡。这取决于更进一步的因素,涉及你是否有能力保有相关的技能。不妨来举一个恰当的例子:

> 那些走进知识论课程教室的学生,确定地知道有一个外在世界,

㉕ 这是被反复提到的一个特殊情形,一个人反思过度或者过于理智可能使其丧失关于世界的知识。通常情况下,这一主张似乎是被解释为,恰恰因为更多了解的是"精神上"的问题,一个人对世界就知之更少。不过另一个可能的解释是,一个人对世界知之更少,原因是对一切都知之甚少——就像一个人因为长期考虑**备选**可能性,从来没有专注于一个特定的真理。

㉖ 这样一个针对怀疑主义问题的直接且在理智上有效的回应到底是否可能呢?在其他地方(Hetherington, 2001a:37—40;2002:95—7;2004),我已经尝试提供这样一类答案来回应怀疑论的挑战,它也没有预设这篇论文中的知识的能力分析。通过论证它们未能构成对我们知识的真正挑战,这样的回应得以直面怀疑主义问题。它们没有描述真正独立的、在先的可能性——击败者(defeater),这些击败者**在**有任何知识 p 的存在**之前**,就需要被消除,更不用说已经出现,以及能够被改善的知识了。

他们也许在确定地知道有一个外在世界的同时会离开教室。但是实际上（他们没有意识到），相比于以前，现在这个知识有可能已经不够有效，依据也没那么充分。在其他条件相同的情况下，结果**就是**这样的，倘若这些学生现在已经听说——他们带着一些兴趣，但还没有真正应对自如——由老师提出的一些值得探究的怀疑主义问题。因此，他们这样的知识可以继续存在，即使它的方式相比于学生所设想的情形，不那么令人印象深刻。㉗

所以，怀疑主义问题，如果没有得到充分的回应，可能至少会**削弱**我们的知识。而且它们可能会，也可能不会因此而消除它。㉘

VIII. 有益的盖梯尔情形

任何知识的分析，即使如本文中的图式化分析，都需要面对盖梯尔反例这样的现象。盖梯尔反例源自盖梯尔（Gettier, 1963），主要围绕两类情形展开：它们可以被分为**有益的**（helpful）盖梯尔情形和**危险的**（dangerous）盖梯尔情形（Hetherington, 2001a: 73-4）。我在本节中讨论前一类，后者则在第Ⅸ节中展开。在每一节中，我均将提出以下问题，知识即能力的假设是否有助于我们理解或成功处理这样的情形。

㉗ 我并不是说在这种情况下这是唯一可能的结果。例如，如果怀疑主义问题伴随着（不为学生所知的）荒谬的推理，那么相比于没有忽视这种推理，如果一个学生忽视了这种推理的话，她的外在世界的知识或许会更好。（"疏忽因此被建议为一种认识策略吗？"不是这样的。学生也许不会知道她忽视这个怀疑论推理能有这样的好处。只有当怀疑论推理本身有缺陷，情况才会是如此；而且她没有尝试确定推理是否也差不多如此。此外，如果她没有忽视怀疑论推理，而且事实上倘若她运用它以揭示其谬误的话，那么，在其他条件相同的情况下，她可能仍然会更好地知道外在世界。）

㉘ 更多关于知识的概念如何逐渐破坏怀疑论的论证，参看海瑟林顿（2001a: ch. 2）。更具体地说，这一节已然表明，因为知识作为能力而带有的**层级性**（gradational-because-knowledge-is-an-ability），对这类知识的分析会减少怀疑论的挑战的力量。

齐硕姆（Chisholm，1989：93）所构建的农田中绵羊的例子就是个典型的（有益的）盖梯尔情形。稍微扩展开来的版本是这样的：

> 站在农田外面，你看到了看起来像一只正常的羊的什么东西。因此你有充分的感觉证据——有只羊在这个农田里。所以，你推断出 S——有一只羊在农田里。而且因为确实有一只羊在那里，因此你的推断是正确的。然而，**你**看到的是一只被伪装成羊的狗。你看不到农田中真正的羊。

你的信念 S 是知识吗？它是真的。只要有明显合适的感觉证据确证了这样一个信念，它同样就是被确证的。然而，知识论学者会毫不犹豫地否认这是知识。一般来说，他们所采取的这种否定态度，从根本上说恰恰是在挑战我们对知识所持的那种理解。

因此，让我们看看能力分析是如何能够用于这一情形的。我要用它导出两种可能的但完全相反的解释。在（A）中，首先是重视这一情形的常见评价（根据这样的评价，你的信念 S 不是知识）。然而，我们同样将会看到，为什么这个评价似乎没有迫使我们重估知识的本质。接下来，在（B）中，通过能力分析，我会表明我们如何才能拒斥对这一情形做出的常见评价。

（A）**缺乏知识**（lack of knowledge）。这一情形有效地利用了两个主要构成要素。（1）通常情况下，当你自身似乎看到一只羊在农田里时，你就有一个相伴随的能力去准确表达 S（即有一只羊在农田里）。但是在这个情形中，你看到的只是一只伪装成羊的狗——表面上是一只羊，实际上是一只狗。鉴于同样的感觉证据，我们可能会把这个**成问题的**情形（也可以这么命名它），视为削弱你否则会准确表达 S 的能力。即使在这样的环境中，这种能力被削弱并不意味着你**不能**准确表达 S。这里的关键是，鉴于这个产生问题的情况，你**不可能**这样做：你缺乏相应的能力、技巧。（2）这种情形同样还包括一个巧合的情况——农田里其他地方有一只羊不在你的视野之中这一事实。这个偶然的情况使得你的信念 S 为真：你准确地表达了 S。

这一反例的情况就是这样的。它们有什么样的认识效果呢？第Ⅳ节已然表明，能力分析是如何允许知识包括确证的——内在主义确证和外在主义确证。因此那个分析能够把这一反例中有问题的情况（伪装的狗）看作剥夺了你对你信念 S 的良好**确证**，至少是良好的外在主义确证。诚然，你确实拥有一般来说会支持这个信念的良好确证。不过盖梯尔情形远非正常的情形。**很显然**当你仔细检查农田时确实会有确证。通常情况下，确实会因此而有确证。然而，鉴于那个反例中提出的成问题的情况，你的那个显而易见的确证非常容易犯错误。但是你并没有意识到这一点，因为在盖梯尔情形中你也不可能意识到。因此，这是外在主义者的失败，它通过反例中隐藏的困难损害着你的证据。然而，这已经足以消解盖梯尔反例情形自身了。因为这意味着，外在主义确证的标准允许我们将这样的情形视为一种特殊情况，并且从这一特殊情况中，要么所有确证，要么内在主义确证中必要的一个方面已然不见了。㉙ 如果缺乏确证，那么一开始就没有盖梯尔情形的反例了；在这种情况下，我们对知识的理解就不会因为据说是盖梯尔的独特挑战的什么东西，而受到威胁。这一情形中否认知识这一方面包括在其成问题的情况中。而且正如我们现在所看到的，这种否认知识存在的方式，可以通过把它们当作否认确证的存在而得以解释。巧合情况（被隐藏的羊）的反例中另外包括的东西只是提醒我们，**一旦一个特定的信念没有充分的确证，即使这一信念为真也无法使其成为知识**。

不过，这允许我们把这类情形（即不包含知识）的标准解释，视作仅仅表明（i）在知识论学者中，**当这个人的信念有很大可能性是错误的**时，归赋知识常常很勉强，以及（ii）即使她的信念没错，又如何保持这样的情形。因此，标准解释并不意味着，像这样的盖梯尔情形揭示了信念以这样的全新方式没有成为知识。与知识论的正统假设相反，盖梯尔并未向我们的知识观念提出如此激进的挑战。

（B）**知识存在**（*presence of knowledge*）。对这些盖梯尔情形做出的

㉙ 这里所说的必要方面，指的是不那么明显会被误解的方面（not-being-significantly-likely-to-be-mistaken）。甚至内在主义者要求确证有此特性。否则，只是在讨论那种仅仅是明显的确证。

标准解释有没有可能是完全错误的呢？这些情形有没有可能就是那些缺乏知识的情形呢？毕竟〔与（A）所主张的相反〕，在这个典型的情形中，你有能力准确表达 S。记住，（从第Ⅲ节开始）显示出你知道 S 的那个准确的认识，无须被限定在你对 S 的表达中，更不用说你在回应当下感觉证据时表达 S，对直接感觉证据做出反应。比方说，就 S 是否为真而论，它可能包括你**回答问题**；同时鉴于（由于巧合的情况）S 为真，你的回答将始终是正确的。与之相似，你的能力包括你**回忆起**你对 S 的表达；而且（在其他条件相同的情况下），这将始终准确无误。因此，通盘考虑的话，如果你处于像这样的一个盖梯尔情形中，你就确实具有可能被视为构成知识的能力。也许这种知识会缺乏一种强有力的确证**系谱**。但是如果能力分析是正确的，那么这种系谱并不始终为知识所要求。㉚ 作为知识 S 的能力，可以但无须为其显示（例如一个信念 S）提供那种历史。

此外，也许还有一些显著的，尽管通常被忽视的确证存在于这些盖梯尔情形中。在这种特殊情况下，你对 S 的表达**必须**是准确的，**鉴于**你处于盖梯尔情形中。因为对于这里所说的信念为真这样的例子，它是必不可少的。正如我们在（A）中看到的，知识论学者认为，在盖梯尔情形中，存在很大的误会的可能性（以至于真的只有通过运气，信念才不会被误会）。然而，这种标准的知识论解读只考虑到反例中成问题的情况，因此并没有将其作为盖梯尔情形来分析。对于这种盖梯尔情形，巧合的情况与成问题的情况一样都是必要的。而且相对于这两种情况——也就是说，在作为盖梯尔情形的这一例子中——可以由此**得出**你的信念为真。尽管这个概率（S/成问题的情况）很低，但另一个概率（S/〔成问题的情况〕&〔巧合的情况〕）则不低。事实上，后者的值是 1。它不可能更高了。因此，只要处于盖梯尔情形中，你就确实有一种随时被视为知识的能力。从（A）中可以看出，外在主义因素似乎使你丧失了这样的知识（通过剥夺你的确证）；现在，在（B）中，我发现它们

㉚ 有关知识无须包括一个确证的系谱，可参看莱维（Levi, 1980: 1—2）。

又复原了这样的知识。㉛

IX. 危险的盖梯尔情形

  另一类盖梯尔情形包括了一些危险的情形。也许可以说，这一类情形最著名的例子就是假谷仓案例，它最初由戈德曼（Goldman, 1976）提出。你又在一片农田外面。这次，你似乎看到一个谷仓。因此，你相信B——你看到一个谷仓。而且你的信念为真。㉜ 然而，这里又有一个成问题的情况。这一次则是这样的事实，有很多假谷仓在附近——纸制（papier maché）的假谷仓，（当从农田外面看的时候）它与一个真谷仓无法区分开来。即使这里的信念得以确证且为真，这个情况是不是阻碍你的信念 B 成为知识呢？大多数的知识论学者会给出肯定的回答；他们对不对呢？

  我觉得他们可能不对。如果辩证法的宽容（dialectical charity）所留

 ㉛ "这个运用概率的论证中有没有什么东西有可能是比较强的呢？令人惊奇的是，从一定程度上说，根据你对你信念 S 的**完美确证**，它是不是意味着你有知识 S 呢？" 当然不是。这样的确证并不完美，因为除了用概率来衡量之外，还有更多的东西可以用于确证。即便如此，这种概率赋值也有着一定的确证意义。鉴于你处在一个盖梯尔情形中，这种概率论证确实意味着你的信念 S 必定为真。不过这样的推衍算不上多么恰当：根据定义，任何盖梯尔化（Gettiered）信念均为真。而且这一点应该向我们指出了某些更重要的东西。它表明，若要在一个盖梯尔情形中不具备相应的知识，人们无须知道自己就是在这样的盖梯尔情形中。当在农田中的绵羊这样的盖梯尔情形中从事认识活动时，如果你要知道你处于这样的盖梯尔情形中，你就会因此知道 S。你会知道你的信念 S 为真，因为，从定义中看，在任何盖梯尔情形中所讨论的信念均为真。因此，在一个具体的盖梯尔情形中知识的缺乏，对于处于一个盖梯尔情形中缺乏知识而言就是必要的。不过这意味着，仅仅处于盖梯尔情形这一事实——出现一个被隐藏起来的偶然情况时有确证为真的信念——不应该被认为是剥夺一个人的知识 p。因此，知识论学者长期以来一直误解着盖梯尔挑战的意义。[但是我在本文中不会对这一点做任何展开。有关盖梯尔挑战的相关分析，可参看海瑟林顿（Hetherington, 2001*b*）。]

 ㉜ 正常情况下它为真。这种情形包括了那些不明显的或者非常巧合的情况。（另外，我们将看到，根本不需要这样的情况，因为这个情形中成问题的情况实际上从未误导那些相信这一情形的人。）

下的空间是为了赋予这个成问题的情况最大认识的影响，那么我们应该假设，你**将**继续被一个或更多的假谷仓欺骗。然而，即便如此，这个成问题的情况现在仍会让你坚持你的信念 B，就跟今天晚上的一个事实——假定会出现的——几乎一模一样，虽然没有看到一个谷仓，但你会做一个完全确信的**梦** B，这个梦对你而言，主观上无法区别于你看到谷仓时出现的经验。而后一种情形——后来晚上梦到的，虽然很确信，但充满误导的 B——**现在**会阻碍你的信念 B 成为知识吗？当然不会；在那种情况下，你**将**被假谷仓欺骗的事实，不会剥夺你此刻看到一个谷仓的知识。因此，有充分理由认为，仅仅是现在存在那些假谷仓这一事实，不管你是否曾经被它们欺骗，也不会剥夺你当前看到一个谷仓的知识。

能力分析非常符合这个情形中的观点。㉝ 假谷仓的存在——就像你今晚将梦到 B 的事实——丝毫没有损害当下准确表达（通过表明、回应、答复或推论）B 的能力。尤其是，鉴于（与上一段中的假设相反）仅仅是假谷仓的存在并不意味着你将永远被它们欺骗：你也许根本永远都看不到它们。而且即使你**确实**曾经被它们欺骗，你未能知道那时你看到一个谷仓这一情况，也只是因为知识需要真理。它并不表明知识中某个迄今为止被隐藏的重要特征，这样的特征使新的、复杂的知识分析显得十分必要。

当然，这种成问题的情况还以另一种方式来产生认识影响。如果有人期望你**知道**你现在没有看着其中一个假谷仓，作为缺乏你不知道 B 这一知识的惩罚，它们实际上所起的作用就像是与你此刻知道 B 的**怀疑主义**可能性一样：每一个假谷仓将代表一个被欺骗的可能方式，你需要知道它不会变成现实。㉞ 然而，第Ⅵ和第Ⅶ节表明（如下），能力分析如何能够削弱怀疑主义的疑问与质疑的认识影响。如果你知道你没有在看一个假谷仓，你就已经幸免于声称你是知道 B 的潜在的证伪者；而且后一个知识

㉝ 这个观点在其他地方有更为详细的论述，请参看海瑟林顿（Hetherington, 1998）。

㉞ 更多关于一个怀疑论者可能如何将盖梯尔情形用作怀疑论可能性，请参看海瑟林顿（Hetherington, 1996*b*）。

将因此而（逐渐）得到加强。㉟ 尽管如此，由此类推，如果你无法说清楚怀疑主义的质疑到底寻求的是什么，你也许牺牲的就**仅仅**是加强版的知识 B，而不是知识 B 自身。你现在也许拥有削弱版的知识 B（尤其是如果你发现你意识到没有直接面对被假谷仓欺骗的可能性）。即便这样，拥有削弱版的知识 B 也要比完全没有知识好得多。而且如果你失去你的认识勇气或信心，比方说面对怀疑论思维逐步放弃信念 B，后者的缺乏仍**可能**会出现。

X．认识的行动者

知识论学者一般把知识归赋于认识的主体。但是"认识的主体"这个概念能够很好地反映出一些实质性的，甚至虚假的理论承诺。在我还是个研究生的时候，塞拉斯（Wilfrid Sellars）曾经问我，为什么我指的是认识的**行动者**。我无从回答。所以我开始听从他的建议，只谈论认识的主体。然而，能力分析表明他是错误的。如果这个分析是正确的，那么知识无论如何有时都是认识的行动者的专属领地。毕竟知识就是施行各种行为的能力：准确地表达或回应或回复或推论。

即使包括相信 p 的能力在内的表达 p 的能力，使得一个人成为行动者。它也未必就是一个会反思的或有自我意识的行动者。尽管如此，它仍然是行动的一个功能，不是行动所要遵从的，**而认识的主体的概念则完全就是世界施行其行动时所要遵从的某个人的概念**。把知识视为只能为认识的主体所拥有传递出了一幅认识者（knower）——以认识者的身份——作为单纯的接收者的图景。而且其中还有个历史的反讽。众所周知，塞拉斯（Sellars，1963：ch. 5）极力反对这种感觉上所与的神话（myth）。不过将知识归赋于认识的主体显示了某个更为**普遍**的所与神话的承诺，根据这一

㉟ 也许这赋予怀疑论者太多东西了。你知道你没有看一个假谷仓，就是你知道，你现在的感觉证据——很明显有一个谷仓——是一个真谷仓。然而，这只不过是你知道 B。因此，它并不是那种怀疑论者合理要求的更**进一步**的知识（如果你要知道 B 的话）。更多关于怀疑论思维中的这种缺陷，请参看海瑟林顿（Hetherington 2001a：37—40；2002：95—7；2004）。

承诺，知道就是处在**受制于**信息的状态之中。能力分析表明，我们应该抛弃这种认识神话的残余。

这是一种站不住脚的神话，我们往往把一种责任归赋于认识者，它显然超出了单纯的因果关系，比方说当我们谈到某个人对她所知道的东西负有道德的责任，或者负有认识的责任时。通常情况下，当这种谈论方式遭到反对时，其假定的失败就是以下两个论题的结合：（i）知识是信念；（ii）因为信念的意志论是错误的，所以没有人可以控制她的信念，正是她的信念使其在认识或道德上对其持有信念负有责任变得无比恰当。但是知识即能力的假设，通过否定（i），使得有可能在这方面区分知识和信念：如果（i）为假，那么（ii）即使为真，也可能与知识的认识和道德评价无关。即使一个人不能在认识和道德上做到对其所拥有的一个特定信念负责，这也未必适用于她所具有的某特定知识。即使我们从来不会在我们的**信念**中面对相同的情景，（在其他条件相同的情况下）至少对于某些**知识**，我们也要面临是否做到在认识和道德上负责的有趣前景。比如，如果（ii）为真，那么你可能无法做到对你不得不拥有的信念 p 负有认识责任（根据能力分析这是你拥有知识 p 的**表现**）。尽管如此，如果（i）为假，也许在某种意义上你对你的能力负有认识的责任，而这样的能力首先就是你的知识 p。无论如何，信念的唯意志论遭到证伪不能免除你的后一个责任。

然而，认识的责任可能表现为什么形式呢？你的知识 p 就是准确表达 p 的能力，而这里的表达很可能涉及非信念的、明显可控的状态。即使对于相信 p 没有认识的责任，可能对于比方说接受或回答 p，有认识的责任。后者仍是知识-能力的表现，它们不是能力本身。而且如果认识的责任只对于这样的表现来说，那么是不是就没有知识自身的认识的责任了呢？是不是根本就没有仅仅针对**拥有**某些知识的认识的责任呢？在某种意义上说确实如此：只有认识的**主体**自身在范畴上适合谈论对**接收**或**拥有**信息负有认识的责任（如果他们确实曾经这样的话）；只有认识的**行动者**自身才在范畴上适合说对他们运用他们的知识-能力所**做**的负有认识的责任。他们的责任不会是针对拥有知识 p，而是针对**运用**知识 p。这样，认

识的责任如果确实存在的话，就会是"向前看"，只涉及行动。㊱

由于篇幅所限，我这里没有办法来更详细地捍卫这些想法；我把它们作为一个已然获得某种支持的猜想而提出来，是否成熟尚待检验。

XI. 能力

到目前为止，我已然基本表明能知在什么意义上是一种能力。㊲ 赖尔的看法也是如此。不过斯坦利和威廉姆森（Stanley and Williamson, 2001: 416）则把赖尔对能知的分析视为有严重缺陷的。

> 在赖尔看来，"x 知道如何 F"这一形式的归赋仅仅是将有 F 的能力归赋于 x。然而，能知的归赋用于归赋能力则完全是错误的……例如，一个滑雪教练可能知道如何做出某个复杂的惊险动作，但是她自己做不到。

不过斯坦利和威廉姆森的反对意见并不表明赖尔的论述不适用于**某些种类的能知**，包括本文中所讨论的这一类。根据能力分析，你知道 p 就是你知道如何去准确表达 p。而且在你无法做到的情况下，你就不知道如何做。在她不能做出这一动作的情况下，这个滑雪教练可能知道如何做出这个惊险动作，因为她可能拥有各种适切的心理特征，甚至即使身体上无法做出这个惊险动作。然而，当这里所说的技巧是由那些适切的心理特征构成时，这种差异就不复存在了。㊳ 辛提卡（Hintikka, 1975: 11）认为，

㊱ 如海瑟林顿（Hetherington, 2003）所解释的那样，道德的责任也是如此。[不过，认识的责任和道德的责任完全相似吗？海瑟林顿（Hetherington, 2002a）怀疑它们确实是的。]

㊲ 为什么我谈的是能力，而不是倾向呢？有些能力是倾向，有些则不是。如怀特（White, 1982: 114—15）认为，与能力不同，所有的倾向意味着趋势。然而，要求出现准确表达 p 的趋势，将会限制我的分析的普遍性，因为趋势在概念上与表现（performance）的**频率**相关，在某种意义上能力则不是这样的。

㊳ 出于同样的理由，斯诺登（Snowdon, 2003: 8–11）针对能知成为一种能力而构造的反例，没有伤害我对这个论题的使用。他的那些情形没有一个是有关能知的完全认知能力的。

"'能知'（knowing-how）这一习语的不明确之处，恰恰就是（i）技能的意义（a skill sense）与（ii）'知道方法'（knowing the way）的意义之间含混不清的地方。"根据（i），"a 拥有做 x 所要求的技巧和能力，即……他能够做 x"。根据（ii），"a 知道以下问题的答案：为了做 x，一个人应该如何着手呢？"在批评赖尔时，斯坦利和威廉姆森采纳了（ii）这个诠释。然而，只是在知道它何以就是 p 所知的意义上，这才是能知。相比较而言，我采纳的是（i）这个诠释。而且当（i）被运用时，知道如何准确地表达 p **确实**意味着能够这样做。

这并不要求有一个针对知识的潜在的物理本质。然而，它允许知识有一个本质。知道 p 并不是获得条件性事实的**随机**分配。涉及各种可能的表现特殊的知识-能力的方式，可能存在显著的结构性特征，这些特征允许我们模仿很多重要类型的知识主张。而且这正是我们在这篇文章中所要表明的内容。我们有必要修正我们对知识做出的分析性描述之下隐藏的形而上学，即使我们无须修正这些主张本身。

XII. 赖尔式的错误

这篇文章力图找到赖尔的洞见的根基所在。然而，赖尔自己或许也不会接受本文的分析。如我们在第 I 节中看到的，他认为，能知无须包括所知。他还试图表明，"所知预设了能知"（Ryle，1971：224）：**获得**所知涉及能知（ibid），而且有效**运用**所知需要能知（224-5）。那么，赖尔如何将所知区别于能知呢？

他声称发现了它们之间以下差异（Ryle，1949：59）。（1）可能有关于如何施行 F 的**部分**或**有限的**知识，而不可能有部分或有限的知识 p。（2）学习如何——也即渐次知道如何——是**渐进的**，而学习——渐次知道——是"相对突然的"。

赖尔这么说对吗？（1）和（2）是不是削弱了对所知的能力分析呢？我不这么认为，我将依次讨论这些主张。[39]

---

[39] 更详细的讨论，参看海瑟林顿（Hetherington，2001*a*：13-5）。

（1）只要存在着如何实施 F 的部分意义上的知识，就仍然**存在**如何实施 F 的知识。这样必要的能力只是碰巧不那么彻底或强烈——它更弱——相比于它可能会是的样子。比方说，有一些尝试运用它的情形将不会成功：你试着玩击球，但是你失败了。不过在局限性这个意义上，**可能**有部分的知识 p。这个知识是可错的，比如，相较于它可能已然拥有的，有一个不那么彻底的——一个更弱的——确证性构成要素。因此，会有一些情形中同样的确证将导致你误入歧途：在这个错误的情境中，你相信 p。

（2）渐次知道 p 未必会迅速地出现。此外它可能涉及学习许多其他东西。然而，这是一个人在一个更宽而不是更窄的情境中，获得一种能力——准确表达 p 的能力。相反，能力的获得，类似于获得某些所知，可能迅速地发生。比方说，你可以迅速地获得你周围环境的知觉知识，并因此同样迅速地渐次知道，如何准确地表达它们。

XIII. 结论

这些都不能证明知识即能力的假设为真。它仍然是一个假设。不过我希望已经表明它很可能为真，甚至即使这不符合知识论学者目前赞成的一些主张。无论如何，与哲学史的进程略有不同，对于知识论学者来说目前看似合理的东西，可能很容易**成为**类似于这篇文章分析的一些东西。我们已经看到，赖尔差不多会接受这样的分析。而且如果他这样的话，其他人也许会跟着他。对我们来说现在这样做还不算太晚。对一个知识论观点保持开放的态度**永远**不会太晚。[40]

参考文献

Audi, R. (1994). 'Dispositional Beliefs and Dispositions to Believe'. *Noûs*,

---

[40] 我非常感谢纽斯泰德（Anne Newstead）、斯诺登（Paul Snowdon），两位匿名的牛津大学出版社评阅人，以及墨尔本大学的每一位听众，他们对本文的早期版本给出各种富有洞见的反馈。

28: 419-34.

BonJour, L. (2002). *Epistemology: Classic Problems and Contemporary Responses*. Lanham, MD: Rowman & Littlefield.

—— (2003). 'A Version of Internalist Foundationalism', in L. BonJour and E. Sosa, *Epistemic Justification: Internalism vs. Externalism, Foundations vs. Virtues*. Malden, Mass.: Blackwell, 3-96.

Chisholm, R. M. (1989). *Theory of Knowledge* (3rd edn.). Englewood Cliffs, NJ: Prentice Hall.

Cohen, L. J. (1992). *An Essay on Belief and Acceptance*. Oxford: Clarendon Press.

Craig, E. (1990). *Knowledge and the State of Nature: An Essay in Conceptual Synthesis*. Oxford: Clarendon Press.

Elgin, C. Z. (1988). 'The Epistemic Efficacy of Stupidity'. *Synthese*, 74: 297-311.

Franklin, R. L. (1981). 'Knowledge, Belief and Understanding'. *The Philosophical Quarterly*, 31: 193-208.

Gettier, E. L. (1963). 'Is Justified True Belief Knowledge?' *Analysis*, 23: 121-3.

Ginet, C. (1975). *Knowledge, Perception, and Memory*. Dordrecht: Reidel.

Goldman, A. I. (1976). 'Discrimination and Perceptual Knowledge'. *Journal of Philosophy*, 73: 771-91.

—— (1986). *Epistemology and Cognition*. Cambridge, Mass.: Harvard University Press.

Hartland-Swann, J. (1956). 'The Logical Status of "Knowing That"'. *Analysis*, 16: 111-15.

—— (1957). '"Knowing That"—A Reply to Mr. Ammerman'. *Analysis*, 17: 69-71.

Hetherington, S. (1996*a*). *Knowledge Puzzles: An Introduction to Epistemology*. Boulder, Colo.: Westview Press.

—— (1996*b*). 'Gettieristic Scepticism'. *Australasian Journal of Philosophy*,

74: 83-97.

—— (1998). 'Actually Knowing'. *The Philosophical Quarterly*, 48: 453-69.

—— (2001a). *Good Knowledge, Bad Knowledge: On Two Dogmas of Epistemology*. Oxford: Clarendon Press.

—— (2001b). 'A Fallibilist and Wholly Internalist Solution to the Gettier Problem'. *Journal of Philosophical Research*, 26: 307-24.

—— (2002a). 'Epistemic Responsibility: A Dilemma'. *The Monist*, 85: 398-414.

—— (2002b). 'Fallibilism and Knowing That One Is Not Dreaming'. *Canadian Journal of Philosophy*, 32: 83-102.

—— (2003). 'Alternate Possibilities and Avoidable Moral Responsibility'. *American Philosophical Quarterly*, 40: 229-39.

—— (2004). 'Shattering a Cartesian Sceptical Dream'. *Principia*, 8: 103-17.

—— (forthcoming). 'Knowledge's Boundary Problem'. *Synthese*.

Hintikka, J. (1975). 'Different Constructions in Terms of the Basic Epistemological Verbs', in The Intentions of Intentionality and Other New Models for Modalities. Dordrecht: Reidel, 1-25.

Hyman, J. (1999). 'How Knowledge Works'. *The Philosophical Quarterly*, 49: 433-51.

Koethe, J. (2002). 'Stanley and Williamson on Knowing How'. *Journal of Philosophy*, 99: 325-8.

Kornblith, H. (ed.) (2001). *Epistemology: Internalism and Externalism*. Malden, Mass.: Blackwell.

Lehrer, K. (1990). *Theory of Knowledge*. Boulder, Colo.: Westview Press.

Levi, I. (1980). *The Enterprise of Knowledge: An Essay on Knowledge, Credal Probability, and Chance*. Cambridge, Mass.: MIT Press.

Lewis, D. (1996). 'Elusive Knowledge'. *Australasian Journal of Philosophy*, 74: 549-67.

Rumfitt, I. (2003). 'Savoir Faire'. *Journal of Philosophy*, 100: 158–66.

Ryle, G. (1949). *The Concept of Mind*. London: Hutchinson.

—— (1971). 'Knowing How and Knowing That', in *Collected Papers*, vol. II. London: Hutchinson, 212–25.

Schiffer, S. (2002). 'Amazing Knowledge'. *Journal of Philosophy*, 99: 200–2.

Sellars, W. S. (1963). *Science, Perception and Reality*. London: Routledge & Kegan Paul.

Smith, B. (1988). 'Knowing How vs. Knowing That', in J. Nyiri and B. Smith (eds.), *Practical Knowledge: Outlines of a Theory of Traditions and Skills*. London: Croom Helm, 1–16.

Snowdon, P. (2003). 'Knowing How and Knowing That: A Distinction Reconsidered'. *Proceedings of the Aristotelian Society*, 104: 1–29.

Sosa, E. (2003). 'Beyond Internal Foundationalism to External Virtues', in L. BonJour and E. Sosa, *Epistemic Justification: Internalism vs. Externalism, Foundations vs. Virtues*. Malden, Mass.: Blackwell, 97–170.

Stanley, J., and Williamson, T. (2001). 'Knowing How'. *Journal of Philosophy*, 98: 411–44.

White, A. R. (1982). *The Nature of Knowledge*. Totowa, NJ: Rowman & Littlefield.

6. 知识论和探究：实践的首要性

克里斯托弗·胡克威

I．认识评价：信念论范式

知识论就像伦理学一样，研究我们的评价实践中的一部分内容。我们暂且可以这样来描述实践的特性——它规约着我们力图避免错误、实现对实在的准确表达，或者说它引导着我们寻求关于我们自身以及我们周围环境的知识。这个特征是暂时性的，因为我们的任务中有一部分就是要确切地辨识出这样的实践到底规约的是什么，并描述进行这些评价时它运用的那些词汇。这些评价之所以是临时性的，原因在于，我们在规约这些实践时所利用的评价并非是认识上的：我们可能关注的是某些特定的信念是否有趣或者重要，可能在意探究方法是否合乎伦理，以及它是否有益于我们相信某个我们缺乏证据的命题，等等。因此，我们同样应该对究竟是什么使得一个评价具有非同一般的认识意义感兴趣。我们的结论将是，来自实用主义传统的真知灼见，可能有助于我们找到阐释这些话题的独特方式，这样的方式在思考重要的知识论话题时将会带来相应的进步。

我们认识评价的词汇涉及的范围很广，类型又多样，而且在阐述一个知识论理论时，很自然就集中于一些**基本**的认识评价上，可以预见的是在研究这些认识评价时，我们所学到的东西能用于激发我们实际上所使用的更为广泛的评价。同样，我们或许会发现，这些词汇之所以是基本的，是因为在一些特别的关于这类实践的哲学难题中都有涉及它。不论其他评价对我们有多么重要，我们都应该专注于那些有争议的，或者是哲学上令人困惑的评价。在开始做知识论的时候，有待阐述的一个话题就涉及辨识这类关键的基本评价有哪些。而且，常见的策略就是辨识出独特的、基本的词汇，这类语词或概念在我们的实践中具有核心意义。这与伦理学中的立场很相似，当理论家们希望，通过检视根据"好"或"恰当"所做出的评价，能够表明对伦理评价的充分阐释的核心要义；而且哲学论争有可能关注的是以这样的方式来强调在多大意义上是正确的。在实现有利的评价时，我们需要在描述意义上针对以下问题给出充分的阐述：

（1）哪些类型的状态或活动提供了认识评价的目标？我们评价的是什么？

（2）在这些状态或活动中，我们用到哪类评价词汇？

（3）我们在应用这样的评价词汇时选用什么标准？这些评价词汇是怎样起作用的？

（4）在执行这些评价实践中我们取得了什么样的成功？这样的目标状态或活动是否拥有我们通常情况下认为它们拥有的那些评价属性呢？

针对这些问题，我们能够找到一系列标准答案，而且知识论领域的很多研究工作都预设了这样的答案，将学生引入这一领域的教科书中同样有这样的答案。所有这些答案都主张，认识评价的目标就是信念、其他命题性态度以及它们有可能涉及的命题。它同样认为，我们在评价这些状态时所运用的基础词汇，使用了诸如"知道""确证地相信"等。当我们将我们自身的信念或者其他人的信念描述为得以**确证的**信念或者也许描述为**知识**时，我们的评价实践因此而得以展示。所以我们关注的是评价认识的主体：他们哪一个信念是得以确证的？他们知道他们认为他们知道东西吗？而且，在此过程中，我们评价命题：它们是不是得到具体的证据或论证或证明的全力支持呢？通常情况下，我们假定，仅当命题自身得到那个证据的支持，一个人才会基于一系列证据而确证地相信某个命题。为此，知识论中的很多研究均指向提出确证或知识的理论，解释如果人们将什么东西视为知道或者确证地相信它的话，有什么条件必须要被满足。在已然构成知识论近来研究的基本内容的争论中，大部分关心的是阐述、辩护以及批判这样的知识与确证理论。这样的理论是否有效的常见检验方式，一般是通过探究他们所做出的主张在什么意义上与我们的直觉判断相匹配，这些判断涉及人们什么时候拥有关于某一命题的知识或确证的信念。

我们可以称之为**信念论范式**：认识评价根本上涉及评价**信念**及其对

象,其途径则是确定它们是否得以确证,或者通过确定它们是否构成了知识。信念论范式似乎援用的是这样一个观念,即知识论中所研究的人,首先是信念的持有者:我们能够描述某人的认识立场,有时是通过罗列他们在那个时候相信或知道的命题。认识评价则指向某人在特定时刻的信念库。尽管在实施这些评价的过程中,我们会指向导致获得相关信念的推理过程,但我们首要的旨趣在于所形成的信念而不是推理的过程。

在引入对比性范式之前,我想评论一下 3 个关键的知识论难题,从我们已经描述的视角看如何可能对它们加以阐述。首先是怀疑主义难题,它质疑的是我们是否**真的**拥有知识,以及我们的信念是否**真的**得以确证。一旦我们依照最好的知识论理论来反思,那么我们就不得不应对这一挑战,它将表明我们对相关情形检视得越细致,我们越没有相应的知识,尽管我们根据直觉会认为我们有这样的知识。

这里出现的另一个十分重要的哲学话题,对它的讨论也不是很多。这就是人们所称的"价值难题"(value problem)(Greco,2003;Zagzebski,2003)。根据其所运用的基本语汇,这一观点面临着一个重要的(但讨论甚少的)问题——关于为什么得以确证的信念(以及知识)比那些没有满足知识或确证条件的信念更好。正如在《美诺篇》(*Meno*)中苏格拉底所提出的问题:知识为什么比单纯的真信念更好呢?我们同样也可以提出,为什么知识就应该比既为真又得以确证,但没有被视为完全知识的信念更有价值呢?那些备选的答案认为,相比较单纯的真信念,知识是更为可靠的行动指导(苏格拉底坚决反对这一主张),或者知识更加不会因为糟糕的理由而放弃(这是苏格拉底自己的观点)。很多知识论假定,知识就是善,而且在我们知道什么这一问题上,当它依赖于我们的直觉判断时,它假定了我们通常情况下对这样的价值很敏感,无论它是什么。但是很显然,这个话题直到最近,对它的探讨少之又少。

在这里,我想提及更进一步的问题,这个问题在过去 20 年来一直处于知识论的主流位置。这个问题是关于确证(或知识)的外在主义进路是否可能,或者是否只有内在主义进路才可以接受。大致说来,一个内在主义理论主张,一个信念是否得以确证是由一些重要的考虑(理由、证据等)所决定的,这些考虑内在于信念持有者(或者对信念持有者而言是可获得的）。信念以可靠的方式形成显然是不够的，（比方说）如果主体无法为她提供认为那个方法可靠的理由，同时如果主体相信她依赖于这样的方法将推动其认知目标的实现这一点没有得以保证（warrant）的话。与这样的知识分析一样，很多这个话题的讨论都依靠言说者的直觉：我们会在直觉意义上**认为**有人知道或确证地相信什么时候没有可获得的"内在主义"确证吗？

在接下来的这一节中，我将针对认识评价的根本目标，以及评价中所用到的词汇，提出不同的思考方式。为了支持这一视角，我将要论证，它提供了更好的思考方式来处理我前面描述的三个话题：怀疑主义、价值难题，以及内在主义与外在主义。正如我们要看到的，这一视角之为可取的方式之一在于，它使得我们有能力提出一些（比方说）关于知识和确证的信念的问题，这些问题集中在该领域中我们**应该**有的一些概念，而不是聚焦于描述我们实际拥有的这些概念。通过让我们思考知识的价值以及确证的重要性，我们就能够批判地评价我们实际上拥有的概念，并能更恰当地理解怀疑主义的挑战。

II. 作为探究理论的知识论

现在我将针对信念论范式的替代者，我称之为"作为探究（inquiry）理论的知识论"，给出一个初步的刻画。在接下来的几节内容中，我将讨论，接受这一视角将如何影响我们对怀疑主义、价值难题以及内在主义与外在主义话题的思考。

在上文中我们可以看到，信念的确证往往依赖于导致我们接受它的推理或探究的过程：如果信念源自糟糕的推理或者引导并不成功的探究，那么它们就不会得以确证。信念论图景承认这一点，但又主张信念的确证（或者拥有知识）给我们提供了主要的评价重点。而怀疑主义的挑战或许就是，我们根本没有知识或确证的信念。替代性方案则更多关注这一事实——无论是理论思辨还是公共**探究**，其自身都是根据某些复杂的规范性标准体系而被规约的。这些都是目标导向的活动，而且我们往往有必要以我们具体执行的方式来加以反思和调节。当我们想要形成某个问题的确定的信念时，我们就要设定我们自己的认知目标，我们要考虑如何才能最圆满地实现这些目标，然后我们反思我们的进步，并修正我们的策略、监控我们的进展情况，直到我们对我们实现我们的目标很满意。这些活动的目标通常是由一个我们试图寻找答案的难题或者问题所确立的，而且反思通常聚焦于这个目标的价值、如何实现这个目标，以及在实现目标过程中评价进步等。认识评价的目标在于我们是否有能力执行我们的探究、进行有效的推理以及解决难题，而不是我们的信念在什么意义上得以确证，或者我们是否拥有知识。

来看一个简单的例子：

> 假设我想知道一个数字（比如 71）是不是素数。我问："71 是素数吗？"在思考这个问题时，也许我首先注意到这是一个奇数，它不能被 2 整除。然后我通过已知的小素数继续努力：它不能被 3、5、7 整除。我继而明白这足以表明它是个素数，因为如果它有大于 7 的素数真因子（prime proper factor），那么它同样就将有 10 或小于 10 的真因子，并因此有 7 或小于 7 的素因子。

当然，这只是一个例子，许多其他探究将引入这个例子所不具备的多种层次的复杂性。然而，对于我们的目的而言，它的简洁及其代表性已经足够了。在描述这个情形时，我们应该区分一些不同的要素。例如：

（ⅰ）推理的目标是什么，我要努力解决什么难题？

（ⅱ）为了解决这一难题我要采用什么策略？这个策略的有效性如何？

（ⅲ）我计划怎样执行这个策略呢？执行这个策略是个有效的方法吗？我是不是要按照我计划的那样去执行这个策略呢？

（ⅳ）在执行我的策略时，我利用我哪些（理智能力）呢？

在这种情况下，答案是这样的：

（ⅰ）目标是确定 71 是不是素数。

（ⅱ）确定的策略就是，通过考察单个情形中它不能被小于 71 的平方根的任何数整除。这是一个有效的策略。

(ⅲ)执行这一策略所采取的方法是,看一下它是否能被小于10的任何奇素数整除。这是一个实施策略的好方法,并成功得以执行。

(ⅳ)在解决这个难题时,我依赖于我的心算能力,来确定小素数,并跟踪早先计算结果的变化情况等。这些能力可能涉及详细的、系统的(比如)算术知识,但也可能涉及可靠的启发式方法、运算习惯等。

在这种情况下,推理往往是由单一个体来执行的,而且就像塞拉斯常常表达的那样,推理有可能均发生于"内在领域"。很容易就看出这并非这一情形的必要特征之一。作为这个情形中涉及的用于推理的工具,我可能已经使用笔、纸或者计算器;在更为复杂的情形中,我的推理可能涉及周围环境的观察或者实验干预,或者与他人的对话和讨论。尽管我们在这些情形中**或许**并不会用"推理"这样的词,但很显然它们在结构上类似于推理发生在内在领域的那些情形。有些哲学家用"探究"这个词来描述这类情形,后者契合于这种结构模式:这里的关键在于,从哲学的视角看,这些情形之间的相似性比那些差异性更加引人注目。

因此,推理是一种目标导向的活动;而且理性的要求需要我们以规范的方式来推理。这里要说的关键点是,既然推理是一种目标导向的活动,那么统辖控制推理和探究的规范将包括**实践**理性的规范:我们正在评价解决难题的策略,以及行动者将他们的策略付诸实施时的效果,等等。我针对探究理论所强调的是它与格莱斯(Paul Grice)的观点相一致,后者认为很多有关理性的哲学研究工作都没有正视以下事实——"推理是一个有相应目标的活动",而且也没有考虑到推理与**意志**之间的关联(Grice,2001:16)。这里要提示一下雷尔顿(Peter Railton)的主张——有关相信什么才是理性的这样的判断始终是实践理性的判断(Railton,2003:44-5):尽管演绎逻辑告诉我们有关不同命题的真值之间的关系,而且必定告诉我们真性(alethic)判断,但逻辑不会告诉我们做出什么推论以及形成什么信念。后者反映出哪些命题值得注意,哪些命题可能与我们其他的关注有所关联,以及我们对于冒险得出一个随后表明并不正确的结论准备得如何。

这里应该澄清两点。第一,正如我们的例子所表明的,探究是目标导向的活动这一事实，并不意味着它始终依照**实践理性**而行动。我既可以针对相信什么做出推理，也可以对做什么做出推理。我们探究的目标有可能是理智的、理论的、科学的等；我们探究的动机有可能包括毫无私意的好奇心。鉴于当前的目的，重要的一点是，有关我们如何才能在探究相信什么这一问题上取得成功，有很多有意思的问题：我们如何才能自信地认为我们正在采用好的真理探究的策略呢？我们如何才能确信我们能够以规范的、负责的方式执行这样的策略呢？我们相信我们能够成功进行我们的探究的基础是什么呢？

第二，我们并不是在辩护这样的主张——我们**所有**确证的信念都源自探究。有一个针对上述主张的反例表明，知觉信念就有可能发生在读者身上。即使在知觉这一情形中，我们也不应该无视科学观察中实验的重要性，以及获得可靠的知觉知识通常需要对注意力加以适当约束这一事实。我们在获取知觉信念中并不是完全被动的，在随后反思它们的可信度上也是如此。不过探究实践的焦点并不局限于其在**获得**可靠的信念中的角色。为了理解知觉信念的认识角色，我们不得不理解它们作为更深入探究与系统研究的资源的角色，而且我们不得不考虑这一个更进一步的角色是如何影响我们反思它们的方式，以及影响有些时候寻求对它们更多支持的方式。我们同样不得不考虑知觉的角色，比方说追踪物体、使我们有能力获取有关同一个事物的更多信息。

如果我们回到前一节中我们对知识论的图式化描绘，我们就能够将这一进路描述如下：认识评价的目标在于探究，它们是试图解决特殊类型的难题的活动。我们关心的是，相应的策略与方法在多大程度上能够让我们实现我们的理智目标。澄清这其中需要些什么必然需要专门研究描述认知难题及其解决方案时要用到的词汇，也要研究不同类型探究的总体结构。如果像"知道""确证地相信"这样的语词重要的话（当然它们确实必须十分重要），它们的角色将会在检视它们在反思性探究中的角色，以及它们是不是在最大程度上承担了那个角色而体现出来。这里的核心问题涉及如何才能做到擅长探究，而不单单是拥有确证的信念或知识意味着什么。

也许可以认为，这些视角之间的差异微不足道：我们探究的目标始终是获得知识，几乎很显然都是通过寻求信念的确证或保证。第一幅图景有着根本性意义，而第二幅图景则仅仅是提醒我们，在我们实践中应用这样的评价系统时我们必须要应对的复杂性。它引导着我们阐述一些工具性话题，比如：我们在实践中如何才能获得知识？我们在实践中如何才能发现我们信念的确证？在我们检视那些规约着探究与思辨的规范和标准体系时，我们就是在系统研究获得知识与得以确证的信念的途径。我现在要对这一点做一些解释。这里最为关键的是要注意，第二个视角使得我们能够面对信念论视角回避的一些问题：在什么意义上才可以说我们最根本的认识评价能够通过运用"知识"与"确证"来呈现？如果这些术语确实如它们看起来那样重要的话，为什么这样的情形还会出现呢？其必然的结论就是，我们有必要考虑究竟什么才是根本的认识之善：探究与思辨中我们的目标是什么？我们要成为"好的探究者"背后到底蕴藏着什么？或许我们追求的是**智慧**或**理解**，抑或我们寻求的是对有缺陷的、易错的观念系统的改进做出贡献；也许是其他将会出现的答案。

我并不是说像"知识"和"确证的信念"的概念不重要、了无趣味。索萨鼓励我们将反思性知识与动物知识区分开来（例如 Sosa，2003）。知识的概念能用于很多解释性的、评价性的目的。在这里，我所担心的是我们应该怎样思考知识论的主题问题，这是一个涉及我们认识评价的实践以及应对一系列熟悉的怀疑挑战的哲学领域。当我们研究与怀疑主义有关的历史时，许多我们熟悉的知识概念将不能作为依据：柏拉图似乎很认真地对待它，在 20 世纪它再一次变得很重要，尤其是在齐硕姆以及受他影响的那些人的著作中。尽管我们在教授学生有关笛卡尔的《沉思录》时经常使用这个概念，但是依然难以理解笛卡尔竟然是这样表述他的观点的。因此它仍然是一个有待讨论的问题，也就是在我们的认识评价实践中那个概念为什么（以及如何）具有如此显著的重要性。下面我将要说说这四个方面的原因。

III. 历史中的偏题：实用主义和怀疑主义

有效的推理/探究的可能性这些话题，似乎是知识论问题。而且这一点涉及与实用主义传统的关联。约翰·杜威（Dewey，1938）有一本大部头的著作——《逻辑：探究的理论》（Logic：The Theory of Inquiry）——是关于他所称的逻辑的，我们或许可以把它视为知识论。他把探究作为一个解难的活动，由实践推理的规范所统辖：当我们发现我们自己面对一个难题（我们处于一个"不确定的情形"）时，成功的探究（无论其主题是什么）就开始了；当我们找到这个难题的解决方案（上述情形已经变得"确定"）时，探究就结束了。而皮尔斯（C. S. Peirce）关于知识论问题的著作同样专注于讨论统辖探究的规范，它被描述成努力用确定的信念来替代怀疑。所有这些著作与皮尔斯均提出了许多真知灼见，但是我这里只做一些概述。

第一，他们都把探究或理论思辨视为基础性问题。探究并不被简单地看作获得"得以确证的信念"和"知识"的方法，而且事实上，除了作为被拒斥的笛卡尔的知识论进路的残余之外，那些概念在他们的研究中所起作用寥寥。尽管我们也许会通过（比方说）有关知识的主张是如何**在探究中**起作用的，来试图理解这样一些概念，但是把它们作为一个独特的、半自动的评价系统，并且能够在探究的语境中抽象地理解它们，这样就错得离谱了。或者我们可以发现，当杜威声称那样的探究开始于"有根据的可断言性"的状态时，其他用于描述状态的词汇将在最大程度上满足探究的需要。

第二，他们进一步表明其"实用主义"立场，有助于我们打破"理论"与"实践"这一极端的二分法，同时突显了"实践的首要性"（Putnam, 2002 passim；1994：152）。做到这一点的方法之一便是强调诸多探究的施行都是出于它所获得结果的实际价值的考虑。然而，这里可以运用的一个更为根本的实用主义策略是要注意到理论探究甚至同样是一种实践、一种活动。理论规范指的是引导探究、推理、理论思辨的那些规范；而且在解释我们实践活动的各种能力，通常情况下在我们研究探究的实践时也可以用得到那些规范。

这就表明，他们正视涉及推理与探究的这些话题，这就是实用主义者哲学进路的标志之一；而另一个标志则是，他们似乎将这些话题当作知识论或者他们所称的"逻辑"的最根本的内容。就像笛卡尔的《沉思录》开头部分提出知识论话题那样，这也是很多知识论得以统辖的方式。从笛卡尔自己特有的做知识论的动机加以提炼，我们就能按照以下方式来描述这一进路，个体从对日常生活的关注，退一步审视并考察其已然拥有的观念，即对于每一个我们拥有的信念，我们都可以提出以下问题：

- 我知道这个吗？
- 我相信这个是不是得以确证了呢？
- 我能对此很确定吗？
- 我有任何可以想到的怀疑它的理由吗？

这是一种非常与众不同的（非常哲学的）反思，它涉及对一个人当下拥有的信念库来一个简要的审视，然后运用自己偏好的语汇来评价这一信念库中的每一个信念。

实用主义者提醒我们，这并不是我们正常的认识反思的语境。我们进行反思的往往是出现了以下情况：当我们面临难题，要解决难题时，并且当我们考虑为什么这些难题很重要时，我们应该认真采用什么类型的解决方案，我们在处理这样的难题时应该运用什么方法，我们应对这些难题是否需要我们重新审视我们背景知识的内容，等等。反思的出现往往与出现在特有情境中的具体探究有关，而且负责的探究是否需要我们进行笛卡尔主义进路所鼓励的独立的考察，这一问题依旧未有定论。尽管信念论视角能够与各种统辖笛卡尔自己研究的动机相分离，但是很显然，它所选择的用于认识评价的词汇乃是专门用于评价稳定的**状态**，而不是用于规约相应的**活动**。实用主义者推动着我们认识到后者的首要性。

这个描述或许意味着，我做主张的进路有着坚定的内在主义特征，无法严肃地顾及对知识论的外在主义进路有着重大影响的种种考虑以及直觉。不过事实并非总是如此，原因在于当我们检视探究与慎思的实践时，我们就会发现尽管反思与给出理由对于知识论而言是核心问题，但推理与反思会显得浅薄。我们的推理能力有赖于一个系统，它由习惯、能力、特性与德性、技巧与态度构成，所有这些亚信念（subdoxastic）过程的功能均在于为反思创造条件。我们对类似的过程并没有清晰的意识，但是除非我们能够信任所有这些能力的可靠性及其恰当功能，否则我们无法进行负责、有效的推理。这一研究话题的意义在于，它提出理解内在主义论题

（即反思与给出理由）与外在主义论题（即我们推理活动依赖的条件）彼此相关联的方式。只要不阻止我们信任我们探究、推理、慎思的能力，内在主义的局限性便一目了然。

视角上这样的转变为我们提供了一种与众不同的思考怀疑主义的方法，实际上，这种方法更适用于怀疑主义的历史来源。正如我们上面已然提到的，信念论范式倡导我们根据知识与**得以确证的**信念来阐述怀疑主义难题。怀疑主义挑战被视为有着以下主张：与表面上看到的相反，我们根本没有任何知识，也没有任何得以确证的信念。继而这些挑战就根据关于我们信念的"研究"（surveying）图景或哲学反思而得到讨论。如果接受第二个视角的话，那么我们就能以不同的方式阐释怀疑主义难题：怀疑主义挑战表明，我们不可能以负责、有效的方式来规约我们的探究与思考。1990年，我就曾经表达这样的看法，怀疑主义意味着自主的、负责的探究根本不可能（参看 Hookway，1990 passim；2003a：196-7）。

事实上，《沉思录》的论证本身可以从这一视角加以理解。怀疑的方法从一开始就是由于忧虑我们大部分确定的信念因为谬误而遭到破坏才被激发出来的，这样的谬误对我们信念库产生的广泛而持续的影响，将阻碍我们辨识谬误以及因此而可能取得的进步。除非我们从我们试图研究我们的认识立场中获得肯定的结果，否则我们将无法面向科学知识做出持久的贡献；我们也没有什么理由相信我们能够进行负责而又有效的探究。在当代知识论中，反思的"研究"方式已然按其自身的方式在发展着：信念论范式提出我们可以将这一点作为知识论的起点。一旦我们按照我们这里建议的这条路径重新阐释有关怀疑主义的难题，就意味着对我们而言有这样的可能性，成功的探究依赖于各种实践能力和技巧，同时那样的研究性反思将使我们无从知晓我们的认识立场有多么强硬。如果这样的反思并不为那些以负责的方式执行我们探究的策略所需，那么也许它就不是怀疑主义焦虑的来源之一。我们**也许**相当确信我们的进行恰当的、负责的探究的能力，即使我们对那些熟悉的怀疑论挑战没有直接答案。而且如果这一点并不属实的话，这恰恰反映了负责的探究的要求；除非它得到了这一要求的许可，否则反思我们为何确证地相信我们日常信念没能提供这样的确证，这一事实无须成为怀疑主义忧虑的一个来源。这个主题同样在经典实用主义的著作中反复回荡。

IV. 知识的价值

在本文的前面内容中，我提出知识论应该研究我们认识评价的实践，其途径则是考察我们如何才能以更为规范的方式进行我们的探究与理论思辨。尽管我这么说的意思是，**知识**的概念没有被用于阐释知识论的基本问题，但我同样也表达了这一进路也许承诺对这类概念的评价性角色有更好的理解。我们应该通过考察在探究实践中进行评价时这类概念是如何得以运用的来寻求理解。本节中我要针对这一点提出一些想法。为什么说我们拥有知识在知识论意义上有其重要性呢？针对关于我们所需要的这类知识概念的问题的回应，能够给我们带来什么教益呢？这个基于探究的进路的价值在于，我们能够明白知识有可能以两个不同的方式与探究相关联。第一，很显然，知识有可能是探究与思索的结果，无论一个状态是否被描述为知识，这可能依赖于推理过程的一些重要方面以及对知识获得做出很大贡献的多方面研究。从这一点可以获得洞见也许是有限的，因为我们的很多知识，比方说很多知觉知识并非源自反思性探究活动。第二，知识作为探究的资源是可获得的。说某物为知识，既有前瞻性认识意涵，也有回顾性认识资格。除非我们思考我们如何才能在更进一步的探究中运用知识，否则我们就无法理解知识的认识价值与重要性。

从20世纪60年代到80年代，知识论的主要关注点是试图为知识概念提供还原论的分析。努力找到一种避开因为盖梯尔引入的那种反例的知识分析，已然导致大量新观念的出现，它们对于理解认识问题始终有其价值，从德雷茨基（F. Dretske）不容置疑的理由，通过观点的追踪，一直到关注相应的击败者与备选方案。他们的兴趣显而易见，不过，我们相信盖梯尔难题实际能够得到解决多么有局限性。我们也许会怀疑，知识的概念是最原始的、不可分析的，或者质疑它缺乏作为可能的严肃分析所必需的统一性。我们这里应该注意的是，被视为代表知识的那些重要方面一直是在回忆过去：它们涉及的是可能信念以及信念持有者（已然）拥有的、与之相对应的那种确证的历史。因此，当我们提出知识状态究竟具有什么价值时，很自然就会对这个问题进行历史性回顾：为什么说有着**这种**历史的认知状态就是好的呢？而且如果我们在信念论范式中展开的话，似乎这种状态的价值在某种意义上必定处于其拥有这样的历史这一点上。如果我们正视柏拉图在《美诺篇》中所提出的要求——我们要解释为什么拥有知识比单纯的真信念更好，那么我们必须要解释的东西，就指向拥有这种回顾性特征的好（good）到底是什么。这就导致像扎格泽博斯基（Linda Zagzebski，2003）、格雷科（John Greco，2003）以及其他一些哲学家得出结论，即知识之所以是有价值的，原因在于它正是那种认知者为此而值得"赞誉"（credit）的东西：在某种程度上，信念对它们做出完美的反思；从认识意义上看，他们在获得这样的信念过程中做得非常好。事实通常就是这样[尽管显然并不始终如此：参看莱基（Jennifer Lackey，unpublished）]。然而我怀疑它有必要通过前瞻性回应来加以补充。知识在认识上是好的，至少在部分意义上，原因正是它所扮演的角色是知识进一步增长、更进一步成功探究的来源。

  处理这类话题有一个颇具前景的方法，就是搞清楚为什么其中关键是在探究与研究过程中，要辨识信念以及拥有这些不同特质的信念持有者。如果威廉姆森的主张——我们知识包含了我们的证据、我们不应该将任何东西当作证据来使用除非我们知道它——是正确的，那么就很容易理解我们拥有知识的重要意义了。在探究中，它可以被付诸的应用是单纯的真信念所不能的（Williamson，2000：184ff.）。除非我们拥有知识，否则在试图发现什么才是真的时候，我们就没有证据供我们使用。与之相似，我们也许坚持认为，知识归赋时我们可以利用的东西，就是辨识信息的来源（参看Craig，1990 passim）。当我们赞同火车离开时有人知道，或者他们知道幻灯片是如何工作的，或者水为什么在结冰时会有所扩大，那么我们就承认我们通过他们的证言为我们自身获得了知识。而且，我们也许会提出，如果说知识按照这样的方式是可用的，知识的概念应该有什么重要特征：首先我们必须能够确定他们对这些问题的回答是正确的，并且与确认他们会辩护哪些回应无关（Hookway，1990：ch. IX；Schaffer，forthcoming）。在不同的情况下，我们都在探究中考察了知识的运用，意在理解它为何有价值，也在于弄清楚它必须要具有什么样的重要特征。知识的价值被追溯到内在于探究过程的那些因素。

最近的一些讨论，通过针对最初由科亨（Stewart Cohen, 1988）提出的可错论难题（problem for fallibilism）做出相应的处理，确立了这类话题。可错论难题指的是，如果通过归纳推理我们能够获得可以被视为知识的信念，而不管这样的推理是否可错这些事实，那么我们也许就拥有了错误的信念，不过其归纳性确证和清晰的知识情形中推理一样好。索萨构想出一个人将一包垃圾丢在她公寓边上的垃圾滑槽的例子。随后，根据她既往的经验以及可靠的背景知识，她得出结论，这包垃圾已经到达地下室的垃圾房。我们会乐于认为她拥有相应的知识，尽管她无法排除以下不可能的可能性，比方说这包垃圾在滑下去的过程中被钉子钩住了。尽管这有可能，但几乎不可能出现她已然形成的信念为假（Sosa, 2000; Greco 2003: 112）。我们也许会说她知道这包垃圾是否在滑槽的底部，尽管我们不会说她知道它被钉子钩住了。当同一个人在彩票站买了一张彩票，中奖率是百万分之一时，更进一步的悖论也出现了。根据极好的归纳理由，她同样形成真信念——她的彩票不会中奖。在这两个情形中，我们的主体均拥有归纳意义上有根据的信念，并且有非常高的概率为真。有些人认为，尽管她**知道**垃圾在垃圾房里，她的真信念——她的彩票没中奖没有被视为**知识**（更进一步的讨论，请参看 Hawthorne, 2004）。无论这些直觉来自哪里，一个很自然的结论就是，这些情形之间的差异涉及我们赋予知识的价值：阐述知识的价值应该解释的正是我们**为何像我们现在这样区别这些情形**。我们的问题是：有关我们赋予知识的特殊价值，类似的情形到底给我们留下什么教益呢？诚如在《知识作为对真信念的赞誉》（"Knowledge as credit for true belief"）一文中，格雷科提出，一系列知识的标准论述未能理解这些差异（Greco, 2003: 112-15）。

这里还有空间再做一点解释。我们如何处理这两类信息有着明显的差异。我们的信念——彩票持有者不中奖不会为我们带来任何证据来证明她运气不好，而我们的信念——垃圾袋在垃圾房里却为我们提供证据表明它已经不在厨房里。我们无法从彩票持有者不中奖这一信念推断出，其他每个人的中奖概率都增加了，尽管非常非常小。另一个线索则是，在垃圾袋情形而不是在彩票情形中，对于一个主体而言，在她向其他人提供证言，比方说"你可以相信我的话",这么做是有意义的。或许我们不相信她的话是因为她不会中奖这一事实,而且在一定意义上,是因为这一事实尚未确立。然而,这似乎不太合理,原因在于如果中奖号码已经被选了但又没有任何线索表明它是什么号码的话,我们会有相同的直觉。此外,她不是像一个中转器那样,通过她事实就被转给我们,就像在垃圾滑槽的情形中那样。但是,有鉴于她所采用的探究方法极为可靠,她当然是将富有价值的信息当作我们自己进一步行动的基础来使用:她的证言将会向我们提供相应的信息,当然可以被用作比方说,相对她中奖来说搏一把的基础。她的探究中有些东西很特别,它限定了我们能将信息派作什么用途,而且对她拥有知识所做出的描述有可能误导我们,导致我们假定信息作为它事实上拥有的探究的资源,有着极为普遍的可应用性。尽管这并不会妨碍她的证言非常可靠且有价值,但她不可能被视为起着中转器的作用,也就是为了更进一步的认知目标,信息经由她而转给我们。

事实上,如果我们声称我们拥有这张彩票不会中奖这一知识时,相比于严格意义上我们有资格做的,我们是在声明一个更强的主张,而且基于格莱斯所提出的那些类理由,我们有额外的理由认为,我们自己的彩票比其他人更不可能中奖(参看 Grice, 1989:30ff.)。当然事实上,相较于认为其他任何人(包括最终中奖者)不会中奖,S 没有更好的理由认为她不会中奖。她不相信她不会中奖,原因是她相信其他某个人会中奖;而且她也不相信其他任何人比她更可能中奖。在确定中奖者过程中概率的作用在于解释为什么会是**这个样子**,而且也许这就是核心现象,它导致我们否定她拥有她将来彩票不中奖这一知识。

这意味着,如果在前面描述的情形中,我们声称知道彩票不中奖,就表明我们应该接受这一主张作为我们探究的资源,而不是彩票有很小机会中奖这一事实。很有可能出现的情况是,这表明我们有特殊的理由排除这张彩票会中奖的可能性,我们不可能将这样的理由应用到所有彩票上。我没有自诩它是彩票难题或知识的价值难题的什么解决方案:找到解决方案会是一项浩大的工程,这里甚至根本无法尝试。这些评论的意图是表明,通过考察如何处理信息,同时也考察为了更进一步的探究,这些信息以什么方式能够被用作认知资源,这样就可确定一些相关的内容。

V. 实践的首要性：内在主义的局限性与类型

针对实用主义者强调"哲学首要的是实践"（Putnam，1994：152），我们已经注意到两个方面：认知活动往往被理解为我们尝试与世界进行交互的构成部分，其意在解决难题、追寻我们的目标；而且知识论一般涉及探究与思索的**活动**。在作为结语的这一节中，我想确立实践的首要性的第三个维度。我们参与活动正常情况下依赖于对实践的掌握情况：教育为我们提供的是一系列习惯、生活常规、倾向，这些使我们在不用反思每一步要做什么的情况下就开始行动。事实上，知道如何进行这样的活动往往隐含在我们的习惯性实践之中，这样的知识通常远远超出我们通过反思能使其有清晰的内容的范围。诚如奎因（W. V. Quine）所说，反思就其本质而言是空洞的：我们有意识地受到我们如何理解什么是可行的、明智的、值得怀疑的引导，而且在此过程中，我们信任我们的习惯、倾向、判断，这些都是我们教育与训练的成果。我们相信，我们的实践能力将使得我们能够成功进行探究，尽管存在以下事实，即我们根本无法阐释或辩护我们所遵从的那些标准和原则（Quine，1960：19；Hookway，2003*b*：78ff.）。或许作为哲学家，我们能够使隐性知识变得清晰（Brandom，1994：ch.1），但正常情况下我们无法做到这一点的话也毫无损失，实际上它可能会有助于我们的成功。对我们实践能力的信心既不要求我们能够说清楚它们在做些什么，也无须理解它们是如何运作的。在未能确定我们所依赖的那些原则的情况下，我们就要思考做什么，并对此做出判断，不过这并不是认知的失败。关于我们如何开展我们的实践活动，这些并不新鲜的说法可能会有助于阐明内在主义/外在主义的争论。

让我们后退一步，来系统检视处于我们当下信念库中关于信念的"笛卡尔主义"训练法，并提出哪一个才被视为知识，或哪一个才是得以确证。我们能够开展这样的活动，仅当所有相关于这些观念的认识地位的信息对我们而言是可获得的：如果我们不能**确定**哪一个信念是得以确证的，那么我们就无法进行这种独特的探究。因此，这种对探究的系统检视要求我们把握，我们的信念是否得以确证或它们是否被视作知识。阐释内在主义的方式之一就是，所有这些与我们的信念的认识地位相关的考虑对我们而言都是可通达的（accessible），而且似乎这一系统检视的领域（尤其是如果在笛卡尔的孤独精神中执行的话）有其意义的唯一条件是内在主义正确无误。

一旦我们认识到（比方说）习惯的作用在于使我们能够有效开展活动（包括认识活动），那么关键的问题之一就是我们能否对我们的实践足够自信，对我们探究的能力做到完全自信。我们可以通达这些习惯与倾向是如何运作的，这一点并不是我们拥有这种信心的必要条件；我们无须做到确定所有的因素，尽管它们是这些习惯与能力使我们保持敏感的对象。教育与训练以及我们与生俱来的天赋，能够确保我们完全适应我们的认知需求，同时又不要求我们必须能够通达所有这些对我们的认知成功起到重要影响的考虑。依赖这样的习惯并没有导致我们认知探险取得成功变成了一个运气问题。否则的话，放弃内在主义就未必让我们依赖于运气而实现成功的探究。事实上，既然这些习惯与能力都是我们经验、教育以及训练的成果，那么自然就可以（以非常不同的方式）将它们视为内在于我们。它们也许反映了我们的品质特征，而且我们可以对我们依赖于它们的效果负责：如果我的探究因为我依赖我糟糕的认识习惯与能力而失败了，那么很自然我就应该为这样的失败而受到责备。因此，我们应该如何思考内在主义/外在主义争论，基于探究的进路为我们提供了不一样的理解。

与此同时，正如它所表现出来的那样，这一进路也调整了针对我们的探究中反思所扮演角色的思考方式。这样的反思能力或有意识推理能力，正是我们在进行我们的探究时所运用的能力之一。我们应该反思到什么程度，在什么意义上我们应该意识到我们的探究方法是如何运作的，并针对什么方法适合什么具体的问题提出问题，这些并不是在先验意义上有待解决的重要问题。从对知识本质或确证本质的反思中，也不能得出我们应该以某种方式而不是另一种方式来反思。如果我们针对我们所关注的那些类型的问题，负责而有效地加以探究，那么根本问题在于，我们应该做到什么程度的反思（以及我们需要具有什么能力来进行反思）。探究可能会因为我们过度反思而深受其害，就像它可能因为我们过于相信我们的能力而受到的影响那样。

我已经试图描述针对知识论问题的一个独特的进路，这个进路基本上是得益于实用主义传统。知识论首先关涉的是对我们而言如何可能进行诸如探究、思索这样的活动，而且有关知识和确证的问题应该被视为从属于这些关注。我已尽力表明，采用这样的视角能够影响我们以什么方式阐释与思考大量属于知识论核心内容的话题：知识的本质与价值、怀疑主义的挑战，以及内在主义/外在主义争论中涉及的话题。

参考文献

Brady, M., and Pritchard, D. (eds.) (2003). *Moral and Epistemic Virtues*. Oxford: Blackwell.

Brandom, R. (1994). *Making It Explicit: Reasoning, Representing, and Discursive Commitment*. Cambridge, Mass.: Harvard University Press.

Cohen, S. (1988). 'How to be a Fallibilist', in J. Tomberlin (ed.), Philosophical Perspectives, 2: *Epistemology*. Atascadero, Calif.: Ridgeview Publishing, 91–123.

Craig, E. (1990). *Knowledge and the State of Nature: An Essay in Conceptual Synthesis*. Oxford: Clarendon Press.

DePaul, M., and Zagzebski, L. (eds.) (2003). *Intellectual Virtue: Perspectives from Ethics and Epistemology*. Oxford: Clarendon Press.

Dewey, J. (1938). *Logic: The Theory of Inquiry*. New York: Holt, Rinehart & Winston.

Greco, J. (2003). 'Knowledge as Credit for True Belief', in DePaul and Zagzebski (2003), 111–34.

Grice, P. (1989). *Studies in the Way of Words*. Cambridge, Mass.: Harvard University Press.

—— (2001). *Aspects of Reason*. Oxford: Clarendon Press.

Hawthorne, J. (2004). *Knowledge and Lotteries*. Oxford: Clarendon Press.

Hookway, C. (1990). *Scepticism*. London: Routledge.

—— (2003a). 'How to be a Virtue Epistemologist', in DePaul and Zagzebski (2003), 183-202.

—— (2003b). 'Affective States and Epistemic Immediacy', in Brady and Pritchard (2003), 75-92.

Lackey, J. (unpublished). 'Why We Don't Deserve Credit for Everything We Know'.

Quine, W. V. (1960). *Word and Object*. Cambridge, Mass.: MIT Press.

Putnam, H. (1994). *Words and Life*. Cambridge, Mass.: Harvard University Press.

—— (2002). *The Collapse of the Fact/Value Dichotomy and Other Essays*. Cambridge, Mass.: Harvard University Press.

Railton, P. (2003). *Facts, Values, and Norms: Essays Toward a Morality of Consequence*. Cambridge: Cambridge University Press.

Schaffer, J. (forthcoming). 'Knowing the Answer'. *Journal of Philosophy*.

Sosa, E. (2000). 'Skepticism and Contextualism'. *Philosophical Issues*, 10: 1-18.

—— (2003). 'Knowledge, Animal and Reflective: A Reply to Michael Williams'. *Proceedings of the Aristotelian Society*, Supp. Vol. 77: 113-30.

Williamson, T. (2000). *Knowledge and Its Limits*. Oxford: Clarendon Press.

Zagzebski, L. (2003). 'The Search for the Source of Epistemic Good', in Brady and Pritchard (2003), 13-28.

7. 知道在想什么：当知识论与选择理论相遇

亚当·莫顿

I．两个移动的目标

根据一个人可以获得的信息以及能够做出的推理，非常传统的知识论往往研究信念的变化，但是它忽视了她的欲念（desire）和价值。鉴于信息、推理以及一些相关的欲念和价值，一个在某种意义上更为现实的知识论则研究信念的变化。以上两个情形中的问题都表现为：如果你的一些信念发生了变化，你应该如何改变余下的部分？与之相应的则是，依据一个人的信念和欲念，理性决策的标准进路将是研究意向（intention）的变化。假设意向是一种特殊的欲念，那么问题就变成：如果你的一部分欲念发生了变化，假设你又有信念，那么你该如何改变其余的欲念呢？不过现实中，当我们改变其他东西时，我们并不能持续保持信念和欲念。我们会将两者同时改变。我们从一个复杂的信念和欲念转变到另一个，并期望无论是这样的转变还是最终的状态均与它们应该所是那样有所关联。知识论和决策理论、信念变化理论和欲念变化理论之间的区别，并不是一个很自然的或有益的东西。两者都应该受益于某个意向状态变化理论的内容。

这样一种理论会是什么样子呢？从这个角度来讲，一些传统的知识论主题可能会看起来不一样吗？在本文中，我所能做的只是表明，这些问题会是多么复杂和有趣。我将关注两个极为相关的谜题。首先，弄清楚决定信念导向与决策导向的组合因素是什么。我们对于这些组合是什么知之甚少，而且如果我们能够更好地理解它们，那么我们将会更好地理解究竟是什么使一个信念合理，又使一个选择明智。我们甚至也许能够说出一些对人们寻求认识－实践（epistemic-practical）方案时有用的东西。其次，行动者有什么典型特征允许他们对这些组合进行商定。我认为我们无法对可靠性、理智德性或理性给予充分的论述，除非我们有一个信息模型来说明，像人一样的生物如何才能在相互竞争而又紧密关联的认知需求之间分配它有限的资源。

Ⅱ．策略的合理性

人们并不只是睁开眼睛，然后记录这个世界看起来的样子；人们并不是简单地打开其思想的盒子，然后看看可以做些什么。人们会遵循系统探究的**策略**，这在一定程度上决定了什么证据会进入考虑的范围；人们会遵循选择策略，这在一定程度上决定了哪些选项会被考虑。一些人获得信念的策略比其他人要更合理一些。（或者说更有前景，并且少一些疯狂——不会过分热衷于任何具体充斥其中的术语。）这些策略究竟有哪些，显然取决于一个人的目标和需求。如果你的汽车在铁轨上抛锚了，你就不应该沉思双素数猜想（twin prime conjecture）。你也不应该考虑是否要改变你的退休投资组合的平衡。在当代知识论中，这一事实的特殊情形，作为规避错误和无知，或者作为等效信息量和准确性之间的区别而得以辨识出来。这里的观点可以表述为，一个百分百安全、无错的获得信念的方法无法回答我们最感兴趣的那些问题。为了减少我们有关理智或实践关注的问题的无知，我们在获得真信念的同时必然会冒着一定的风险获得错误的信念。对于有限的人类而言，在人类历史的可能跨度中，一个针对得以保证的精确而又富含信息的信念的笛卡尔主义计划基本上无法实现。因此，作为一般理智策略问题，并且根据不同的主题，一个人为了满足其针对特定种类的真信念的欲念，就必须要决定其愿意冒什么样的错误信念的风险。①

一个人是否遭遇错误和无知之间的平衡问题取决于其欲念，比方说为了知道某特定类型的真理，并且也不相信谬误。这可能是一个非常实际的

---

① 戈德曼对规避错误和规避无知之间的重要差异做了非常清晰的解释（Goldman, 1986: ch.1）。不过这个区分需要回溯到莱维（Levi, 1967）。

问题。假设你正在准备学校化学课上演示时要用到的化学药品,你会想要知道镁粉的纯度,因为如果镁粉不纯,那么演示将会失败,而且学生会取笑你。尽管你会很小心,但是你想要在半小时之内找到解决问题的方法。如果它有可能需要更长的时间,你就可能做一个不同的展示。另外,假如你正在分析一批疫苗的基质,而且如果它不纯的话,那么这批疫苗可能会很危险。然后你就会更加谨慎;你愿意按照程序来,在一个星期内会给出任何答案。正如经常说的那样,你将愿意接受第一个情形中的结论,尽管第一个情形中的证据比第二个更弱,但根据我这里的目标,更为重要的则是你所采用的方法可能会完全不同。认识策略敏感于那些具有非认识意义的问题。(这里与知识论的语境主义有关联,我会在下面的"理性"一节讨论这个问题。)

在这种情况下,信念的获取受到欲念的影响。而通常情况下,影响是反过来的,即决策程序是由信念调协而来。比方说,假定你走在一个陌生城镇的大街上寻找餐馆,并且你相信你很快就会看到这个城镇中仅有的四个餐馆,你正在向它们靠近(你的旅游指南可能会告诉你这些)。然后你做决定的策略之一可能是审视涉及许多相关信息的所有可能性:你到访每一个餐馆,看它的菜单,并探头进去感受一下它里面的氛围,一直到你把这四个餐馆挨个看了一遍你才迟迟做出决定。或者,你可能会认为,有许多质量参差不齐的餐馆散落分布在这条长长的街道上。之后,你通过考察前三家餐馆,然后选择第一家,而且它至少与最开始看的两家一样好,你的策略就此达成。决定的策略容易受信念的影响。

实际上大多时候,影响都是双向的。餐馆的例子说明了这一点。当你在大街上寻找餐馆时,你同时也在搜集这个城镇中餐馆质量分布的证据;这会影响你晚餐的打算。比如,你可能会确定在美国中西部的城镇里期待一个像样的印度餐馆希望很渺茫,但是泰国餐馆可能希望大些。所以你就不会穿过马路去看一看是否会偶然发现一个印度餐馆,而会尽力查找一个泰国餐馆。你最初的信念和欲念导致你要修正你的信念和欲念,即你想要弄清楚这是一个什么样的小镇,选择哪些食物是明智的,这些信念本身将共同引发你更进一步的信念修正策略和后面的决定策略——穿过街道去寻找这个地方,选择第一家泰国餐馆,它与我们刚看过的两家餐馆一样好。这种方式通常就是这样的，尽管在我们反思自己的想法时我们只注意到了这幅图景的一面。②

在这些例子中，对导致选择的那些想法的调整改变远比那些导致信念的更为深刻。这其中是有原因的。相比于其他东西，合理的策略主要是靠资源配置来驱动的，智力资源（主要是时间、工作记忆）与大部分智力问题的复杂性相比，显得非常稀缺，所以我们必须有效分配我们所拥有的资源以达到可预期的最好结果。有限理性研究（the study of constrained rationality），诚如赫伯特·西蒙（Herbert Simon）所称，正在决策理论中进行，但在知识论中是很难看到的。③ 不过事实上，在两个理论中都出现同样的话题，并且回应同样引人注目。（而且遇到类似的障碍。）当要做一个决定时，人们的简便做法是，通过一个初步选项列表来快速地筛选，从而得到一个"短名单"（short list）以便更为集中地考虑。或者人们通过以下策略达到满意的结果，也就是确定一个可接受性阈值，然后选择在此阈值之上的任何选项（或最先达到阈值的选项）。这两个做法在认识上的对应的类似方案往往就是合理的处理方式。如果你是通过现象的最佳解释推论来进行推理的话，那么你就没有做到同等重视所有备选项的各自优点和缺点。你会快速地集中在几个有潜力的解释上并且仔细比较它们。（你想要去理解潮汐的模式。你花了一点时间，但只是一点点时间，来考虑鱼群几乎每天以固定的模式游动的可能性，正是这样的模式导致潮汐，或者考虑另一种可能性——这样的模式只是随机出现以至于产生了涨退潮的错觉，接着你很快想到了有关太阳和月亮引力及动量的假设。如果所有这些都没有奏效，你可以回头考虑一下鱼的例子。）或者，对于要满足的类

---

② 为什么决策理论中尽是餐馆的例子呢？在我看来就是这样，因为它们提出基本的觅食难题：这种方法能够找到这样的食物，或者那种方法就能找到那样的食物吗？

③ 我这里不会引用海量的、各种各样的关于有限理性的文献。一个清晰易懂、与哲学有着意想不到关联的阐述，参看斯洛特（Slote, 1989），决策理论的高阶研究可参看鲁宾斯坦（Rubinstein, 1988）。弗雷（Foley, 1992: ch. 4）也比较深入地介入这一哲学关联。如果声称所有知识论学者都忽视了信念和决策的关联，就大错特错了。莱维（Issac Levi, 1967; 1997）就是个明显的例外。另一个例外是范弗拉森（Bas van Fraassen, 1989: ch. 8）。

似情境，不妨假定你有一系列的假设可以降低一开始的不可行性。你不知道它们中是否有哪一个将解释这里所说的现象，而且如果你要逐一检视它们的话将永远无法完成。因此你一开始用最可行的假设，并且如果它没能"足以"解释这些数据的话，就放弃它，然后进入下一个。最终，如果运气好的话，你会形成一个假设，它让你感到满意，并且基本没有留下什么神秘、异常的情况，你进而就可以接受它。因素的平衡同样可以按照相反方向来进行。你可能有大量的假设，所有这些假设都充分解释了数据。在你发现它们的时候，你只是匆匆审视一番，然而当它的初始可行性足够高的时候接受其中一个。虽然它解释了所有你不会相信、对你而言很疯狂的什么东西，但是当那种强解释力战胜了不可行性时，这样的情况就出现了，纵然你知道有人最终可能找到一个替代物——它不仅显得很明智而且又有解释力。④

无论是最常见的欲念，还是欲念变化策略的影响，在类似的例子，也就是接近真实情形中，其相应的认识策略显然不能局限于在错误的风险与有意义真理的可能性之间设定平衡。正如上面的例子表明，这样的影响是非常普遍的。在任何场合中我们所习得的东西几乎都会受到我们采用的行动选择策略的塑造，而它们自身则受到信念获得策略的塑造。所有事情都是立马就发生了。然而，这就提出一个规范性的回溯难题（problem of normative regress）。只要我们认为信念是在考虑欲念-发展时才被确立下来，而且反之亦然，那么我们就可以假定个体行动者能够在实际情境需要反思时诉诸一些已被确立的原则，它们会告诉他们选择什么或者接受什么。不过如果方法、程序本身属于变量的话，那么反思性行动者所面临的

---

④ 这并不是说，与信念和选择有关的情境都是完全对称的。有些差异来自以下事实——已然做出的选择并依此而行动正常情况下是无法撤销的，而信念则是可以修正的。（如果既可行又有力的假设出现了，你就可以转换过去。）不过这并不影响我这里所做的这一点。在阈值上，选择与信念情境之间的微妙差异来自，作为选择一个行动的构成部分，一个人能够选择一个决策方法这一事实。但是作为变得相信的构成部分，一个人不会故意选择任何东西。相反，人们会提早**相信**，比如具有强解释力以及超出"充分的"初始可行性的假设有可能为真。这个话题引起了人们非常多的关注。

任务就非常不一样。她应该针对统辖她选择以及她学习的反思性标准加以反思吗？如果是这样，是什么原则统辖那些反思呢？⑤ 似乎很清楚的是，一个聪明的人类个体行动者沿着这条路走下去很少能获得什么。（而且事后回头看，我们可能会明白，这个难题一直以下面这个问题的形式存在着：究竟是什么东西告诉一个人什么时候去反思，亦即将明确的规范应用于其所思所想时机正好呢？）

Ⅲ. 反馈路线

有一个教条主张是怎样的，当你改变你的信念时，你的一些欲念可能随之改变，因为现在你看到实现它们的结果是不同的，但当你改变你的欲念时，你的信念应该是不受影响的。前面几节中的想法并没有构成对这一教条的挑战，因为它们表明的是改变信念和欲念**策略**之间的双向关联，而不是那些改变本身。然而，从方法的问题到关于一个人应该相信什么以及一个人应该选择什么的一阶问题，应该存在着相应的反馈。我将描述两条反馈路线。

首先，针对休谟论题的一个变体：所有例子的潜在的非典型性。你想测试一枚硬币，看它是否正反面均等，你把它抛了 10 次，记录（正面－反面）相应的结果，再抛它 10 次，然后你像这样重复做了 20 次，并且计算出总数。如果小于 15，你就宣布这枚硬币是正反面均等的，如果它超过 30 或小于 -30，你就宣布这枚硬币是不均等的。你做了 20 组实验中的 19 组，合计结果是 11。先前那些实验中，（正面－反面）（│H-T│）都没有超过 3。这个非常有力的证据表明这枚硬币正反面机会是均等的，而且如果你最初的计划是打算做 19 组实验，你所宣布的也就是那样。但是第 20 组即将开始，并且你知道硬币有可能刚好落下来正面是 4/10 或者更多。甚至即使你倾向于认为它的均等是对的，它也可能还是这样。因此，你不能得出结论认为，这枚硬币是均等的。你的态度是"等等看"（wait and see），直到最后一组抛硬币结束。

---

⑤ 有关这样的关联，可参看莫顿（Morton, 2000）对"AEA"模式的讨论。

这个例子没有说明在认识的沉思问题上的实际结果如何。但它确实表明结果对策略的依赖方式，也就是证据对相应假设的支持结果，有可能依赖于证据获得过程中的策略。通常情况下，你不应该临时关闭涉及被我们描述为信念的某一话题的文档（或者是被描述为结论或言之凿凿的报告），直到你完成了你的系统性考察。⑥（贝叶斯主义可能抱怨道，假设中你的信念度（degree of belief）应该不受研究策略的影响。我甚至不确定这一点，因为它假设你的在先概率就是独立于你的策略，而我对此并不确信。但是，如果情况就是这样，贝叶斯主义世界观没有为信念或接受留有一席之地。）而且既然选择策略自身通常依赖某一更大的实践（或实践加上认识的）情境，那么除了别的东西之外，针对某个话题来说，适合于形成相应信念的那个关键，通常就是与实践情境的结果有着密切关联。不妨回到抛硬币这个例子，你的目标也许是做 20 组实验，因为你打算用抛硬币来进行一个更大的赌局，并需要至少一定程度上确保可能的风险处于合理的水平上。

接下来的反馈路线有悖论的味道。有许多话题你根本没有任何想法，尽管你可能对于证据的大体特质有一些想法。在搞清楚如何满足一个欲念的过程中，你可能会获得一个研究某个事物的理由。然后很可能你就将形成一个看法。的确，有时候你可能很清楚这个看法在什么意义上是个谎言。比方说，假定在宗教问题上，因为完全缺乏兴趣，你对其中涉及的理由是一个不可知论者。尽管你为了帮助一位同事而承担了宗教哲学的几堂课，并且因此就打算阅读、思考一些赞同与反对上帝存在的论证。在真的介入这个话题之前，你的总体印象是，反对上帝存在证明的论证要更强（那些概念的可理解性颇值得怀疑，如恶的难题等）。因此，现在你认为很可能一个月后你将成为一个无神论者。现在，在考察这些论证之前，这会不会让你有理由沿着无神论的方向修正你的信念呢？依照直觉，不会是这样的，尽管对于其中理由会稍有困惑。在其他情况下，你尚未意识到的证据的存在本身也可能被视为证据。（一个你非常信任，而且又有能力知

---

⑥ 说"通常"（very often）而非"总是"（always）的原因是，在医学实验的情景中，一部分统计的证据表明，按照计划继续进行实验将是错误的。

道的人向你保证，有一个信封，明天也不会被拆开，里面有强力证据表明X就是凶手。你现在应该十分确定X就是凶手。）如果你现在的确有理由倾向于无神论，然后决定帮助你的同事就会使改变你的宗教信仰变得合情合理。甚至即使它并没有如此，这一决定仍将让你对你未来的信仰是什么样的充满期待，同时还期待着这些信仰相比你当前的信仰来说具有更为完备的基础，尽管后者涉及一些非常类似的事情。⑦

这两条反馈路线也许是关联在一起的，因为在无神论情形中，我们对于你现在应该改变你的立场的这一看法犹豫不决，可能与一个事实有关，即你尚未按照你预计的方式来细致审视论证与证据。只是在某些阶段中，我们把我们的倾向视为信念。然而这不可能是全部的故事。我怀疑，这里是不是还有一系列的原则等着去阐释，它们统辖着对发展一个人信念和欲念的策略的介入应该对那些信念和欲念产生的影响。

IV. 智力活动的德性

就信念与决策而言，人们的确有可能做到有责任感、细心、冷静、谨慎。他们也可能有冒险精神，固执而又勇敢。所有这些特征都可能在某些情境中导致好的结果。第一种情形中列出的那些特征往往被认为在所有情境中都是有价值的，而第二种情形中列出的那些，在它们出现在恰当的时刻，才是有价值的。因为这个理由，它有助于区分品格特征（character trait）与德性，尽管它们常常有着相同的名称。品格特征指的是以某种方式思维、行动或感受的倾向。德性则是**当其在恰当情境中时**展示想法、行为或情绪的倾向。因此有人也许具有的品质是以理智勇气为标志，常常辩护一些非主流的立场，而且往往陷入一种尴尬的境地，尤其是当她知道它可能让她受到奚落、遭遇分歧时。不过这并不是一种理智德性，除非她所辩护的那些立场不那么明显地荒谬至极，而且她的辩护和推测往往导致有趣的真理与有益的决策。事实上，我要表达的是，即使对于第一种情形中

---

⑦ 这里的话题与威廉姆森（Williamson, 2000: ch. 10）所讨论的关于反思或主要原则的话题相关联。

的那些特征，我们也必须要进行区分。如果它让你觉得无聊的话，那么可能是因为你**太过**负责；如果它让你错失一些良机，那么是你太过细心的缘故。一个德性必须包含两类默会知识，也就是关于它何时以及在什么程度上显示，这样知识才会有其意义。

通常情况下，几乎所有我们平时拥有的理智德性，都以一般意义上的智力活动的德性为名，而不是特指信念形成、决策或某个其他类别的思想的德性。即使像尊重证据这样的有着知识论导向的德性在一般情况下也是可应用的：不尊重证据的人将做出灾难性的决策。像审慎这样的决策导向的德性有认识的相关性：在计划与执行一个信念获取策略时，一个人将不得不期待做到像在其他活动中一样细心。在我看来，这里有两个密切相关的理由，即策略的普遍性与限度管理（limitation management）的中心地位。

现在应该很清楚，策略无处不在。我们认为无论何时我们都要把它作为计划的一部分，即使有时是个很简单的计划，在这样的计划中，更清晰地了解某些事物并做出一些决策，往往把一个人引向另一条路——更清晰地了解某些目标事实并做出目标决策。不过既然情况就是这样，制定与执行合适计划的能力就随处可见，而且处处都至关重要。因此，尤其要说的是，认识的德性毫无意义，除非它们与认识的策略相一致或相配合。而且这些德性也仅是一般意义上的策略的德性。比方说，对于那些构成反对人们意图形成的结论的证据，即使有这样的微弱可能性，认识上的关怀（care）也要求人们不能忽视它。不过这只是一般情况下不忽视微弱可能性的具体情形而已，尤其是那些不受待见的结果的微弱可能性，而且这也不是认识上的关怀而是审慎的关怀。当然模式一模一样。

这并不意味着有人有着认识上的关怀的德性就将拥有审慎的关怀的德性。这个区分可能很粗糙，因为也许几乎很少有人会在审慎性问题上做到谨慎细心，尽管它们往往都是认识上的问题。（然而鉴于这两者是分不开的，其中一个失败将导致另一个遭遇难题。）或者也许它们之间的差异很微妙，因为在证据收集问题上，一个人关怀的倾向，也许比她倾向于关心找到极其糟糕的可能性，或多或少要恰当一些。但是对于这个问题，经常显示出认识上关怀的人，可能会在——比方说——科学问题上，而不是在宗教问题上显示出认识上的关怀，或者可能在这些而不是其他问题中将关怀表现为德性。德性像是这样的：它们在任何人那里的具体表现都非常分散。这里有一个重要的难题，也就是在它们似乎有可能会涉及的东西的简单诠释与它们实际上可能会是什么之间的差异，而且它无法通过区分认识与审慎的德性来加以解决。⑧

这就是大多数理智德性为何就是制定与执行计划的德性的一个理由。我们确实在很多方面显得极其有限；我们的工作记忆，相比于我们能够自己设定的理智计划的复杂性，真是太有限。大部分过程的不同阶段均涉及综合考量：人们不得不考虑一个事实，评价它，通过可能性的枝枝丫丫，然后考虑人们评价所提出的更多事实，再评价它，如此等等。出于显而易见的复合性理由（一棵二进制的树到顶部的话拥有 2^n 个分枝），没有哪个真正的行动者能够既在广度上也在深度上做到细细思索。不过在一个探究的不同阶段可能要求一个人：

——思索一个行动的结果或者一个命题的优势或者一般意义上的可行性；

——思索一个行动的结果或者一个命题的劣势或者一般意义上的不可行性；

——思索一个行动的结果或者一个命题的优势或者特定种类的可行性；

——思索一个行动的结果或者一个命题的劣势或者特定种类的不可行性；

——深度思索一个行动的结果或者一个命题，并寻找一般意义上/具体种类优势/劣势/可行性/不可行性；

——全面思索一个行动的结果或者一个命题，并寻找一般意义上/具体种类优势/劣势/可行性/不可行性。

凭借蛮力要做到这样太难了。我们不得不通过许多捷径，让我们自满

---

⑧ 有关行为的可变性，德性的任何实在论（realistic）概念均不得不应对这一问题，请参看哈曼（Harman，1999）和多丽丝（Doris，2002）。

足于完成其中某些方面，这些捷径中的大部分都与其他一些方面不一致。我们必须要弄清楚哪些捷径对我们来说会成功，以及什么时候会成功。⑨

比如，一方面，理智的关怀本质上会进行全面的思索考量，如果需要的话甚至会达到相当的深度，同时在事实出现之后有必要检验其相关性时还要进行附带的思索。另一方面，理智的胆识本质上则会进行更具深度但通常不会全面的综合考量，同时又相信那些否证整个程序的细节也不会被错过。以上两者都是必要的，而且它们很少被结合在一起。在需要它的时候而不是它构成阻碍的时候，它们每一个都需要伴随着相应的应用它的能力。

大部分理智德性均与以某种特定的方式思索的能力有着本质的关联，与那些知道这种思索何时是个好想法的能力同样如此。这就是我们为之命名的那些能力，因为它们正是我们需要为之命名的那些能力。获得它们这样的能力很困难，而且个体之间各不相同，它们甚至无法在某个具体场合中被集合起来，除非已经由实践与自我调节准备好相应的根据。因此，我们需要为它们命名，并与它们友好相处。而且既然它们的重要特征应用到许多类型的思考中的考量，那么它们就是智力活动中蕴含的多用途的德性。

V．理性

"德性"有其特定的历史意义，在西方文化的发展中发挥着重要的作用。我很少引用与之相关的主张，原因并不是理性具有适用于所有目的的理智德性的很多特征，而是因为根据理智德性，思维的部分要义表现在，要避免不正面回答针对带来理智成功的那些属性之间关系的问题。它们也许有很多共识，它们可能经常彼此互相对立，还有可能则是一个人通过努力两者兼而有之。在标准的知识论中，理性的观念通常都体现在一个得以确证的信念的概念之中。首先，这看起来很简单：如果一个信念的获得是以正确的方式，并且没有运用糟糕的推理，那么这个信念就是得以确证

---

⑨ 这个主题的更多讨论，参看莫顿（Morton, 2004）。

的。进一步考虑之后，复杂的情形就出现了。只要一个人继续持有它，或者会用于辩护它的那些理由是好理由，那么一个确证的信念的获得可能就是通过并不理性的（irrational）方式。很显然这就出现了大量的含混之处，并给好理由或推理带来含混性。更进一步的思考，则引起更多的复杂的东西。人们从充满误导的证据中通过实实在在的推论来获得信念，我们把这样的信念视作得以确证的。不过让我们假定，要是她遵从一条研究思路，而这条思路是因为她自己过于偷懒而无法贯彻执行时，她就能很容易地意识到证据具有误导性。或者假定一个人遵从的推理思路事实上并不正确，但是在她的圈子中通常被认为是没问题的，而且这条思路的错误太不明显以至于她自己都没有注意到。她的信念会是得到确证的还是没有得到确证呢？（这种情况很容易在统计推理中出现，由此会产生一些任何人都会困扰的难题，无论这些人多么老练、明智。）

在我看来，没有哪个当代知识论学者会认为得以确证的信念这样的观念已经足够清晰或者有什么用处，除非它是在规范的（prescriptive）定义问题上避重就轻，抑或是它被转变成一个得以充分展开的理论的技术性术语。⑩ 在这一点上，这篇文章所关注的东西在阐述传统话题时形成了一些新的立场。我将会陈述这些可能性，但并不是为它们辩护。重要的是，相较于我们所想的，对这样的话题可能会有更多的反应。

如果不在信念与行为的心理学或者回避人类思维的复杂性上做一些危险的假设，我们究竟能运用哪些理性（rational）信念的概念呢？以下两个假设似乎很容易理解，尽管并不始终准确无误。

第一，信念需要有其证据或者类似的依据。一个人可能会有很多各种各样的考虑，来支持她能够持有并说服他人的主张。人们很少能够做到准确地评价她们所拥有的证据有多强，但是这样的证据赋予该主张的支持力度相对而言则是个客观的问题。根据已然结合了相关背景信念的证据，该主张的条件性概率就是其中所涉及支持的最为精准的测评依据。诚然，通过什么才是相关背景信念这个问题上的不确定性，它的精准性与客观性才得以确立下来，但是在大部分情形中，我们仍然知道如何开始评价某个证

---

⑩ 参看比如戈德曼（Goldman, 1986）。

据是否够强、较弱或者根本不支持某个主张。

　　第二，信念的变化有其合理性（reasonableness），一个人在某个时候会有一组信念，在后来的某个时候则有另一组信念。从一组到另一组的转换，可能或者不太可能与一个得以完备建构的行动者，在某个情境中以什么样的方式来运作相一致。这个情境中有许多方面也许都可以纳入考虑范围。我所感兴趣的那些方面则是信念或欲念形成策略，以及人们所拥有的在先的信念与欲念的综合体，其中这些策略正是人们在寻求的东西。对于她所相信和期待的东西，以及她的那些特定能力而言，如果信念的变化、删减乃至增加，都源自一个策略——它对于要遵从的这个人而言是个合理的策略，那么信念的变化就是合理的。我这里并不打算对这个核心属性——信念与欲念演变策略的可接受性——做什么分析。很显然，它的边界十分模糊，但我仍然主张，它相对客观并且没什么矛盾之处，根植于人类心理。鉴于这一非常重要的假设，规范的人类心理学中有一部分需要加以命名：我将称之为有指向的大状态理性（directed big state rationality）。（有指向的是因为它涉及源于某一策略的那些变化；大状态是因为它既关涉信念，也涉及欲念。）

　　还有其他一些方法可尝试用于理解信念的变化。尤其是，人们可以只研究信念变化的合理性，而不是在与欲念的关系中来研究。而且人们也可以研究"无动机的"信念变化，不妨看一些典型的例子中，一个人因为神经元的随机活动而从一个信念的集合体到另一个信念的集合体。这些集合体彼此之间都存在竞争关系，而且如果它们提供多样而又有效的理解信念变化的方式，那么我在这篇文章中所展开的线索就不太有意思。为了使这样的对立性尖锐起来，我要陈述一个论题，如果这个富有攻击性的主张为真的话，那么就会使得研究同时改变信念与欲念的策略成为知识论的核心。

　　　　大状态理性论题：一个人拥有其信念的证据，以及通过有指向的大状态理性来获得信念，都不过是可持续的理性信念的概念。

　　根据整个状态转换论题，只有一个理性信念的概念，而且只有一个理性信念变化的概念。在没有特别要求的情况下，只有一个类别，也就是经得起分析并处理复杂情形的类别,在现实意义上与实际的人类心理学相融贯,并阐明那些值得挖掘的思维形式。此外,这两个又是非常不同的。证据的核心在于命题之间存在着抽象的关系,它被视为语义对象,并最终根据可能世界来加以评价,在这样的世界中,被证据命题(evidence proposition)排除在外的主张-命题(claim-proposition)为真。处于大状态理性的核心的就是,在非常具体的情形中人类心理是什么样的:在寻求我们的大脑能够有效地按什么计划运作过程中,思维模式是什么样的。我这里的主张就是,两者之间没有任何关系。⑪

当我们将理性的这两个部分分离开来,并且不再审视两者之间的关系时,我们发现很多让人迷惑不清的情形就可以被描述得极为简洁。这样一旦以非理性的方式,获得完全理性的(证据上完备的)结果也就不存在什么问题了。不妨来看一个例子,一个人采用了十分愚蠢的信念形成策略,并形成有充分证据支持的信念。厨房着火了,而且火苗向某个人提示素数的分布,他沉思于数理论的猜想之中,而没有想如何把还在楼上卧室的孩子们救出来。在故事最后他的孩子们都不幸遇难,这个人伤心欲绝,当然他思考得出的最后结果有着非常好的证明。我们应该毫无愧疚地称这个人毫无理性,并且将这一产生数-理论的信念的过程描述为有缺陷的,尽管也承认那个人遭受的重大损失会因为一个小的理性信念的获得而有所减少。

同样还有一些截然相反的例子,通过理性的过程获得不理性的信念。有时获得一个信念是合理的,尽管它的证据十分无力。另一个房子着火的例子是这样的。一个人意识到家里的房子着火了,而且他的孩子们还在楼上。他有两个办法到他孩子那里,救他们出来。一个办法是爬上楼,但楼梯已经开始闷烧了。另一个办法是从前门冲出来,爬上金属防火梯,从卧室窗户进出。他权衡后选定后一个办法,并认为成功的概率最高,条件是他动作要快,因为距离比较远。不妨来看看他的信念,在他开始跑的时候,外面哪条路线让他有更大的概率到那里,把孩子救回来。他对此没有

---

⑪ 哈曼(Harman, 1986)被解读为有类似的主张。然而哈曼不会这么自找麻烦。

更多的证据：楼梯只是在闷烧而不是着火，而且他确实没有考虑其中的难度——在防火梯上把两个熟睡的孩子通过窗户救出来。然而在考虑这样的证据带来的延后行动将会使得情况更加糟糕：恰当的做法就是接受这一最多是看似可行的可能性，并果断地采取行动。因此他的想法正如它应该所是那样，尽管它引起的信念并没有非常强的基础。⑫

VI. 确证的信念呢？

根据我这里提出的观点，假定她了解整个情况的话，有一些事实是关于一个人在某个时候以什么样的方式来思考是最好的；同样也存在涉及她所拥有的某些信念的证据的强度的事实，但是很少有事实横跨客观证据与有效思维方式这两个范畴。尤其是，对一个知识论学者而言，其最主要的观念就是关于命题的观念，信念在这样的命题中对一个人而言在某个时候是得以确证的，不过这个概念开始变得似乎越来越不那么稳固了。许多哲学家近来都表达了对确证的信念这一概念的有用性与可理解性的怀疑，并且其他相关概念诸如什么是在认识上允许相信的东西同样遭到质疑，因此我将集中讨论源自大状态理性论题的那些怀疑，从更宽泛的意义上说，这些怀疑也是针对信念获得与行为选择之间的关联的。

有一种看法认为，当一个人**基于**相应的理由相信一个命题，那么在这个人与该命题之间就存在着特定的关系，而且这些理由为其提供最大的可能拥有涉及**那一类**命题的真信念。信念指的是，在一定条件下一个人会拥有的东西，倘若这个人受到拥有关于相应话题的真信念这一欲念的激发，同时又尽可能有效地满足这一欲念。我用斜体*标出了两个词组，它们的

---

⑫ 所有这些情形都提出什么才能被视为信念这样的问题。就像我（Morton，2002：ch. 3）所论述的，我自己并不倾向于过于严格地看待信念这一概念，而且我也不倾向于认为信念就是我们行动所依照的，以及彼此之间所说的任何东西。下面这个看法在这里并不重要：比如逃离火灾的情形可以被认为它恰恰表明，稍好一点的思维所形成的结果有可能是关于证据并不充分的富含信息的状态。

* 原文为斜体，这里指的是本段中标黑体的两个词组，即"基于""那一类"。——译者注

含混不清之处需要更进一步的解释。其他哲学家已经描述了填充这两个词组之间鸿沟的那些困难，我将着重阐述"最大可能拥有真信念"这一观念。⑬

我最主要的怀疑是这样的：我们没有理由相信，有任何人曾经依照真理-指向（truth-directedness）的最佳理由而相信任何东西。所有我们现实中的信念都密切地受到我们的实际关注的形塑，以至于很难想象如果真理是我们唯一关注的对象，我们究竟会如何思考。我们致力于追求的许多东西都是对数据的良好解释，而且最佳解释推论的利真（truth-conducive）属性根本就不清楚。因此只要我们持有的许多信念是最佳解释推论的结果，持有它们的理由显然就不是倘若我们只对真理感兴趣而拥有的那些理由。除此之外，我们用于获得乃至辩护我们的信念的思维模式，并非由我们的认知局限性所决定。无论对于什么话题，有着超人类智能的生物体都将能找到不同的理由，来支持相互重叠的信念。如果我们获得相应的解释，其中有一些理由我们会赞同，还有一些我们会觉得疑惑不清。

不妨来看看由德雷茨基（Dretske, 2000）提出的著名的斑马一例。一个人在动物园中看到一头条纹状的马科动物，它在一个标有"斑马"的围场中，这个人记得斑马的图片，并得出结论认为这个动物就是斑马。他没有我们通常情况下会考察的那些充足的证据，来排除这个动物可能是一头被刷得像斑马的驴子，这个可能性甚至没有在他头脑里出现过。德雷茨基由此断定在逻辑后果之下，确证并没有闭合，因为这个人确证地相信这个动物是斑马，但没有确证相信从中推断出的东西，也即那不是一头刷了颜料的驴子。不过要注意，这里很自然的判断——斑马信念对于这个人而言还算是马马虎虎的信念，是如何受到我们正常的人类信息处理能力观念的形塑的。对一群天赋异禀的人而言，认为那不是一头刷了颜料的驴子的理由也许很明显，然而对于没有消除那一可能性的人而言，就不会拥有得以确证的信念。或者把故事稍微变一下，那个人跟他六岁的女儿一起去动物园。他把标记牌的内容读给女儿听，上面以一种拐弯抹角的语言说有些动物是假的。尽管这里的语言啰嗦，但大人还是会理解的，而孩子们也

---

⑬ 这一节是回应牛津大学出版社一位匿名评审专家的评论。

不会很失望。这个孩子看到了斑马，并认为"那是斑马"。这个父亲看到了斑马，忘记了标记牌这回事儿，也认为"那是斑马"。通常情况下我们会认为这个孩子拥有得以确证的信念，但这个父亲则没有。如果我们现在知道这个孩子是个天才，六岁就能读懂这样的标记牌，并把它们应用到显而易见的斑马上，我们就会撤回我们对她信念的认同。

因此在这些情形中，我们确实很确定这个人有些信念是得以确证的（认识上可接受的），我们所表达的思想就是"鉴于一个人可能具有的局限性，这个信念有**足够充分的理由**"。最根本的局限性在于思维能力、工作记忆等类似的限制。对这些限制的合理反应，很显然会考虑到对这个人的一些非认识上的要求：为了保持生活的正轨她还需要注意些什么呢？有没有纯粹认识上的这种东西呢？我们能不能按照以下思路来重构被我们认为既有用又还算熟悉的概念呢？如果她只是对有关这个话题的真信念感兴趣，并且她只针对那个唯一的目标最有效地投入其理智资源，该命题仅仅是这个人会相信的内容之一？我所能说的就是，需要有东西来说服我。⑭

VII. 知识

大状态理性论题涉及了考察的范围，这些考察与究竟什么在传统意义上才被视为信念的确证有关联（尽管它表明，确证的信念这类术语非常令人迷惑：最好来谈论理性信念的变化、证据）。对行动者总体认知状态的强调同样可以应用于知识的话题。让我们回到本文前面的例子，在"策略的合理性"那一节，比较一下你在接受要做的课堂演示或注射疫苗之前所要收集的证据数量。假设在疫苗例子中，你已经确定了证据数量，

---

⑭ 这里与证据主义和实用主义之间的争论有关联。证据主义者认为"你只相信你有充分的证据的东西"，而实用主义者则主张"相信那些使得你的生活顺顺利利的东西"。（大概可以这样说。）这一节提出的问题是，"充分"可能意味着什么。如果非认识目标影响充分证据是什么，那么在给它赋予实用主义转变的同时，我们就可以接受证据主义的口号。这一经典源自詹姆斯（James, 1948）与克利福德（Clifford, 1901）之间的争论。最近对这一问题的发展，可参看阿德勒（Adler, 2002）以及科尼与费尔德曼（Conee & Feldman, 2004）。

而这个数量在教室情形中已然足够了。那么你就不会被认为已经知道化学物品的构成，尽管你的信念为真并且拥有不同情境中都已经足够强的证据。你的程序不会消除实践情境中相关的那些可能性。

尽管这个例子并不表明，大状态因素将知识与非知识区分开来，但它仍有一定的影响，因为它们都是通过其影响一个人相信什么才是合理的来运作的。我们可以借助本节中前面提到的一些例子，来获取更有意思的观点。比方说，假设在火灾逃离情形中，这个人没有充分的证据排除进入卧室的窗户被卡住，或者他无法做到在毫无伤害的情况下，通过窗户救出孩子这样的可能性，但是这些可能性事实上是错误的，而且这个人的信念——他将按照这个火灾逃生路线进去并救出孩子——为真。鉴于人类的局限性以及这个人所处的情景，这样的信念不仅为真而且以最好的方式得以形成。⑮ 那么，根据我的直觉，这个人确实知道有关火灾逃生路线的事实。既然把时间浪费在排除这个人没有浪费时间排除的可能性上是不理性的，那么这个人没有做到排除它们就没有将知识降级为信念。⑯ 另外，在火灾与数理论情形中，这个人直觉上确实知道法则，即使思维过程从各方面考虑仍然显得荒谬。不过这并不真的构成对总体状态与知识归赋相关性的反对，因为整体状态的重要一方面——这个人避免火灾伤害他孩子的欲念——与排除任何可能性并不相关，数理论在这样的可能性中则是错的。

有一些例子与火灾和数理论差不多，但是在这些情形中总体状态是相关的。首先来看一个极端的情形。一个士兵应该在城墙上履行站岗放哨职责，而且事实上他想要尽忠职守，保护他的城市，但是他的酒瘾在他这里占据了上风，然后他就去了离他的岗哨很远的一个小酒馆。他在想他的妻子在哪里，并且她可能已经从邻居家里回去了，正在家里把孩

---

⑮ 同样也可以从知识定义的德性-知识论进路中获得这个结论，比如扎格泽博斯基（Zagzebski, 1999）。我不清楚是否有很多德性知识论学者会认为这是个受欢迎的结果。

⑯ 这是一种与刘易斯（David Lewis, 1996：556）的主张相反的立场，后者认为"当错误变得特别具有灾难性时，几乎没有哪个可能性会被恰当地忽略"。也可以参看霍桑（Hawthorne, 2004：ch. 2）。

子们哄上床。他不会想到她可能被外星人劫持了，因此他不用考察支持或反对这一可能性的证据。现在，正巧城墙上他的哨所上方有个飞碟盘旋着飞回母船，满满装着一群人，但是不包括这个士兵的妻子。如果他一直在站岗的话，正如他应该已经看到的，他会看到这个飞船，并想到外星人劫持了很多人，然后当他想着他的妻子在哪里的时候，他就会悬置判断。外星人劫持的认识相关性从根本上说源自他与他的岗哨之间的实际义务。

来看一下正常一些的例子。一位年轻的生物学家正在做一个实验，是关于一种新的抗生素是否抑制培养物中可致病杆菌的生长。她的一个同事正在做非常相似的实验，只是抗生素、杆菌以及培养物不同，而且他的采样来自生物学家的同一个实验室。一个星期六的早晨，她来到实验室检查她自己的实验，并且也答应她的同事要来检查他的实验。她打算两个都检查，但是却分神了，在观察她的实验时想着 26 岁获得诺贝尔奖会是什么样子。因此她甚至都没有瞟一眼她同事的样本，但她确实检查了她自己的样本，并发现可致病杆菌被杀死了。她检验了各种显而易见的可能性，进而得出结论认为就是这种抗生素杀死了可致病杆菌。她没有考虑极为少见的、几乎不可能的可能性，即杆菌正在遭受某个病毒 V 的攻击，而该病毒通常情况下不会感染这种杆菌。不过，尽管她没有考虑这一点，但是如果那个病毒已经出现了，那么受感染的杆菌中的症状就与她观察到的一模一样。现在如这位生物学家观察到的，当这样的情况发生时，尽管 V 没有出现在她的样本中，但它出现在她同事来自同一个实验室样本的杆菌的抽取物中，它更易于受到 V 的影响。如果她按照她所打算的那样检查，并观察她同事的样本，她就会立马想到 V 是否出现，然后她就会被引导去检查她是否出现在她自己的样本抽取物中。但是事实上，她没有采取什么办法来排除这样的可能性，因为在她想要按计划做的过程中遭遇了不理性的分神。关于被忽略样本的数据的认识相关性，源自她对帮助其同事的实际承诺。

这个士兵知道他的妻子在家里吗？这个生物学家知道抗生素攻击可致病杆菌吗？我的直觉认为他们不知道。尽管我期望这些例子会出现争议，但它们向我指出，在考察知识的时候，对一个人应该如何思考的考察决定了这个人的状态，也就是他们总体的信念与欲念的集合体。[17]

VIII. 知道何时反思

　　大状态理性论题是一个猜想，检视真理是否能以特别简洁的方式，将我一直期待的那个扩大的信念与决策理论，跟传统的知识论关联起来。如果这是正确的，那么知识论在新的语境中就是一个更加简单又不那么令人费解的领域。但是，这绝对是个猜想。在这篇文章的最后，我要讨论理性的另一方面，它在知识论历史中起着重要的作用：对一个人信念形成过程加以批判性反思的能力。

　　当代知识论学者很少有人会辩护这一观念———一个理性的人类行动者应该联系对其信念形成过程的持续控制，当它们出现的时候总能意识到它们，并且始终以明确的合理性方面的规范来检验它们。不过在有意识的理性控制的理想状况这一问题上，怀疑主义不应该使一个人否认，知道什么时候该反思、什么时候该略过、什么时候该检验，以及什么时候该重审一个人的思维，这样的美德具有特别重要的意义。事实上，当信念和选择彼此互动时，这会变得特别有意义。反思有可能是个非常幼稚的做法，停下来然后问一下"这个看起来对不对呢？"，或者它可能在于应用明确的理性规范。无论在哪种情况下，它给我们带来的阻碍与帮助的可能性一样多。反思会加重工作记忆的负担，引入新的错误来源，并且通常都会减慢事情发展的进度。如果在错误的时刻反思的话，反思就会阻碍甚至破坏你不这么做的话就会成功的推理。因此，我们必须知道什么时候从事反思活动。而且通常情况下我们不能也不应该以原则性方式，通过仔细思考"这是/不是停下来，然后进行全面分析的时候"，其中有两个原因。这种明确的思维方式是很稀有的认知资源，它在有可能需要反思的时刻不太可能随手可用。（当每个人都被叫出去救火，有人告诉我们这是一个假警

---

　　[17] 我的两个例子中都有道德的意味，而在我的讨论中，我尽力想将其排除在外。但是，它将有利于探索这样的例子，即一个人是否知道某些东西，受到被他理智策略忽略的那些可能性的影响，而这些策略又是他在道德上应该采纳或避免的。这一想法与霍桑（John Hawthorne，2004：188n. 53）归功于沙弗（Jonathan Shaffer）的观点是一致的。

报，这个时候它的相关性也许才最为显著，但是在所有那样的时刻，我们根本无法匀出一个人来找出事情真相。）而且我们很少拥有足够多的关于我们自己想法的知识，来告诉我们这些原则会参与其中的线索。（即使我们可以匀出一个人去检查假警报，那他会花上一半的时间在猜测上。）如果这个大状态理性论题是正确的，那么通向自我知识的障碍将会更加难以应付。它的要求太多，要求一个人知道其所遵循的策略，一个人所相信和想要之物的整体性的相关特性，**以及**一个人具体能力的局限性。因此，一般来说，一个人不会知道其信念是否由一个可接受的过程所形成；我们最好简单地考虑一下证据的充足情况到底如何。

  这两个理由是相互关联的，因为即使我们可以足够多地了解到我们正在进行的思考，以便应用这样的元原则，这样做正好将会利用那些资源，而资源的稀缺性使得反思常常变成一个糟糕的主意。⑱ 即使有例外的情形，在这些情形中很容易看出来需要相应的反思，情况也是如此。比方说，不需要做什么就可以遵循以下原则——"当你发现自己得出一个显然难以置信的结论，要停下来看看是否你做了一些蠢事。"不过，很明显这个结论必定是难以置信的。通常情况下，当某项主张相对于一个人先前的信念非常不可能，或甚至相互矛盾时，这需要花很长时间思考以使它明确一些。因此，这项温和的原则还带有危险性，它会诱惑人们在某些显而易见的问题的边缘上过于大惊小怪。

  那么我们如何知道我们什么时候该反思呢？通常我们并不知道，而且我们往往反思过于频繁，或反思太少，或在错误的时刻进行反思。不过某些人在某些话题上表现出的适当的反思是一种美德。（我们除了"理性"外，找不到一个更合适的名字来形容这种美德，相比于简单的反思能力，它被视为一种更巧妙的东西：能力加上何时运用那种能力的感觉。）尽管理智德性的认知心理学几乎很少得到探究，但是无论其中的细节怎么样才能揭示出来，似乎在我看来，它必定处于对巨大的典型认知情境的资料库的敏感性之中，这些资料库是历经一段时间才建立起来，并且当相似情况发生时就能够辨别出它们。因此，一个人必须能够建立这样一个资料库，

---

  ⑱ 关于这样的关联，可参看科恩布里斯（Kornblith，2002：ch. 2）。

以可通达的方式存储它,并能够识别与实际情景之间相关的相似性。(这种模式并不是理智德性的唯一模式。棋手们在大脑中建立大型的"组合"数据库,他们在实际棋局的棋子组合中将其辨识出来。勇敢、诚实或慷慨的人在慢慢学习如何才能模仿他们的同时,都将会经历这个亚里士多德式的过程——观察、分类那些来自他们的尊长以及更有才智之人的令人钦慕的行为。)[19] 至关重要的是,对于行动者而言,德性的运作是无法获取的,在任何具体场合中也不受她调控。她不能通过思考"在这种情况下一个建构完备的行动者会做什么"这种问题,来模拟这种美德。[20]

　　在这一点上我们应该问:什么时间适合反思?当然,一个人应该在它对我们有帮助的时候反思。然而,它会帮助我们什么呢?是帮助一个人的推理以使之符合理性规范,还是帮助一个人实现认识和实践的目标呢?当反思在这里针对的是与我们密切相关的思考,也即结合了信念和选择的思考,这种符合理性规范的目标就真的不是一个可选项。因为对于这种一般情形,我们不会真的拥有任何文化意义上继承而来或先天意义上可通达的规范。我们有一些规范来评估证据的力量,还有一些针对良好的认识过程的粗略而又现成的规范;我们有关于目的-手段合理性的粗略规范,以及更精确的用于计算期望效益的规则。不过,我们并没有任何明确的东西,来引导我们在一个认识/实践计划的相互竞争的部分之间,如何分配我们的理智资源,以及如何选择一个程序用于信念和行为的选择,它最为适合认识或实践计划的其余部分。因此,如果说有什么时刻适合或不适合停一下并考察一个人的所思所想,毫无疑问它取决于更多外在主义的因素,按照什么程序事实上有可能产生哪些种类的结果。[21]

---

[19]　关于这方面的更多内容,请再次参看莫顿(Morton, 2004)。

[20]　做到适当的反思这样的德性是一种高阶德性,它处于一阶思维的方向之中。它与简单的理智德性的关系,类似于另外两种德性之间的关系,前者是能够在正确的时间、以正确的力度感到惋惜的德性,同样很重要,也无法形容,后者则是诸如勇气和诚实这样更为简单的道德德性。

[21]　但是鉴于把证据完全弄清楚所要花费的时间——从有关归纳的休谟式思索到亨佩尔(Hempel)与卡尔纳普(Carnap)的证实理论(confirmation theory),再到被我视为当前最好阐述的贝叶斯主义正统观念,人们可能会怀疑很多人是否曾经非常意识清楚地诉诸正确而又得以清晰阐明的证据力量的规范。

有趣的是，我们几乎从没有反思我们的信念获得与做出决定是如何相互契合的，尽管它们相互契合几乎对于我们所有活动都至关重要。对于知道什么时候反思这样的德性，它在某些方面带有一些良性错觉的意味：它在任何时候都只是在部分认知情景中指引我们。它说"这里要再思考一下逻辑"，或者"这里要慢慢处理对可选项的选择"，或者"这里必定会有更深层次的结果"；不过基本不会出现这样的情况，而且几乎从不会同时要求我们反思我们信念的形成以及我们所做的选择。幸好，虽然我们不知道如何着手去处理如此复杂的反思，但是它留给我们的印象是，我们思维所意识到的比我们实际知道的还要多。事实上，理智策略的选择，也即推动我们自己进入这个或那个做出选择和形成信念的程序的方式，它在某个恰当的点上，受到对我们一小部分所思所想的明确反思的引导，总体上说，无论是从内省意义上还是根据规范性传统，它对我们而言都是一个谜。㉒

　　那么策略的选择，也许是我们理智生活中最重要的要素，但并不是我们可以依据任何标准的规范来评价的事物。不过有些策略很显然是成功的，有些则是灾难性的。而且，如果更精细地区分，有一些显然比另一些更加成功。同时还有许多不确定的情形。不妨来看一下，有个人认为真理的价值高于一切，并且她采用的认识原则赋予了她一些信念，这些信念允许她满足她很多不太抽象的欲念并且快乐地生活着，但以大量的错误信念为代价。因为它给予她好的标准来衡量她所想要的东西，难道就可以说这一原则是正确的吗？或者因为它没有实现她自己根据它而判断那种好，就可以说这种原则是错误的吗？我不确定这些问题有其相应的答案。但是这种精细的不确定性不应该掩盖这样一个事实，即有系统性因素使一些策略成功，而另一些则没有成功。

　　这些因素是极其复杂的。它们涉及要大量搜集个体在不同实例中的所思所想。因此，它们是外在的因素；它们不会被应用于一个人自身思考的

㉒　良性错觉的另一方面：它往往会引导我们去思考像"这个推理是有效的吗？"这种容易处理的问题，而不是"这些说法一致吗？"这种更重要的而难以处理的问题。

反思性规范。但它们是有一定新花样的外在的因素：它们决定着我们确实在反思上加以应用的那些内在主义标准。因为当我们在适当的时候反思并且反思取得成功的时候，考虑到它其余部分未经反思的本质，我们应用了推理的标准——它对于我们的一部分推理是合适的。这些标准是合适的，仅仅是因为它们契合一个更大的模式，它自身是有价值的原因仅仅在于它奏效了。

参考文献

Adler, J. (2002). *Belief's Own Ethics*. Cambridge, Mass.: MIT Press.

Clifford, W. (1901). 'The Ethics of Belief', in *Lectures and Essays*, vol. 2. London: Macmillan, 163-205.

Conee, E., and Feldman, R. (2004). *Evidentialism: Essays in Epistemology*. Oxford: Clarendon Press.

Doris, J. (2002). *Lack of Character: Personality and Moral Behavior*. Cambridge: Cambridge University Press.

Dretske, F. (2000). 'Epistemic Operators', in *Perception, Knowledge and Belief: Selected Essays*. Cambridge: Cambridge University Press, 30-47.

Foley, R. (1992). *Working Without a Net*. New York: Oxford University Press.

Goldman, A. (1986). *Epistemology and Cognition*. Cambridge, Mass.: Harvard University Press.

Harman, G. (1986). *Change in View*. Cambridge, Mass.: MIT Press.

—— (1999). 'Moral Philosophy Meets Social Psychology: Virtue Ethics and the Fundamental Attribution Error'. *Proceedings of the Aristotelian Society*, 99: 315-31.

Hawthorne, J. (2004). *Knowledge and Lotteries*. Oxford: Clarendon Press.

James, W. (1948). 'The Will to Believe', in *Essays in Pragmatism*. New York: Haffner, 88-109.

Kornblith, H. (2002). *Knowledge and Its Place in Nature*. Oxford: Clarendon Press.

Levi, I. (1967). *Gambling with Truth*. New York: Knopf.

—— (1997). *The Covenant of Reason: Rationality and the Commitments of Thought*. Cambridge: Cambridge University Press.

Lewis, D. (1996). 'Elusive Knowledge'. *Australasian Journal of Philosophy*, 74: 549–67.

Morton, A. (2000). 'Saving Epistemology From the Epistemologists: Recent Work in the Theory of Knowledge'. *British Journal for the Philosophy of Science*, 51: 685–704.

—— (2002). *The Importance of Being Understood: Folk Psychology as Ethics*. London: Routledge.

—— (2004). 'Epistemic Virtues, Metavirtues, and Computational Complexity'. *Noûs*, 38: 481–502.

Rubinstein, A. (1988). *Modelling Bounded Rationality*. Cambridge, Mass.: MIT Press.

Slote, M. (1989). *Beyond Optimizing: A Study of Rational Choice*. Cambridge, Mass.: Harvard University Press.

van Fraassen, B. C. (1989). *Laws and Symmetry*. Oxford: Clarendon Press.

Williamson, T. (2000). *Knowledge and Its Limits*. Oxford: Clarendon Press.

Zagzebski, L. (1999). 'What Is Knowledge?', in J. Greco and E. Sosa (eds.), *The Blackwell Guide to Epistemology*. Malden, Mass.: Blackwell, 92–116.

8. 知识论中的理想行动者和理想观察者

琳达·扎格泽博斯基

I. 导言

知识论是一门具有内在规范性的学科。知识、确证、确定性、理解、合理性（rationality），还有理智德性，所有这些都是研究对象，因为知识论学者们认为，它们每一个都是在以下三种情形何以为善的意义上被视为善（good）——合意，钦慕，或者两者兼而有之。知识论所谓的规范性也只是狭义上的规范性，因为它聚焦于我们**应该**如何形成和维持信念。知识论需要价值理论来提供更广泛的有关善和应然的理论，而认识的善和应然正是它的形式。① 在这篇文章中，我将论证理想观察者理论或理想行动者理论在知识论上的类比，可以被用来锚定知识论的规范性概念，也可以解决涉及基础主义、语境主义，以及理性与真理的对齐难题（the problem of alignment）的重要争论。

忽略知识论学说的规范性方面，会导致解决这些理论的争端更加困难。这在基础主义与融贯主义、语境主义与不变主义（invariantism）的争论中可见一斑。基于基础主义与融贯主义（及现在克莱因的无限主义）② 的争议，所辩论的就是我们应当架构自己的信念系统的方式。这些理论可能误导人的地方在于它们不像基础主义伦理学理论是关于伦理生活的理论，它并不是关于认识生活的理论。在伦理学中，基础主义作为一种理

---

① 我在广义上使用"规范性"一词，它包括了善和恰当（the right），而我所意指的价值理论是既具有规范又有评价属性的理论。

② 彼得·克莱因（Peter Klein, 1999）首次提出这个被他称为无限主义的理论。

论，它始于一些基础命题，涉及好（good）生活，或者好动机，或者好的事态，或者绝对命令，然后它通过以某种方式建立在基础命题之上的命题系统来解释道德生活。然而，在知识论中，基础主义作为一种理论，不是说认识生活的某些特征具有基础性；它同样也不是阐述关于我们建基于命题的认识生活的命题系统。与之相似，融贯主义不是一套相互支撑的有关认识生活的命题。相反，基础主义和融贯主义这两种理论说的是，我们的认识生活就是理论。一个好思考者的信念有其理论结构，是被该理论所认同的结构。知识论的理论自身既非基础主义的，亦非融贯主义的。这样一种理论主张，基础主义或融贯主义的信念系统是我们应该拥有的那种系统，或者它是理性的或有理智德性的人会拥有的那种系统。这种理论具有规范性。

知识论学者们经常认为，他们可以通过使用一些声称先验知道的认识原则来决定架构信念系统的正确途径。但是，基础主义、融贯主义以及现在的无限主义争论中的棘手问题，暗示着我们更多地是要去解决它。在我看来，解决这个问题的第一步就是澄清这个理论的规范性基础。需要注意的是，基础主义、融贯主义和无限主义都提倡关于认识生活的理想化图像——它也许并不描述任何真正人类的心智。为什么理想化心智的支撑会被用来回答"人应当如何架构他们的信念体系"这一问题呢？我认为答案就是，这类理论倾向于指向一种规范性学说——它将诉诸理想化心智置于中心位置。我并非要表明，这场争论的参与者有意那样做，而是专注于理想化心智有助于解决在基础主义及备选理论上的实质性争论。

另有一个流行的知识论理论，其规范性基础有必要加以阐释，它就是语境主义。语境主义者声称，在某语境中被视为知识的 p，依赖于那个语境中备选项与 p 之间的相关性和显著性。在刘易斯的语境主义版本中，S 知道 p，仅当 S 的证据消除每个非 p 的可能性，"除了我们适当地忽略的可能性之外"（Lewis, 1996: 554）。请注意"适当地"这个术语。正是以下事实将这个理论从传统的、严格的不可错论分离开来，即鉴于某个人的认识情景，它厘清了每一个非 p 的可能性，使之成为被适当忽略的和没有被适当忽略的可能性，而且这样的区分带有规范性。不过刘易斯继续说明"我们"可以忽略什么，在特定的情境中什么才是与"我们"相关的，以及类似的问题。他的规范是从理性的人，尤其是我们的视角来确定的。知识的评价状态由来自发现自身处于特定情境中理性的人的视角赋予，而不是通过与它在人身上的具体体现相分离的理性标准赋予的。这样的事实是一个有着重要意涵的元知识论立场。

努力将认识评价与人的判断关联起来是另一种语境主义的核心，依据这样的语境主义，知识的标准越强，归赋者或主体③对信念为真就越关注。这里的观点就是：如果一个信念为假，涉及风险越大，那么主体必须满足更高的标准来排除这个信念为假的可能。但是什么东西处于风险之中这一事实，以及这个东西所处风险有多大，都是由人类的视角所决定，除了认识因素外，还有关怀与价值。④ 但是这个理论有道理的前提是，这个视角受到理想视角的约束。首先不妨看看这个基于主体的理论的版本，根据这一版本，主体越关心信念 p 是否为假，知道 p 的标准就越高。如果一个主体知道的比其他任何人都少，只是因为她比其他任何人更为在意，这听起来简直匪夷所思。同样几乎很难相信，她知道比其他任何人都多，只是因为她在意的更少。诸如规范性、合理性，也许还有德性这样的属性，应该会限定关于主体在意什么的不同内容，它与将知识归赋于她密切相关。

类似的观点适用于基于归赋者的语境主义。对于某个主体是否具有归赋者关注异常问题，或关注它们到了一个异常程度的知识，这个语境主义版本真的影响了这样的问题吗？我们是不是会说，一旦归赋者变得沮丧，并停止关注任何东西，主体就获得许多知识呢？为了避免这种似乎很不合理的结果，以归赋者为基础的语境主义不得不谈及归赋者的内容，而且必须阐释异样的关注，以及什么才是绝对重要的这样的话题。这就使得语境主义要关注归赋者特性这方面的话题。

反对语境主义的不变论者则否定，S 是否知道 p 的问题取决于语境，而"S 是否知道 p"的话题正是出自这个语境。那也许意味着，不变论者

---

③ 对语境主义者而言，用"主体"一词来指代信念和知识的持有者（bearer）很常见，尽管我倾向于"行动者"这一术语，这篇文章中体现得很明显。

④ 参看德洛兹（Keith DeRose, 1992）。

会接受S的理想观察者的判断，并且她主张那个判断不会随着语境而变化。如果是这样，我在这篇文章中将提出的进路，可以解决语境主义与不变论之间的争端。

在基础主义和融贯主义，以及语境主义和不变论问题争论中的规范性一面，把我们引向将相应的条件赋予知识以及其他评价性认识状态，而途径则是诉诸人的视角，其拥有某一理想的认识属性——至少是理性，或许还有更强的东西，如理智德性。在先前的工作中，我已经提出了一种被我称为"范例主义"（exemplarism）的伦理学基础的进路。我相信这种进路在知识论中与在道德理论中同样有效。它不仅在解决新老争论上，而且对在未来扩大知识论学者兴趣的问题范围上都颇具潜力。在接下来的部分中，我将论述这样的方法和途径，它们可用来解决基础主义及其相应备选理论间的，以及语境主义及其相应备选理论间的争端。之后，我会转向在我看来算是知识论中最困难的问题之一，也就是理性是如何同真理相对齐的这一难题。范例主义可以帮助阐明这个难题，以及针对信念无法解决的分歧的相关难题。

Ⅱ. 范例主义

我在上文中提出，基础主义者（融贯主义者、无限主义者）将其主张建基于，我们应该以一定的方式架构我们的信念，也就是不那么直接地诉诸一个有以下属性的人——其心智有着理想的认识结构。与之相似，语境主义者认为，我们可以适当地忽视我们的信念有可能为假的那些备选项，而我们是否应该如此则依赖于假定的认知者或者做出知识归赋的那个人的关键特征。尽管主体或者归赋者未必是理想的，但无论是她所在意、所关注的东西，还是以什么方式来确定需要探究的相关性，都存在着相应的限定。我现在想要提出的问题是，知识理论家们是如何做到从通常用于支持其中一个理论的那种理由，到得出以下结论——某件事就是我们应该做的或者什么东西就是在认识意义上采取行动的好方法。这种不那么直接地诉诸人，无论其是否有着理想的认识结构，是如何确保知识论学者针对真实情况应该是什么样，什么才是恰当的或不恰当的，做出具体的判断呢？在其中一些争论中，存在着对理想观察者理论或理想行动者理论不那么明确的使用，它类似于伦理学中所运用的那些理论。在其他领域中，那类理论也许不会像那样使用，但是我希望表明，这么做能够有助于解决这些争论。

我强烈主张一个我称之为范例主义的理想行动者理论。在阐述这个理论之前，我要表明：我并不认为每一个特定的道德判断都依赖于一个理论。相反，我认为，有关我们该做什么或者不该做什么的某些判断，比起任何理论，在我们规范性的观念中更加处于中心位置。在伦理学中，有这一特征的判断的例子包含了这样的判断——惩罚一个无辜者总是错误的，或者故意杀人从基础意义上看是不可辩护的。对我而言，似乎任何可接受的伦理理论必定与这些判断一致，因为比起任何理论，这样的判断在我们思考道德时享有更加重要的地位。如果这么说是正确的，那么知识论学者有资格提供这样的判断也是合理的。一个例子就是诸如以下这样的判断，即人们不应当持有不一致的信念，或者应该更加谨慎，不一致的信念从一开始在认识上就是错误的。每一个信念都应该获得自身得以确证的那些信念的确证，我认为有些知识论学者将这样的判断视为具有这个认识地位。大致说来，他们认为我们对这种判断的信心要高于我们对任何认识上错误的理论的信心。但是，道德哲学家不会得到以上提到的这些判断，同时，我对知识论学者们得到这样的判断也表示怀疑。每一个信念应该被一个自身得以确证的信念确证，实际上正是这样的判断产生了导致基础主义和融贯主义争论的回溯。基本不太可能的情形是，在知识论中，相对于规范性理论而享有优先性的判断足以解决融贯主义、基础主义以及无限主义的争论，语境主义与不变主义之间的争论也是如此，甚至即使补充一些关于特定情形的先验原则与直觉也不行。

在阐述道德范例主义时，我一开始就有这样的直觉，对于那些相对于理论而言有优先性的判断来说，它们都是关于那些典型的好人的判断。其中有些范例是众所周知的，也具有重大的历史意义，比如耶稣基督与佛陀。其他很多范例则在比如家庭、熟人这种很小的圈子中为人所知，而且往往是后者才成为我们行为的典范，因为我们关于他们的经验更为直接，他们的行为比历史上影响深远的范例的行为更容易让人模仿。因为他们判断力强，善于建议，知识广博，经验丰富，同时面对世界心怀平和，所以范例就从他们所在的群体中脱颖而出。我并不是说，这样的特质是成为一个典型的好人的标准。相反，我认为范例们总有一些吸引我们的东西，而正是当我们仔细观察他们以确定他们有何过人之处时，我们才辨识出了这样的特性以及其他特征。我的立场是，我们可能会对其中一些范例产生误解，但我们不会误解很多范例，因为表现出善的那些范例的特征不只是偶然与我们普遍的道德判断以及道德理论的建构相关。我们所指的好人即是**像那样的人**。

对于典型的好人的特征的判断，有可能被用作构建道德理论的基础。之前我就谈过，我们可以基于直接指称理论来塑造这样一个理论，而直接指称理论已经因为克里普克和普特南将其作为界定自然种类（nature kind）术语，如"金子"和"水"的方式而为人熟知。⑤ 例如，"金子"大概就是跟**那个**一样的任何元素；"水"就是跟**那个**一样的任何液体；人就是跟**那个**一样的任何种群成员。在每一个例子中，指示代词"那个"指涉一个实体，该实体是人们对最简单的情形进行界定时，通过指向而直接指称的东西。提出像这样一个定义的主要原因之一是，克里普克和普特南相信，我们往往不知道我们正在界定的事物的本质，但我们却知道如何构建与它的本质相关联的定义。这个想法产生了有趣的后果，那便是能力出众的言说者即便没有找到相应的描述意义，也能够使用一些术语成功地指称正确的东西。⑥ 言说者将摹状词与自然种类术语相结合并不必要，当他们将错误的摹状词与自然种类术语相关联时，仍可能成功地指称水和金子。⑦ 相反，（根据这个理论的某些版本）其所要求的是，它们要通过与

---

⑤ 这个理论源自索尔·克里普克（Saul Kripke, 1980）和希拉里·普特南（Hilary Putnam, 1975）。下面几页是从我的著作（Zagzebski, 2004: 40—50）改编而来。

⑥ 最初的讨论聚焦于自然种类术语和专名，但后来这个理论被应用到更广范围的术语中。这样的术语在什么程度上能够直接指称对于我们在本文中的目标而言意义不大。

⑦ 根据该理论的某个版本，自然种类术语没有含义；它们是纯指示性的（就像密尔的专名理论）。在另一个理论版本中，自然种类术语是有意义的，但是意义并不在头脑中。也就是说，它们不是言说者要把握的，通过它，言说者发现指示物。参看普特南（Putnam, 1975）。

真正的水和金子的实物的交流这样的链条关联起来。甚至也不一定，每一位言说者自己都能够确定无疑地辨识出水和金子，只要这个群体中有一些言说者能够做到，而其他言说者依赖前者的判断即可。

这个理论的另一个后果就是存在着只能在后验意义上知道的必然真理。如果一个自然种类被界定为，与某个像分类那样被识别的对象一样，享有相同本质的任何东西，那么，假设水的化学组成对水而言必不可少，水就是 H_2O 这一发现就是水的本性或本质的发现。尽管水是 H_2O 是必要的，但是克里普克断言那个真理是后验的，因为它需要经验观察才能发现。

可以说，亚里士多德以相似的方式定义了实践理性，或实践智慧。他似乎并不相信自己能够给出它的完整描述，但是，他似乎认为，我们在研究实践理性的本质之前，可以挑出具有实践理性的人。具备实践理性的人可以被界定为，大概就**像"那个"**的人，我们在指示意义上指称典型的好人。就像能说英语的人可以成功地指称水或金子，并为之做出断言——他们是否知道任何化学物质，有能力的言说者同样也可以成功地谈论在实践意义上的明智之人。甚至即使他们均不能根据哪一个人是具备实践理性的人来描述相应的属性，或者在其群体中可靠地辨识有实践理性的人，他们也能做到这样。但是，像"水""实践理性"（或者英语中的"实践智慧"）都是群体中的言说者用来与典型的实例相关联的术语。**具有实践理性的人就是像那个**（like that）的人，就像水是**像那个**的物质一样。

我们对范例身份的判断是可修正的，就像我们对于某种液体是水，或某种金属是金子的判断一样。最初的范例群体中一些人可能随着我们对其潜在本性的深入认识而被排除。正如存在假金子一样，有些人一开始看起来具有实践智慧，但是结果证明并非如此。然而，与水和金子不同，对人而言不存在单一的、潜在的简单属性，由于这样的属性某人成为具有实践理性的人。使一个人在实践意义上有智慧的东西是他们的心理结构，我对此表示怀疑，就像使某种液体之为谁的东西乃是它的化学结构，但是很显然，心理结构要比化学结构复杂得多，而且我们毫无疑问会接受具有实践智慧的人之间的许多差异，但是我们对具体的水基本不接受什么差异。

一个范例主义道德理论可以通过锚定范例中所有道德概念来加以建

构，而直接指称则使这个理论得以可能。好人就是像那个的人，就好比金子是像那个的材料。范例的功能在于固定对"好人"或"具有实践智慧的人"这些术语的指称，同时又无须运用这些概念。我之前也论证过，好的动机、德性、正当以及符合德性的行为、好结果，均可以通过诉诸范例的动机和特质来加以定义，通过诉诸他们在某特定类型的情境中会或可能做什么，以及他们致力于产生的事态来界定。不过，我在伦理学中展开我的范例主义版本的方式，对知识论的目标并不重要。我所要强调的是这类理论的各种用途。如果形式伦理理论中所有概念根植于一个人，那么这个人的叙述和描述就是有意义的，因为对这个人而言，是什么使得他或她之为好仍是一个未决的问题。甚至，有可能通过范例的观察，产生关于善以及恰当的后验的必然真理，这类似于据称水就是 H_2O 的后验的必然真理。但是，这样的判断能否产生必然真理，具体来说就是有关恰当的行为方式的判断乃是源自对范例的辨识，而且我认为与之相似，关于恰当的持有信念方式的判断也是衍生的。

范例主义应用到知识论中，并不必然意味着认识范例和道德范例是相同的人。也许认识领域的范例比道德范例更容易识别，而且可以认为，存在着道德败坏却在典范意义上具有良好智识的人。这就对道德与理智德性以及恶性（vices）之间的关系提出了需要重视的问题，不过我倾向于回避这些问题，因为我在这篇文章中要推进的是方法论。如果亚里士多德有关实践智慧的论断是正确的，那么理智德性对于拥有道德德性既是必要条件也是充分条件，而且它是德性统一的基础。但是在亚里士多德的德性图式中，除了实践理性之外还有其他理智德性，他的这一图式留下了这样一种可能性，即理论智慧的范例可能与实践智慧的范例不是同一类人。如果情况真是那样，我这里提出的大部分观点都可以进行适当修正，尽管我认为道德范例与理智范例是同一类人。

III. 用认识范例来解决知识论争论

如果理论是相关联命题的系统，它意在描述或解释人类生活或思想的某个领域，那么基础主义、融贯主义和无限主义都是理论，而且根据这些理论，合理的信念系统就是理论——它经由确证关系连接起来的信念所构成。这三个理论对此都达成一致意见。它们之所以接受这一立场，原因在于它们认为，每个信念必须由一个自身得以确证的信念来确证这一原则，使得基础主义、融贯主义，或许还有无限主义成为怀疑主义仅有的几个替代者。⑧（无限主义试图以非怀疑论的、可接受的方式重新解释无限回溯。）那么，争论的焦点集中在理论的结构，而不是以下事实，即合理的信念系统是一个有着三个结构中某个结构的理论。大概在 25 年前，索萨（Sosa，1980）提出，要解决这个争论我们需要检视比认识的结构更为深入的东西，以发现是什么将价值——德性赋予了信念。索萨的意思大致是说，理智德性是可靠地形成真信念的倾向，因此他的德性知识论版本是一种可靠主义（reliabilism）形式。

集中于德性的思想异常丰富且很重要，但是根本看不出来它们如何解决基础主义和融贯主义之间的争论，因为这个争论源自对一个原则共同的承诺，而这个原则的似真性并不必然与确证的利真性相关联。当然，需要承认的是，无论争论何时陷入僵局，在没有改变双方看待该话题的方式中某些东西的情况下，争论基本不可能解决。现在的难题是，后来关于基础主义和融贯主义的文献表明，这个争论的参与者通常都不愿接受索萨的立场——使得信念之为好的东西在于它与趋真避误这一倾向之间的联系。他们没有把每个信念都必须被一个自我确证的信念确证这个原则视为完全从属于获得真理的目标。尽管也许一点儿都不清楚，他们为什么认为对信念之间确证的或证据的关联的把握是个好东西，但是**一直以来**始终很清楚的一点是，他们认为，没有被以下事实穷尽的理由就是个好东西，即当行动者把握了这样的关联时，真理更加可能从一个信念转移到另一个信念。而我自己的看法是，相较于尚未被充分重视的可靠主义的替代者，无论是融贯主义还是基础主义都占有优势，并表现为这两个理论都提倡一个会产生理解的结构，而且理解这个被忽略的认识价值无法被还原为真理。因为这一点，或者别的理由，基础主义者和融贯主义者之信念结构是值得钦慕

---

⑧ 在基础主义的一些形式中，基础信念不是自我确证的，但是它们是由除了信念之外的心理状态，比如知觉状态来确证的。

的。它们恰好是针对拥有其中任一结构的行动者来加以反思。以上两个结构没有保证真理，而且还可以认为，这两个结构甚至都没有使这个系统总体上为真成为可能，但是很显然这样的结构自身是值得钦慕的。⑨

基础主义和融贯主义之间所争论的东西，无法通过转向以可靠主义方式所理解的那种理智德性的层面来解决。在那个方案中，存在着很多不太可能被双方接受的假设。不过，倘若所有各方对理智德性的范例达成一致意见，这里的争议会更加易于解决。如果要用这一方法，不一定要提前辨识并就德性取得一致意见，也没必要将德性视为利真的倾向，甚至根本不需要对德性进行阐述。如果我所认为的有些人因为他们出众的理智德性而突显出来没错的话，那么，他们就是我们应该花功夫研究的，以确定用值得钦慕的方式做出有认知内容的行动。理智范例也许具有基础主义者所赞同的信念结构、融贯主义者所支持的信念结构，以及两者的结合，或者也许完全就是其他东西。结构也有可能随着时间而改变。如果是这样，这就不是我们试图从德性的**概念**衍生出结构发现的东西，而是通过观察有美德的人实际上是如何行为的。这个进路不仅有着这样的优势，即在进行研究之前没必要解释是什么使得一个特征成为一个德性，而且它还留下了这样一种可能性：除了对于基础主义争论最为重要的原则，即每一个信念必须要被一个自我确证的信念确证这一原则外，这样的范例还将其他原则考虑在内。

还有一种可能性，甚至这种可能性比较大，认识原则和范例的信念之间的关系，与道德原则和范例的行动之间的关系相类似。无论是他们的行动还是其信念均不受原则的统辖。在伦理学中解释这个情况的惯常方法，不是说道德良好的人偶尔会无视原则，而是说伦理学家用来解释好行为的道德原则并不足够精确，其间的细致差别不足以统辖每一个可能的人类行为。也许，原则可以通过允许其具有普遍适用性而被完善，但关键是，道德良好的人在制定这样的原则前就行为端正了，并且他们通常不是"根

---

⑨ 我这里将可靠主义视为一种外在主义理论，它与基础主义和融贯主义构成竞争，它们两个在传统意义上一直被当作内在主义理论。可靠主义可被解释为基础主义的一种形式，在这样的基础主义中，基础由事实组成，而不是由关于相关的信念形成机制的可靠性的信念所组成。

据原则"来行动的，甚至即使原则已经被制定出来，又是解释他们行为的好的理论工具。

我认为同样的观点也适用于认识行为。每一个信念应该被一个自我确证的信念确证这一原则可能按照相同的方式发挥其作用，就像"促进善"（Promote the good）或"出于好动机而行动"这样的原则在道德理论中运行那样。看不出来为什么要绝对坚持这样的原则，而那些可以左右合理的信念系统的基础结构的原则要少得多。而且即使它确实享有知识论学者们所赋予的优先地位，在我看来我们在先验意义上并不知道这一点。

在第Ⅱ节中，我提到了直接指称理论的重要后果，那便是毫无必要为了成功指称它，将恰当的摹状词与自然种类术语的指示物联系在一起。如果我是正确的，"好人"这一术语及其不同变体，如"认识上的好人"或"理智上值得钦慕的人"同样都实现直接指称，那么根本无法提前确立"只相信被一个自我确证的信念确证的东西"这一原则，就是他们在所有他们的认识行为中所遵从的原则，更不用说它是构成他们所拥有的信念结构的基础的那个原则。我们研究道德范例的目的是揭示他们是否遵循譬如"促进良好的事态"这样的原则，如果是这样，那么它能否成为他们所有行动的基础或解释呢？而且同样地，我们研究认识范例的目的是揭示他们是否遵循"只相信被一个自我确证的信念确证的东西"这一原则，如果是这样，那么它是否成为信念系统的结构的基础呢？因此在我看来，我们不应该用原则去识别范例，而是用范例来辨识原则。如果基础主义者和融贯主义者是正确的，那么范例就根据那个原则来行动，而且对他们信念结构的研究将会决定谁是正确的：要么是基础主义者，要么是融贯主义者，要么是无限主义者，或者是三者的某种结合。另外，可靠主义者或许是对的，也即认识范例可能并不使用这个原则。倘若如此，研究应该揭示可靠主义者在以下问题上是否同样也是对的，范例的认识行为最好由他们信念形成过程的可靠性来描述。我怀疑事实并非如此。确实存在认识上令人钦慕的东西，它为那种有着基础性结构的或融贯的心智所拥有，而单纯可靠的心智又缺乏这样的东西，但这对我来说不是关键点。如果我们可以就认识范例达成一致，那么我们应该不仅能够解决基础主义的争论，而且可以确定像可靠主义这样的备选项是否会略好一些。在我看来，既然基础主义者和融贯主义者似乎都已经隐含地诉诸理想化心智，那么在他们的指称问题上他们最好运用理想化认识行动者的实际例子，而非试图描述先验的理想心智。

　　上述提到的直接指称理论的后果体现了观察的重要性。很显然，我们无法用观察水的化学结构的方法来观察人的信念结构，而且也很难知道如何设计出实证性研究，来揭示人的信念得以结构化的方式，不过我认为，我们不应该忽略叙事（narrative）的重要意义。叙事在最近的伦理领域中获得相当的关注，原因在于道德哲学家之间不断形成了共同信念，即道德生活比后果主义和道义论伦理学所要求的更加复杂。德性伦理在丰富性上占有优势，但即便如此，为了顺利与理论结构相契合，德性概念也会轻易地被变薄（thin）。我不想就此断言，当研究认识范例时我们将发现什么，但是我怀疑，他们开始形成、保有、规范信念的方式将会相当复杂，并且将会经由对其倾向的丰富描述而得以解释，这些倾向涉及诸如心胸开阔、理智上的公正、谦逊、慎重、圆融、信任和自主之间的微妙平衡，灵活和坚持之间的微妙平衡，以及其他许多德性。合适的行为最好是通过更为直接的观察，看它在理智上最值得钦慕的人那里是如何做到的，而不是努力给每一个德性以概念上的阐释，并试图从它们那里获得适当的行为。信念规范的刻画、认识目标的识别以及认识架构的描述，会统统成为被遗留的计划，直到针对范例的足够数据被集合起来为止。有关伦理中的范例主义方法，在我们确立关于认识范例行为的假设之后，我们可能需要修正范例包含哪些人，但那并不能够表明，我们一开始的范例清单中的所有或者大部分人都不是范例，因为我们所意味的好的认识行为是由那些人（大部分）像什么来决定的。

　　除纯粹的认知特征之外，认识范例的重要特征是否与好信念的规范有关，范例主义方法使得它成为一个未决的问题。范例们珍视什么，致力于实现什么，他们的情感如何影响他们的信念，他们如何在其群体中与其他人相关联，以及他们如何与其群体之外的人相关联，这些问题都影响我们应该如何理解好的认识行为的方式。范例在某些语境中可能为其信念要求更高程度的确证，比如在她的信念为真对她来说很重要的情况下。范例统辖其信念的方式的（可能）特征可以帮助我们解决语境主义的争论。根据某个版本的语境主义,在某个语境中信念的确证度随着信念之真对该主体或归赋者的重要性而变化。语境主义者主张,主体是否拥有知识也是随着语境而变化的,但是让我们暂且搁置这个问题。

如果我们考察认识范例对待她自己的信念的方式,我认为我们将会发现,当涉及道德上或对她个人而言有价值的东西时,她们在认识上会更为尽责地持有信念。不妨逐一看看不同类型中的例子。第一种类型中的例子很有名,因为它被运用在克利福德(W. K. Clifford, 1901)的论文《信念伦理学》中。一个船主的船上载满了移民并扬帆出海,他毫无证据地相信这艘船是适航的。当这艘船沉没时,乘客们都淹死了,他在道德上因为他们的死而难逃其责,因为其行动所依据的信念是在认识方面未得以确证的。克利福德的想法是,船主为其信念,而不仅仅为其行动,在道德上应受谴责,因为如果该信念在认识上得以确证,他不会因为他们的死而受到道德上的责难,他会因为他的信念而在道德上难辞其咎,即使船侥幸地并没有沉没。我认为克利福德在这个观点上是正确的。

但是克利福德引出了一个令人惊讶的结论。他主张,在证据不充分的情况下相信任何事物在道德上总是错误的。但是很显然,船主应该受到的道德谴责直接关联到信念之真的道德重要到什么程度。在道德上风险越大的地方,就需要更高标准的认识确证。如果这艘船并不出海,但是如果船主能够证明这艘船是适航的,他就能够申报税款抵扣的话,那么他会用更少的证据乃至更低程度的确证,来满足他的道德义务。如果他和某个熟人在酒吧里相互吹嘘他们各自的船只,而且又没有实质性机会给他们任何一人来实践彼此的说法,那么甚至更低程度的确证就足够了。⑩

但是要基于什么样的理由似乎才可以合理地认为,存在船主所要求的这些不同的确证程度呢?是因为相比较他只是希望酒吧中一个家伙相信,当他自己的船载满移民扬帆出海时,船主本人更在意拥有一个真信念吗?当然,这并非差异之所在。在这个故事中,我们并未被告知船主本人关心什么东西,同时我认为,我们并不倾向于说,在这三个情形中他判断得出

---

⑩ 我在书(Zagzebski, 2005)中讨论了这个例子,以及语境主义和我们所在意东西之间的关系。

他需要不同程度的证据前，我们需要揭示出他在意的是什么。相反，船主似乎并不十分关心他船上那些人的生命。似乎也没什么理由认为，船主所需证据的程度依赖于将认识地位归赋于船主的那个人的价值。我们认为我们无须在做出判断前揭示出归赋者是谁。当然，我们可以声称归赋者就是我们，**我们**用我上述的方式在这些情境中赋予真理重要性，而且因为我们以那样的方式赋予了重要性，我们说船主**应该**在移民者情形中拥有更多的证据，在减免税款的情形中要少些，甚至在酒吧情形中要更少。但与之相关的则是要注意，我们把很多我们赞同以及我们认为的视作理所当然的。我们作为对这些问题加以思考的哲学家，非常接近于认识上的范例，因此就想当然地认为我们能够相信我们自己对船主在这些情形中应该如何行动的判断。毕竟，这些情形并不十分困难。它们几乎都不在真正让人困惑的那类情形之中。如果我们把船主要形成其信念时应该做些什么这样判断的真理，与认识范例在同样的情形中将会做什么联系在一起，而且如果由于三个情形中拥有真信念有着不同程度的重要性，范例会在这三个情形中有不同的行为，那么我们就可以对某一形式的语境主义的吸引力给出一个看似合理的解释。

第二种类型中的例子的情形是，范例自己所关心的东西意义重大，但是它并不是道德重要性的问题。如果她一直想要参观乌菲齐（Uffizi）美术馆，但是并不确定她打算去佛罗伦萨的那天它是否开门，那么在她相信美术馆会在那天开放所需要的确证标准，相较于如果她在那里待一个礼拜她相信美术馆会在那天开放，认识范例将会要求更高的确证标准。但是她不会希望在那儿待一天的其他人满足与她自己一样的标准，如果那人不怎么关心意大利艺术，只是因为旅游手册建议他应该去走走的话。

我认为这就表明，当话题不是知识，而是认识行动者为了某个信念所需的确证程度时，诉诸认识范例可以裁决不变主义者与这种语境主义者之间的争论，后者主张人们所在意的东西影响所需的确证程度。如果范例的判断不受她或者其他人所关心的内容的影响，那么不变主义就胜出了。如果范例的判断受到她所在意的东西或受到主体所在意的东西的影响，那么某种语境主义就赢了。我怀疑，范例受到两种类型在意的东西的影响。有一些东西应该是每个人都会在意的，无论他们是否这么做，我们会将道德归到那一类东西之中。范例自身就对道德很在意，她基于该信念的道德重要性的程度做出船主应该有什么样的确证程度的判断，无论船主自身关心它与否。不过对于有些信念而言，它需要什么程度的确证，范例也许同样会基于主体所在意的东西来做出一些判断。到乌菲齐美术馆去观赏艺术多么重要也许就归于那一类。此外，我怀疑，认识行动者在形成信念时应该做出的**一些**判断是基于主体的，但是因为范例诉诸主体自己所关心的是什么，我们才知道这一点。

到目前为止，我已经讨论了关于确证的语境主义，但是范例主义同样也可以用于解决知识是否随着语境而变化的问题。也许不变主义者与语境主义者在诉诸元知识论的理想观察者理论中的认识范例问题上，能够达成一致。这个想法大概是说：S 在情境 C 中知道 p，仅当 S（一个范例）的理想观察者会将 C 中 p 的知识归赋于 S。范例如何会根据情境而做出不同的归赋仍是个未决的问题，而且同样未决的是，她的归赋是否会因为主体所在意的东西以及道德上重要的东西的不同而变化。此外，刘易斯的观点——p 的知识要求消除与 p 相关的所有备选项是否正确，也同样成了未决的问题，而什么才被视为相关备选项则随着情境而变化。⑪

与范例主义结合的语境主义就是个理论变体，它避免上文中提到的以主体为基础和以归赋者为基础的语境主义所遭遇的难题。无论是主体只要不再关怀任何东西就能够获得知识，还是如果一个人所拥有的每个信念都是错的，她又异常在意世界所是的方式，那么在实践中她什么都不知道，这两种说法都不太说得通。如果说语境主义者主张有一定合理性，那么它只是对于在特定范围内的在意而言，而且这一范围还应该受到每个人都应该有的在意——他们是否会这么做——的约束，比方说道德所要求的在意。范例主义者进路允许这些约束。

元伦理学中的理想观察者理论有一个漫长而卓越的历史，并针对理想

---

⑪ 在书（Zagzebski, 2005）中，我提出，在认识上要做到尽责的程度与按照需要尽责的程度随着语境而变化，但是我并不认为知识以同样的方式随着语境而变化。

观察者的特征展开争论，而且，他在意的是什么，如果确实有的话，就是关于那个理论的文献的重要特征。

我所赞同的理想行动者理论也可以像理想观察者理论一样，用于某些相同的目标，并且我相信它有一些优势，但是我在这篇文章中的目的不是论述那个，而是建议两个理论都可以被知识论学者有效地采用，以解决大量看似棘手的难题。在下一节中，我想转向另一个话题，我认为它比我们一直在讨论的话题更难解决。

IV. 对齐难题

144 在之前的研究中，我已经关注这样一个问题，即知识是比单纯的真信念更有价值的状态，一个让人满意的知识理论必须要与它的这一特征相融。我称之为价值难题。在这一节中，我想要讨论另一个价值难题，即关于与知识相关联的两个基本价值之间关系的难题：理性和真理。这个难题就是，认识的理性在我们的话语中起到两个作用。我们把它看作认识的属性，它让我们最大可能获得真理。然而，认识的理性同样也是一个描述性属性，它被应用于人类能力（power）以及它所引起的行为，比方说获取和权衡相关证据，以开放心态考虑一个人信念的击败者（defeater），公正地评价对手的论证，拥有融贯的信念，拥有完备的推理能力，等等。我们希望理性在其两个角色中各自处于合适的位置。我们认为我们知道什么样的行为是理性的，至少一般说来如此，而且我们认为这个行为最可能获得真理。我们也可以在不考虑该行为会赋予我们真理这一点来对它进行描述，而且事实上我们所有人都愿意称这样的行为是好的。但是，如果理性并不是引起行为的能力，而这样的行为又让我们最可能获得真理，那么很难理解我们为什么会如此珍视理性。不是说诸如圆融、心智开明地获得、权衡证据这样的行为必定与真理完全一致，但是如果描述意义上的理性与利真性之间不能存在非常接近的同步对齐，那么理性的价值将变得岌岌可危，而且既然理性之善内在地关联于这个概念，那么理性的概念本身就会处于危险之中。

令人好奇的是，除了极端怀疑论的讨论外，知识论学者通常关注的是理性与真理之间对齐的最佳实例——日常的感知和科学的信念，而道德哲学家则专注于理性与真理对齐的最差实例——无法解决的道德分歧。但是要注意，道德哲学家的那些实例对于知识论而言是难题，而不单单对伦理学以及其他有着广泛不可解决的分歧的领域是难题，例如宗教和哲学。在某些领域中，理性与真理看上去是分离的。甚至在更容易达成共识的领域中，仍然存在对齐难题，只因它变得更为微妙。我们没办法在不用理性程序的情况下，断定真理是否与理性对齐，这些程序与真理对齐与否同样是我们在质疑的。这不是由普遍怀疑论的威胁所导致的问题，而是直接的人类困境的难题。

我看不出来有什么办法来避免普特南的观点——我无法超出我们自己意识所能得到的任何东西来确定真理，因此我们也不能断定真理是否与理性或别的其他什么东西相对齐。然而，在各种各样我们已经开展的认识实践中，有无数的检验是针对内在融贯性以及与其他已确立的认识实践之间的融贯性。一个非常重要，而且我视之为核心的针对个体认识行为的检验就是认识范例的行为。我们不会把某人称为范例，如果我们认为她没有做到将好行为与成功实现目标同步。认识范例将好的认识行为与成功实现真信念以及其他认识目标，如理解相结合。范例的行为就是对什么可被视为好的认识行为与真理的检验。我们假定，由于我们没有真正的选择，因此真理一般情况下与我们使用"我们"所赞同的规范时"我们"所思所想相对齐，这些规范是当我们具有反思意识，并有时间倾听其他一些能够向我们指明我们各种各样的错误的人时所认可的。但"我们"会认同我们之中某一些人的判断，我们认为这个"我们"要好于作为个体的我们之中的大部分人。

当然，这个模型简化了一个更复杂的情景。在许多情形中，为了学习好的认识行为、为了确认是否成功，根本没有必要去诉诸范例；我们有可能诉诸认识上高于我们的其他人就足够了。随着我们在认识方面变得更有德性，我们将逐渐改变对周围事物的认识评价，包括在某些情形中范例的身份。但即使那样，我们也没有可以诉诸的最终极的点，而只是通过诉诸范例来判断好的认识行为以及由这类行为所产生的成功的信念。甚至即使最高程度上的理性也不可能与真理完全对齐，但是我们通向真理的最好指南就是范例之间信念的汇聚。

无法解决的分歧难题因为以下显而易见的原因而成为一个难题，**即确实存在不可解决的分歧**。不过那并不意味着，每一个明显不能解决的分歧都是不可解决的，或者在解决即使是最棘手的分歧时也无法取得进步。我的立场是，存在一种跨文化的合理性，不过不是在理性的特别有害的程序意义上，而是在下述意义上，即存在着理想状态下合理的心智属性，它们超越了所有文化，而且当我们研究我们所钦慕的那些范例的心智的属性时，我们就会发现这种理想状态下的属性，这里涉及范例的心智的属性包括专注、心胸开阔、与对手公平竞争、知识广博、记忆超群、好的判断力、乐于给出忠告等。我们还可能发现，最令人钦慕的心智就是拥有某些特定的非认知特质的人的心智。按我的推测，范例往往情绪稳定，而非不稳定或是时常空虚的；她不觉得有什么必要关注她自身，而且她有许多别的德性，它们允许她比其他人做到认识上更加值得信任，后者的情感缺陷干预了或许会成为值得钦慕的理智特质的那些东西。这类人之间密切交流的结果，便是让我们对揭示最富争议话题的真理完全充满着希望。我认为，相比较不同文化中没有进行对话的普通人，已经进行这种对话的范例的信念中的分歧会更少。倘若是这样，而且如果范例的信念有时相互冲突的话，那么即使在最高程度，真理与理性之间也仍然存在裂隙，但是这个裂隙会比大肆吹捧的信念多样性难题所提出的要狭窄很多。当然这是一个我们将不得不接受的裂隙，因为它是某领域的真理与人类发现它的能力之间的裂隙。

我几乎没有提及在理想观察者理论和理想行动者理论之间选择的话题，后者如我在这篇文章中概述的范例理论。如果我成为一个范例，那么我就会有相应的视角，从这个视角决定认识规范，不同于从理想观察者的视角来决定认识规范。这是个能影响在这两个理论间做出选择的话题，它也涉及是否存在只从非共享的、第一人称视角来加以决定的真理。假如有的话，那么这一点也就不奇怪了——行动者应该相信什么，以及她在获得和保有这个信念方面时应该多么尽责这样的问题，会在一定程度上只是由来自她自身的视角决定。在某些情形中，被视为有德性的或者被确证的信念有可能会要求具有她自身属性的理想化形式，而不是缺乏其第一人称视角独特性的理想观察者的属性。

在讨论语境主义时，我们考察了主体所在意的东西，主体作为一个因素，可能改变她在理性意义上所要求的认识的尽责程度。如果行动者所关心的包括对事件的情感性回应，而这样的回应也许没有其他人会认同，那么范例主义理想行动者理论可能会比理想观察者理论更适合决定所需要的她的认识确证或尽责的程度。同样，理想行动者理论可能在解决基础主义争论方面也具有优势。我怀疑，存在每个个体都应当拥有的单一的、理想的心智结构这一假设是错误的。不仅有可能存在不止一种好办法来架构某人的信念系统，而且也有可能一个人的异质特征会影响对那人来说理想的结构。甚至更有可能，一个人在认识群体中的角色决定了他应该架构其信念的方式。相比于群体中的个体的信念，作为整体的群体可能有着不同的理想结构的信念，而且这种个体的理想结构随着个体而不同。因此，我认为范例主义理想行动者理论比理想观察者理论更好，但是我在这篇文章中的主要目的是唤起对这两种理论的实用性的注意，这么做是出于知识论需要，而不是为了辩护理想行动者理论。

V. 结论

在这篇文章中，我已经考察知识论中一系列极有争议的话题：针对基础主义、融贯主义与无限主义的争论，以及这些理论的拥护者与可靠主义者之间的争论；针对语境主义与不变主义之间的争论；理性与真理的对齐难题；第一人称视角与第三人称视角之间冲突的难题。所有这些争论都是关于规范性的：架构信念系统的正确方法，在不同语境中形成信念的正确方法，为什么理性是个好东西，以及赋予我们的一系列问题正确答案的视角的元理论难题。我已经论证了范例主义好的进路，如果有什么东西能做到的话，它有相当的可能来解决这些话题。基础主义与语境主义的争论已经隐含地诉诸了作为行动或判断者的范例，同时我也提出，理想观察者理论或理想行动者理论的模型可以被知识论学者有效地采纳，用来解决许多涉及关于认识行动者的规范性判断话题。

参考文献

Clifford, W. K. (1901). 'The Ethics of Belief', in *Lectures and Essays*, vol. 2. London: Macmillan, 163-205.

DeRose, K. (1992). 'Contextualism and Knowledge Attributions'. *Philosophy and Phenomenological Research*, 52: 913-29.

Klein, P. (1999). 'Human Knowledge and the Infinite Regress of Reasons', in J. Tomberlin (ed.), *Philosophical Perspectives*, *13*: Epistemology. Oxford: Blackwell, 297-325.

Kripke, S. (1980). *Naming and Necessity*. Oxford: Blackwell.

Lewis, D. (1996). 'Elusive Knowledge'. *Australasian Journal of Philosophy*, 74: 549-67.

Putnam, H. (1975). 'The Meaning of "Meaning"', in *Mind, Language and Reality: Philosophical Papers*, vol. 2. Cambridge: Cambridge University Press, 215-71.

Sosa, E. (1980). 'The Raft and the Pyramid'. *Midwest Studies in Philosophy*, 5: 3-25.

Zagzebski, L. (2004). *Divine Motivation Theory*. Cambridge: Cambridge University Press.

—— (2005). 'Epistemic Value and the Primacy of What We Care About'. *Philosophical Papers*, 33: 353-77.

9. 论盖梯尔难题的难题

威廉·G.莱肯

人们大概花了 10 年的时间才明白，原来盖梯尔难题（the Gettier Problem）也存在一些问题。20 世纪 70 年代早期，人们就已经提出了一些分析来消解针对传统"JTB"（得以确证的真信念）观点的盖梯尔（Gettier, 1963）反例：克拉克（Michael Clark, 1963）的简单的无错前提（no-false-lemmas）的建议，始于莱勒（Lehrer, 1965）以及莱勒与帕克森（Lehrer & Paxson, 1969）的各种非废止性（indefeasibility）分析，以及戈德曼（Goldman, 1967）最初的因果理论。这些分析已经陷入了更进一步的反例之中；修正之后再修正，仅为了满足更深入的、更详尽的反例。这不仅看不到尽头，甚至还未曾开始将讨论聚拢在一起。

就其自身而言，这在哲学中几乎已是司空见惯的情形。我们也许期望，最具热情的实践者们的乐观主义始终伴随着仅仅正常程度的、专业上的悲观主义。但是，情况不是这样：盖梯尔难题并不是像上述那般卓有成效，它已经开始承担着负面的压力了。

Ⅰ. 盖梯尔难题的难题

有些知识论学者写出了很显然更宏大、更具普遍意义的著作，同时小心翼翼地淡化盖梯尔难题，并且有意以次要的方式、不着重讨论它（甚至即使他们不想让我们漏掉他们所提供的解决方案）。① 通俗地说，在对分析哲学的"定义-反例"方法的祛魅问题上，盖梯尔难题已然成为主要的焦点，假如不承认这是焦点则另当别论。在某些情况下，这种祛魅蔓延为嘲讽，轻蔑地称有那么"一群'S 知道 p'的人"。那样的态度广泛地与常见的抱怨结合起来，在分析哲学家阵营中，他们抱怨这种颠覆性方法已经失控，而且人们已经开始抛出的精致的反例仅仅是为了显得聪明、达到目标，而没有考虑更宏大的图景或者积极的理解。（另一个常见的嘲讽是："你为什么不在《分析》杂志中发表一点注解呢？"）总之，有人认为，盖梯尔难题毫无成效，无聊至极，根本没有意义，几乎是反哲学。②

那些被视为表明其徒劳无益的后盖梯尔分析，其关键特征之一就是它们拙劣的、有时乏味又曲折的复杂性。例如：

> S 知道 h，当且仅当（i）h 为真，（ii）（根据某个证据 e）S 确证地相信 h……（iii）S 基于其确证相信 h，且……（iv）……针对 S 的认识框架 F_s，有一个受限于证据的替选项 F_s^*，使得（i）"S 确证地相信 h"在认识上可从 F_s^* 证据构成中其他成员推导出，且（ii）F_s^* 的证据构成的成员有其子集，大致是（a）该子集的成员同样是 F_s 证据构成的成员，且（b）"S 确证地相信 h"在认识上可从该子集的成员中推导出。[这里 F_s^* 是 F_s 的"受限于证据的替选项"，当且仅当（i）对于每一个真命题 q，假如"S 确证地相信非 q"是 F_s 的证据构成中的成员，那么"S 确证地相信 q"就是 F_s^* 的证据构成中的成员，（ii）对于 F_s 的成员的子集 C，假如 C 在认识上与（i）中所产生的成员能够最大程度地取得一致，那么 C 的每一个成员都是 F_s^* 的成员，且（iii）除了（i）和（ii）中产生的成员所蕴含的那些成

---

① 阿姆斯特朗（Armstrong, 1973: 152-3）就是其中的一个例子。他补充道："在一篇又一篇令人吃惊而又持续涌现的论文中，盖梯尔的论文一直饱受评论，人们意在通过精心选择的额外条件来拒斥他的反例。"

② 应该注意到，盖梯尔教授本人对冠以其名的文献已经不感兴趣了。至少，他说他从来没有感兴趣过，而我也没有理由怀疑他的话。

员外，没有其他任何命题是 F_s^* 的成员。]③

面对这样像怪兽一样的东西，尽管我们可能无法想到更进一步的反例，但相较于其正确性，做不到这样却可以通过这个分析中的晦涩、迂回来得到同样或者更好的解释。

然而，没有类似的指责指向其他表面上相似的齐硕姆化（chisholming）方案，比如言说者-意义的格莱斯分析（Gricean analysis），刘易斯最先提出的社会约定分析，克里普克语言指称的历史因果理论，通过时间对人格同一性的标准的研究，或反事实的因果性理论。为什么没有呢？也许差异就是时间或人格的历史偶然。或者，也许这些领域一丁点儿也未曾导致"S 知道 p"所产生的那般惊人的复杂性。④它也很好地提醒我们自

---

③ 斯万（Swain, 1974：16, 22, 25）提出不可废止理论。这是因果理论相对高级的版本（Swain, 1972：292；1978：110-11；115-16）：

S 拥有非基础知识 p，当且仅当（i）p 为真；（ii）S 相信 p；（iii）S 的确证使得 p 对 S 而言显而易见；……（iv*）其中"e"指派 S 的总体证据 E 中有一部分与 p 的确证直接相关，条件是**要么**（A）从 P 到 BSe 有一条**无缺陷的**（nondefective）**因果链**；要么（B）有这样一个事件或事态 Q，使得（i）从 Q 到 BSe 有一条**无缺陷的因果链**；且（ii）从 Q 到 P 有一条**无缺陷的因果链**；或者（C）有这样一个事件或事态 H，使得（i）从 H 到 BSe 有一条无缺陷的因果链；且（ii）H 是 P 的**无缺陷的虚假超决定性因素**（pseudo-overdeterminant）。[在 S 基于证据 e 形成对 p 的确证这个问题上，X→Y 因果链存在缺陷，当且仅当：要么（I）(a) 在 X→Y 中，有这样一个事件或事态 U，使得 S 相信 U 没有发生得到了确证，且（b）对于 S 基于证据 e 而确证地相信 p 而言，最起码要求 S 相信 U 没有发生得到了确证，要么（II）有关 S 基于证据 e 而确证地相信 p，有一个针对 X→Y 的重要的备选项 C*。][这里有关 S 基于证据 e 确证地相信 p，C* 是 X→Y 的一个"重要的备选项"，仅当(a) 客观上很有可能 C* 应该已经发生了而不是 X→Y 发生了；且（b）如果 C* 而不是 X→Y 已经发生了，那么在 C* 中应该已经有了这样一个事件或事态 U，使得假如 S 相信 U 发生得到了确证，S 相信 p 就不会得到确证。]

总而言之，请注意，我已经是竭尽全力地分析（同上：118）（iv*）(C)（ii）中所用的"虚假超决定性因素"的"缺陷"。

④ 我能想到的最复杂的且堪与匹敌的分析就是希弗（Stephen Schiffer, 1972：75-6）对言说者-意义的分析：

S 通过断言 x 来意指（mean）p，当且仅当 S 断言 x 意在因此而实现某个事态 E，而 E（正是 S 意图要）使得 E 的获得就足以确保：

己，分析哲学为哲学中有意思的概念提供严格意义上的必要且充分条件，然而所进行的努力从来就没有获得成功。而且其中应该有着某种经验教训。即便如此，盖梯尔方案在其失败的程度上，似乎仍然超越了其他所有方案；为什么其他分析方案从未达到盖梯尔产业（industry）所达到的琐碎而复杂的极限呢？更进一步地，盖梯尔方案有什么不对吗？它是不是依赖于某个错误的预设呢？

我所谓的"盖梯尔难题的难题"是解释盖梯尔方案到底错在什么地方。多年来有很多这样的尝试。我在这篇文章中的目的是审视和评价那些尝试方案。我将论证，这个恰当构思的方案没有任何问题，并且针对它的研究工作应当继续进行，尽管从基础上看与最初的稍稍不同。

II．无意义的解决方案

最初，盖梯尔难题是作为研究知道的"第四条件"，一个增加到"确证""真""信念"中的条件，用来限制针对"JTB"充分性的盖梯尔反例。这项研究发生在"概念分析"的衰弱时期，这一活动则是针对哲学

(1a) 如果拥有某特性 F 的任何人知道获得了 E，那么那个人将会知道 S 知道获得了 E；

(1b) 如果任何之为 F 的人知道获得了 E，那么那个人将会知道 S 知道（1a），等等；

(2a) 如果任何之为 F 的人知道获得了 E，那么那个人将会知道（或相信）——且知道 S 知道（或相信）——E 是 S 带着首要意图断言 x 的确凿（非常好或好的）证据，这里的首要意图是：

(1′) 存在某 ρ，使得 S 对 x 的断言导致任何之为 F 的人拥有激活信念 p/ρ (t)；

且意在

(2′) 至少在部分意义上达到（1′）的满足，途径则是通过那个人的[即满足（1′）的那个（些）人]信念——x 以某种方式 R 与信念 p 相关联；

(3′) 以实现 E；

(2b) 如果任何之为 F 的人知道获得了 E，那么那个人将会知道 S 知道（2a），等等。

要注意，这里是根据知道（knowing）来分析言说者-意义的。

上有趣的观念,努力为观念的示例找到一组概念上必要且充分的条件。当然允许离谱而又充满幻想的反例场景,因为仅仅概念上的可能性将足以驳倒概念上必要或充分的主张。

因为有关"概念性真理"和分析性的合理的奎因式怀疑论的缘故,单单这个特征就会让一些哲学家藐视盖梯尔方案。⑤ 如果概念性真理这一观点是不确定的,那么去寻找关于知道的概念性真理显然就被误导了。(盖梯尔的实践者确实标榜自己是研究知道的"概念",甚至在20世纪70年代就如此了。)但是即使某人是奎因式怀疑论者,在解释为什么盖梯尔难题的难题没有一个令人满意的解决方案时,仍存在三个理由。第一,奎因式抱怨全面铺排开来;它并不揭露盖梯尔方案的任何错误之处,而这些错误在任何其他"严格的概念"探究上并没有出现,比方说努力分析因果性或语言指称,或者是为此而尽力界定"医生"、"单身汉"或"单身女子"。第二,人们不能抱怨,比如说是反对人格同一性文献,认为假设的情形都是空想或如同乱七八糟的科幻小说,日常概念根本无法承受细致的审视。尽管在盖梯尔文献中出现的反例通常是不可能的,正如通常的那样都不是童话式或科幻小说式的,或者**仅仅**概念上的,但是它们在法则上是可能的。有一些例子则是真实的。⑥ 第三,出于同样原因,无论用什么标准,完全有可能在不知道的情况下拥有 JTB;人们实际上就在这样做。所以正如任何奎因主义者已经表明的那样,它不仅是合理的,而且这样的追问十分有趣,即什么条件必须增加到单纯的 JTB 之中来构成知识。分析性毫无必要。

在这一节,我暂且先回顾其他一些针对盖梯尔难题的难题的无趣解决方案,尽管在顺序上趣味性稍微有些提升。

否认"确证"(J)。早些时候,偶尔就有人提出盖梯尔例子不是反例,因为它们实际上并没有满足"J";它们所表明的毋宁是没有巨大**数**

---

⑤ 尤其是奎因(Quine, 1963;1966)。莱肯(Lycan, 1994a:chs. 11, 12)则为一种强怀疑论学说进行了辩护,尽管没有奎因自己的立场那么强。

⑥ 我很荣幸是这样一块腕表的拥有者——令斯万高兴的是,这块手表实际上将他盖梯尔化。在我 1982 年从俄亥俄州立大学毕业时,斯万非常宽厚地将这块手表作为礼物赠予我。

量的常规证据来满足彻底的确证。尽管运气不好的 S 的证据通常足以强到被视作提供了知识，但它不是正确类别的证据或结构，所以就不具有完全的确证能力（Pailthrop，1969）。

这几乎毫无意义，毕竟它只是文字上的。这些例子表明，除非以盖梯尔那样的典型方式说这个确证**同样**没有缺陷，否则只要不是推衍性证据，无论是证据的数量还是强度都无关宏旨；除了其强度之外，它的确不得不拥有恰当的结构。在此有两个不同的因素，即强度和结构。即使我们选择保留裁断"J"直到第二个因素得以确立起来，那也没有告诉我们如何确立它。

真信念的分析。众所周知，萨特维尔（Sartwell，1991；1992）主张，知识就是单纯的真信念，也就是将每一个真信念均视为一个知识。⑦ 如果萨特维尔是正确的，那么盖梯尔的例子不会成为反例，因为不可能存在"JTB"的反例。甚至普通的"确证"也不为"知道"（knowing）所需。

（作为难题的难题的解决方案）这显得很无聊，因为萨特维尔的观点太偏激了，以至于如果有人真的接受了它，那么这个人其余关于知识的理论几乎（如果有什么的话）与传统知识论毫无关联。与此同时，而且特别是，人们将无法在前述欠缺确证（即强度不足和盖梯尔缺陷）的两种方式之间做出区分；如果不是因为它未能构成知识，那就是因为盖梯尔受害者（Gettlier victims）的确证是欠缺的。⑧

怀疑论。盖梯尔难题预设了通常的"J"是可错的，原因是某人可以拥有认识上得以确证但却为假的信念。（回忆一下，根据对时间的使用，"认识的"确证是这样一种确证，即只要主体在某种程度上没有被盖梯尔化，它在一般情况下足以提供知识。）这意味着（实际上）当主体没有被盖梯尔化或者遭遇类似的情形，通常的"J"对知识而言是足够的。但是任何怀疑论将会告诉我们这个预设是错误的。认识的确证要求得以确证的

---

⑦ 许多作者都已经论证过，"知道"确实**有一种意义**，在这样的意义中，真信念对于知道而言是充分的（Hintikka，1962：18-19；Powers，1978；Goldman，1999：23-25；Hetherington，2001）。但是萨特维尔则激进地认为：不存在别的更具苛求的意义。[莱肯（Lycan，1994b）直接反驳了萨特维尔。]

⑧ 关于此观点，请参看海瑟林顿（Hetherington，2001）。

信念为真，否则公认的恶魔的可能性和其他怀疑论情景将会排除知识。如果根本不存在经验知识，那么我们几乎不应该对盖梯尔受害者缺乏它而感到惊奇。

这比上面的真信念诊断更加无趣，因为有一些知识论学者相信，而且严格意义上说（至少可以这么说）有非常多的学者是这样的。但是它仍然是相当无趣的。**当然**，仅仅对于我们这些非怀疑论者而言，盖梯尔问题在第一个情形中出现了。

同样，就像在真信念情形中一样，我们无法做到因为我们的确证不够坚实而未能知道与因为我们已经被盖梯尔化而未能知道这两者之间的区分。这个难题对于怀疑论者而言，确实是在第二个情形中出现了：任何怀疑论者应该承认，知道至少是一个规约性理想（regulative ideal），而且比起其他的条件，有些认知条件更接近于满足它。一个主体，如果拥有任何人都认为足够强大的证据，就应当被视为几乎知道（just-about-know），或几乎等于知道（as-good-as-know），或出于所有实践的目的知道［对比一下"平的"（flat），因为有人认为没有什么东西是绝对平的（Unger, 1971；1984）］，即使怀疑论者是正确的而且严格意义上没有人知道。但是这么认为的前提只是主体没被盖梯尔化。一个盖梯尔受害者几乎**不**知道，或几乎等于**不**知道；一个盖梯尔受害者**简直不**（simply does not）知道。⑨ 即使是对怀疑论者也是如此，这样的差异同样有待解释。

规则可靠性。德雷茨基（Dretske, 1971）和阿姆斯特朗（Armstrong, 1973）声称，一个人知道的唯一条件是，在相应的情境中，除非信念为真，否则他**可能并不拥有他对其信念所持的理由**（德雷茨基）或他持有信念本身（阿姆斯特朗）。这并不是说，某人的证据就一定是必需的。而是说，它是关于某人所持存的与他的环境的相关部分之间的自然关系：一个人拥有理由与持有信念之间的关系是规则性的。一个人不可能是错误的；根据自然法则，一个人现在能够拥有那个理由或持有那个信念的仅有方式，就是那个信念为真。如果那样的规则要求被满足了，人们就不可能

---

⑨ 这里与海瑟林顿（Hetherington, 1999；2001）和威瑟森（Weatherson, 2003）意见相左；参看下文第Ⅴ节。

被盖梯尔化，因为在任何盖梯尔情形中，在 S 是正确的这一问题上都存在运气或侥幸成分。这个解释与怀疑论者的解释相类似，因为尽管它通过否认认知者可能具有盖梯尔所要求的某种可错性来与盖梯尔叫板，但是它并不蕴含着怀疑主义，而且无论德雷茨基还是阿姆斯特朗都不是怀疑论者。

这是到目前为止，相对乏味的解决方案中最不乏味的，因为它是在独立意义上被激发出来的，同时也是因为它（清晰地）开始了一个积极的研究纲领。作为知识理论也作为更普遍意义上的确证理论，可靠主义主导这一领域有好些年了。不过作为一个盖梯尔难题的难题的解决方案，它仍然显得没什么意义，这里有两个原因。第一，尽管它没有推衍出怀疑论，但是在知识归赋上影响甚微；没有人会假定规则性要求只会在最恰当的情境中得到满足（Lycan，1984）。即使我的眼和脑正常运转，天气条件也不错，对我而言，在我当前的知觉-认知状态仍然被欺骗，这在规则上是不可能的，这样的情况多久发生一次呢？——远远少于其他我们认为我们自己知道的更为熟识的那些类别的东西，比如我们自己的名字，我们一两个小时前吃了什么，谁到我们系里做了讲座，等等。如果规则可靠主义为真，那么我们几乎不知道任何东西。

第二，可靠主义者自己都普遍承认，德雷茨基-阿姆斯特朗的规则构想在某些更为具体的方面显得太强（例如，Pappas & Swain, 1973）。后来的版本则在各个方面削弱了那个构想（例如，Goldman, 1976）。这些弱化给它们各自作者提出了要求——阻止盖梯尔难题出现，并且因此盖梯尔难题也回报了他们。

III. 插曲：简单的分析

在我继续给出那些更有意思又可行的，作为盖梯尔难题的难题的解决方案的建议之前，我应该承认自己对原始的盖梯尔难题有中意的解决方案。（好吧，我**宣布**我也有一个，至少是有点自豪。）对于将要出现的理由，我可以保证我的分析将几乎说服不了任何人；并且在归纳的基础之上，我会信心十足地预测有人将会发现一个清晰的反例。但现在这里的这个就是。

从克拉克的"无错前提"的思路开始,立即就会碰到盖梯尔自己的两个情形:S 的信念一定不能依靠任何虚假的基础;尤其是 S 的推理一定不能通过任何错误的步骤。当然,这马上就会遭到反例的质疑。(本文篇幅不允许对所有情形进行详细描述,我要假设对它们都比较熟悉才行。)

反对"无错前提"的充分性:

非推论的诺哥特(Lehrer, 1965; 1970)。在 S 办公室的诺哥特先生向 S 出示了证据,说他——诺哥特拥有一辆福特轿车。根据单一的概率推论,S 直接(没有通过"诺哥特拥有一辆福特轿车")就得出以下结论,在 S 办公室的有个人拥有一辆福特轿车。(正如在任何这样的例子中,诺哥特先生并没有福特轿车,但是 S 的信念却因为哈维特先生有一辆而碰巧为真了。)

谨慎的诺哥特(Lehrer, 1974;有时也称为"聪明的推理者")。这与前面那个例子一样,除了这里 S 根本就不关心谁可能有一辆福特轿车[⑩],而且对涉及信念的问题同样很谨慎,他还有意避免形成"诺哥特有一辆福特轿车"的信念。

证言诺哥特(Sanders & Champawat, 1964)。S 的证据完全是道听途说,但却是非常可靠的传闻。S 被告知关于诺哥特有一辆福特轿车的强力证据。S 的根据完全为真:S(实际上)是被告知所有这些事,而且是来自高度可靠的信息源。

实存意义上的诺哥特(Feldman, 1974)。S 没有获得证据本身,但只获得其实存意义上的概括:"办公室有个人,关于他的……为真。"S 并不清楚那人——证据指称的对象是谁。但是从那个实存意义上的概括,S 确证地推断出这一概括:办公室的某个人拥有一辆福特轿车。

停走的钟(Scheffler, 1965,继 Russell, 1948 之后)。S 看了钟,并且形成了那天时间的真信念。S 有充分理由相信钟始终运转正常,但是实际上它已经停了。

田野中的羊(Chisholm, 1966)。向田野里望去,S 在几码远的距离之外看见了一个动物,从它的外表、声音、气味等判断,完全像只羊,这

[⑩] 实际上,在这个例子中,莱勒将车升级为法拉利。

样 S 非推论地形成了一个知觉信念——田野中有只羊。田野中也确实有一只羊——在远处田野的某角落里，它被厚厚的篱笆遮住了。

一定会着火的火柴（Skyrms, 1967）。S 擦着一根干燥的、必定会着火的火柴，而且在认识上确证地认为它会燃烧起来。事实上，这根火柴含有某非常罕见的杂质，不可能通过摩擦来点燃，但是因为来自天空的 Q 放射线的奇特爆发，它不管怎样还是燃烧了。

同样，明显存在着关于"无错前提"的必要性的反例（Sanders & Champawat, 1964; Lehrer, 1965）。**无缺陷之链**：如果 S 至少有一条认识上得以确证以及非盖梯尔缺陷的确证路线，那么 S 就拥有知识，即使 S 有其他包括盖梯尔鸿沟的确证根据。比方说（莱勒），假设 S 有强力证据表明诺哥特和哈维特各自都有一辆福特轿车。那么，S 就知道办公室的某个人有一辆福特轿车，因为 S 知道哈维特确实有而且做出了存在意义上的概括；而 S 拥有的根据之一（S 知道诺哥特有一辆福特轿车）为假也无关紧要。（如果 S 有 50 个或 1 000 个其他盖梯尔化的确证也没有关系。）

更进一步：**特哥赛史密斯**（Togethersmith）（Rozeboom, 1967）。一个星期天下午，S（"琼斯太太"）看见特哥赛史密斯一家的车开出她家车道，而且 S 知道每周日下午特哥赛史密斯全家都会驾车到乡下去。因为 S 也相信特哥赛史密斯全家都会在车里，所以 S 推断特哥赛史密斯夫人不在家，并且 S 是正确的。但是特哥赛史密斯一家人今天都在车里为假；他家的一个孩子正在参加朋友的生日聚会。

当然，"无错前提"的充分性的那些反例的共同之处表现为，在它们这些反例中，S 并没有介入推理过程，而且这样的过程通过了相关的错误步骤（"诺哥特拥有一辆福特轿车"，"时钟运转正常"，等等）。哈曼（Gilbert Harman, 1973）提出，无错前提策略在面对这类例子时也应该被维持，并且实际上它应该被转变为研究认识确证框架的方法论（事实上也就是推论自身的本质）。他为其原则 P 构造了一个初始情形："推理本质上涉及错误的结论，无论是中间结论还是最终结论，因此它不会赋予人知识"（1973：47）。然后，他没有接纳针对 P 的推定性反例，他保留了 P，然后看看有什么样的知识论结果会跟着出现。第一个就是，确证不会因通过接受纯概率规则而继续，因为这类规则根本不依赖于中间结论

(120-4)。在没有其他理由认为该主体已经做出任何推理的时候，对 P 的进一步吁求推动哈曼来假定无意识的过渡性（mediating）推论。比如他说，一个盖梯尔化的主体针对因果关联及其他解释关系做出了默认的推论，而且那些默认根据的虚假性，通过 P 解释了为什么这个主体无法拥有知识，即便他已经在认识上得以确证。⑪ 哈曼以这种有影响力的方式，用 P 来激发其普遍观念，即所有推论就是或者涉及"对最佳解释性陈述的推理"（ch. 8）。

现在，正如我们所见，我们关于充分性的反例就是那些似乎并没有通过错误步骤的推理的情形。哈曼的策略将会假设无论如何仍然有这样的推理。而我要采取一条不同的路线：那些看上去更明显而且有更少潜在争议的就是在每一个反例情形中，S **默认相信**或假设了某种错误的东西。这相对于偶然通过错误步骤的无意识推理而言，是一个更弱的观念，因为它没有要求任何偶然的甚至无意识的假设或推理。例如，在"非推论的诺哥特"例子中，我们可以让步于莱勒——S 没有介入通过了"诺哥特拥有一辆福特轿车"的推理程序，但很显然，S 确实默认假设了诺哥特有一辆福特轿车，此外为什么 S 会形成办公室的某个人拥有一辆福特轿车的信念呢？

类似的说明适用于其他对于充分性的反例。也许证言诺哥特和实存意义上的诺哥特情形比其他几个更加不明显，但是每一个情形又显而易见：在"证言诺哥特"情形中，S 错误地假定作为 **S 的信息源正在谈论的某人**拥有一辆福特轿车；在"实存意义上的诺哥特"情形中，S 错误地假设证据指涉的对象拥有一辆福特轿车。因此我主张，（目前看来）无错前提分析应该被更弱的无错假定理论取代。

到底是什么错了呢？也就是说，如果我是正确的，那么为什么对克拉克的想法的简单调整没有进行，或者甚至没有被考虑呢？可以看到的是，理论家们默认避开了默认假设的观念，并且实际上反过来试图去分析它。几乎瞬间出现的结果就是那些关于非废止性文献，它们从有用的击败者概

---

⑪ 通过这个方式，他清晰地阐述了戈德曼在其他方面提出的毫无必要的要求——S"重建"从事实到信念的相关因果链中的主要关联。

念开始，而这概念是这样一种命题：如果它被增加到 S 的认识上得以确证的证据里，就会使这一扩大的证据集合不再具有认识上的确证能力。这类文献没有取得成功〔向上面引述的 Swain（1974）表示敬意〕；但是我认为，它的失败所表明的并非知识的无错假设分析是错误的，而是默认假设的概念自身都很难（反过来）通过诉诸一个击败者加以刻画。〔事实上，那个困难是可预测的，因为（a）以某类虚拟式（subjunctive）开始更深入的分析几乎无法防备⑫，而且（b）任何时候对任何东西的分析都包括了一个虚拟式，而不相关的反例将会跟着发生。（b）值得单独成为一篇论文。〕事实上，默认信念的观念无论如何都难以刻画，更不用说虚拟式了（Lycan, 1986）。正是针对假设的更深入的击败者分析错了，而不是知识的无错假设分析错了。

（我不该根据其自身分析都如此伤脑筋的概念来分析"知道"，如果这一点应该反对的话，那么人们就将不得不对许多理论家做出同样的抱怨，尤其是反对根据因果性来分析任何东西的任何理论家。）

但是针对必要性的反例则是有效的，即使是反对被削弱的无错假设分析。只是一个错误假设的出现不能破坏知识。

哈曼（Harman, 1973: 47）提供了简洁的解决办法：只要确证必须**在本质上**不依赖于错误的假设即可；它所依靠的任何错误假设一定不是必要的。正如之前所说（这个办法在无缺陷之链自身的描述中就预想到了），如果 S 还拥有一个非盖梯尔化的认识的确证，那么即使 S 有包括错误假设的其他确证也无关紧要。因此，我们就从无错误假设转向无根本的错误假设。

同样的道理也适用于特哥赛史密斯，尽管不是特别直接。S 的确假设

---

⑫ 莱勒的（iv）（c）是一个主要例子："如果 S 完全确证地相信任何错误陈述 p，且 p 蕴含（但不是推衍自）h，那么 S 将会完全确证地相信 h，甚至即使 S 要假设 p 为假。"（Lehrer, 1965: 174）这被哈曼（Harman, 1966）和肖普（Shope, 1978）轻松地反驳了。罗兹布姆的原则（A）也许最接近我的无错假设准则，尽管它仍注入了类虚拟的因素："如果某人 X 相信 p——确证地——仅仅因为他相信 q，同时他又是基于证据 e 而确证地相信 q，那么如果 X 关于 p 的信念能成为'知识'的话，q 和 p 必须是同样的情形。"（Rozeboom, 1967: 281-2）

了特哥赛史密斯全家都乘车外出了，而且那个假设为假。但是对于S的确证而言却并非根本性的。就像罗兹布姆（W. W. Rozeboom）自己强调的那样，有一个孩子不在车里并不相关。S同样默认假定特哥赛史密斯太太在车里，并且跟S相信特哥赛史密斯一家都在车里所拥有的证据一样，他拥有针对那个假设的好归纳证据。

不过现在（专业读者将会持续叫嚷一段时间了），两个对于充分性的推定性反例突然就出现了，它们两个都非常有名：哈曼的那类无击败者（unpossessed-defeater）情形（Harman, 1973），吉内特－戈德曼（Ginet-Goldman）的谷仓情形（Goldman, 1976）。

暗杀：吉尔读到了一则真实的关于描述一场政治暗杀的新闻。报道者被认为是完全值得相信的，而且他自己也是目击者。吉尔也没有被盖梯尔化。但是受害者的同事想要预先阻止恐慌，已经发布了一个电视声明，谎称暗杀失败，并且目标受害者还活着。几乎每个人都听了这个电视声明，而且相信了它。然而不幸的是，吉尔错过了它，继续在认识上确证地，而且又没有被盖梯尔化地相信受害者已经死了。

[哈曼的其他两个相似的例子则是：汤姆·格莱比特（Tom Grabit）的母亲错误而又被广为接受的证言，在意大利的唐纳德及其来自加利福尼亚的伪造信件。]

郊外的假谷仓：亨利看见了一个（真实的）谷仓，他视力极好而且有其他证据——那确实是个谷仓。他没被盖梯尔化；他的确证在各方面都是合理的。然而，在附近有许多假谷仓——纸板做的谷仓，它们已经骗了亨利，让他认为那是真谷仓。

有人声称吉尔和亨利都没有知识。⑬ 这些情形区别于之前的充分性反例的是，在这些情境中，没有可辨认的虚假默认假设。吉尔假设没有人已经发布了关于暗杀失败的电视声明是没有道理的，同样亨利假设周围没有纸制谷仓复制品也没有道理。（或者说，如果有这种情况的话，那也不准确，也不那么清晰，而且我们前面的盖梯尔受害者正在形成他们默认的假

---

⑬ "假如仅仅因为她缺乏其他每个人都有的证据，吉尔就应该拥有相关知识，这几乎说不通"（Harman, 1973: 144）。

设。）无根本错误假设理论并没有排除这些例子。

我的回应是：基于完全独立的理由，我反对大家都有的那种直觉；我跟他们想法不一样，并且我也认为他们是错误的。我坚持认为吉尔和亨利确实知道，尽管存在从外围侵入他们情境中的机会因素。我已经在莱肯（Lycan，1977）中详细地论证过了，而且不是为了当前这个分析。我并不期待读者们会赞同我的观点，他们确实有着无击败者和谷仓直觉，而且也没有读过我的论证，但是我支持无根本错误假设的分析。还有一些反对哈曼和吉内特-戈德曼的论证，将在下文第Ⅴ节中列出，它们主要来自海瑟林顿（Hetherington，1999）。

Ⅳ．家族相似性

人们已然注意到，盖梯尔方案就是对知识的一系列必要与充分条件进行苏格拉底式的探索。在20世纪60年代，这很难不被注意，因为在维特根斯坦的影响之下，苏格拉底的假设饱受批评：假定一个有意思的概念可以通过一组脆弱的必要与充分条件来加以界定，这个想法几乎就是天方夜谭。因此，一小部分人认为，这就是盖梯尔方案错误之所在；赞成"S知道P"的那类人没有阅读过维特根斯坦，也不理解"知道"是一个家族相似性的术语（比如，参看 Saunders & Champawat，1964）。

有鉴于前面提及的后齐硕姆化方案并未取得成功，维特根斯坦主义的否定判断很难出错。也许没有哪个哲学上有趣的概念会容许通过严格的必要与充分条件来加以阐明。然而，这并没有解释为什么盖梯尔方案会被认为比这时期其他苏格拉底式的探索更为糟糕。同样，维特根斯坦主义的肯定性判断是一个实质性承诺，而且也需要辩护："知道"是一个家族相似性概念吗？也即，它实际上有那样的结构吗？

实际上，存在两个及以上不同的结构，它们被叫作"家族相似性"结构。最为独特的结构就是在这个结构中，概念"X"由一个典型情形来定义：它有这样的一系列特征，其中每一个都为X的典型情形所拥有；如果一个事物具有每一个这样的特征，那么这个事物在任何意义上都是标准的X、**完美的** X、X 最可能的实例。然而，成为 X 自身就只是拥有这系列的"足够多"特征。(也许这些特征会以组合的形式来衡量,但并没有组合到构成传统的分析。)与"足够的"这一表达相比,我们不可能还有什么更为精确的说法。会有非常多的 X,有各种 X,有两可之间的 X,有看起来像但事实上不是 X 的 X。这就叫作"典范"结构。

"知道"则没有这种典范结构。我假设推论性经验知识有这样的典范。(尽管根据柏拉图或笛卡尔,没有哪个推论性经验知识的情形会与知识自身的典范十分接近。)如果 S 有大量的证据相信 p,几乎没什么理由怀疑 p,而且也没有以任何方式被盖梯尔化或者被意外情形困扰,那么(将普遍怀疑论排除在外) S 当然知道 p。不过假设 S 满足了前两个条件,但没有满足第三个条件,也就是 S 是一个经典的盖梯尔受害者。那么(像之前那样), S 不是几乎知道 p;S 不是一个尽管不完美但又很好的拥有知识之人的例子。S 只不过是相当于不知道。它不是说 S 未能拥有"足够多"的关于知道的范例特征,而是说 S 被盖梯尔化了,并且在一段时间内失去拥有知识这样的资格。⑭

维特根斯坦自己的"家族相似性"隐喻没有支持典范解释,尽管他最重要的例子,例如"游戏"确实展示了典范结构。⑮ "我们看到了复杂的相似性网络层叠重合、纵横交错;有时是总体的相似性,有时是细节的相似性……除了'家族相似性'外,我想不出更好的表达来描述这些相似性;因为家族成员间的各种各样的相似性:体形、特征、眼睛的颜色、步态、性格等,以同样的方式重合、交错。"(Wittgenstein, 1953:§§66, 67) 根据这个模型,根本就不存在任何典范,因为这里的一些特性可能互不兼容,也没有什么东西可以拥有它们全部。尽管也许存在子典范(sub-paradigms),但是它们同样也未必存在。然而,如以前那样,归到某一概念之下到一定程度就是拥有"足够多"某个可接受的组合中的

---

⑭ 威瑟森(Weatherson, 2003:19)有过类似的观点。但是需要再次向海瑟林顿(Hetherington, 2001)表示敬意。

⑮ 多瑞特·巴昂(Dorit Bar-On)让我注意到这一点,她以她自己的大家庭为例提出了其中成员之间的相似性。也许还有其他结构也来自"家族相似性"这一名头,比如克雷格(Craig, 1990:15)提到了一个"原型情形"(prototypical case),指的是有关统计概率的东西。

特性。这被称为"纵横交织"(criss-cross)结构。

但是因为跟前面一样的理由,"知道"同样没有这样纵横交织的结构。S 未能拥有"足够多"的家族特征,这并不意味着有多么糟糕的盖梯尔化;而是说 S 的资格被取消了。同样,不存在这样非常明显的"家族",它由拥有一个或两个或三个特性的人所构成:相信 p, p 为真,拥有证据 p,没被盖梯尔化。相反更像是一个知识论层级:相信 p,真的相信 p,确证地而且真的相信 p,在认识上确证而且真的相信 p,在认识上确证地、真的相信 p 且没有被盖梯尔化(尽管有人怀疑,按这个标准,认识上确证地且错误地相信 p 该放在哪里,同时也看不出来,确证而又真的但不是在认识上确证地相信 p,但又没有被盖梯尔化的话,到底应该被排在比"在认识上确证地而又真的相信 p"且"被盖梯尔化"更高还是更低的位置)。

即使"知道"没有任何家族相似的结构,其根基就存在让人不满之处,而且这个不满偶尔已经有人提出来:在我们讨论其充分性之前,"JTB"一开始就带有缺陷。尤其是,据说知识不是一种信念,实际上它根本就不是一个心理状态(Austin, 1961; Vendler, 1972)。事实上,知道甚至都没有**蕴含**相信(Radford, 1966)。

但这不是对难题的问题的解决方案。依其所需而确立这一难题的传统主张不过就是充分性论题:如果 S 确实真的相信 p,并且有着认识的确证,那么 S 就拥有知识。这个论题的错谬之处很有意思,也很重要,而且提出了盖梯尔问题——知道是否蕴含相信。有人拥有 JTB,并因此而知道;但是令人惊奇的是,也有人拥有 JTB 却不知道。前者与后者的区别是什么呢?

V. 近来更多有关盖梯尔难题的不满

不可解决性(*insolubility*)。克雷格(Craig, 1990)和扎格泽博斯基(Zagzebski, 1994)为盖梯尔难题无法解决这一主张提出一个论证:只要在原有三个条件上增加特定的第四个条件,仍然保留信念可能满足了所有四个条件仍为假这一逻辑可能性,那么就会始终为类似盖梯尔式的意外留有更多余地，并因此而存在反例；S 可能会被超盖梯尔化（super-get-tiered)，即使 S 没以通常的方式被盖梯尔化。但是如果第四个条件终止了这个可能性，那么它将会排除许多日常的知识实例，并因此会变得过强。因此，盖梯尔难题无法解决，同时出于一个可预测的原因，这就是问题所在。

克雷格和扎格泽博斯基实际上都没有接受这个论证；事实上，扎格泽博斯基（Zagzebski, 1999）拒斥了该困境中的第二条路径，同时继续提供她自己的方案来解决这个难题。福格林（Fogelin, 1994）和梅里克斯（Merricks, 1995）接受了第一条路径而不是第二条，并得出这样一个教训，即不论"认识的确证"是什么，它必须保证信念之真：要么 S 拥有蕴含 p 的证据，要么 S 基于除 p 以外情境中的证据不可能相信 p。⑯

每一条路径都多少有点合理。如果没有对真理的保证，那么一个类似盖梯尔式的意外似乎始终会出现，尽管我们没有看到产生一个意外情形的算法。第二条路径则得到困扰其具体实例的同一个难题，即德雷茨基-阿姆斯特朗的规则可靠性理论（nomic reliability theory）的支持：完美的日常知识情形似乎没有满足保证真理的要求。

但是，不论克雷格-扎格泽博斯基论证的价值是什么，它也不会是针对盖梯尔难题的难题的非常有意义的解决方案，因为如果这个论证合理的话，它就表明某个版本的怀疑论为真。它认为要成为知识的话，信念就必须满足保证条件，同时它还主张，几乎没有什么信念满足这个保障条件。⑰ 这对于怀疑论而言是一个有意思的论证，对于由盖梯尔难题自身所引起的争论更加如此，但是对于我们当前的目标而言，它仍然证明了许多东西。

不可分析性（unanalyzobility）。有一个雄心勃勃的反盖梯尔主张——"知道"是不可分析的，如果它为真的话，似乎就是无法回答的。即使知识有如真、信念这样的必要条件，当然也不会随之得出，依据这些条件，

---

⑯ 我相信阿尔梅德（Almeder, 1974）是第一个采用这一思路的哲学家，尽管罗兹布姆（Rozeboom, 1967）也说过类似的观点。

⑰ 阿德勒（Adler, 1981）以这样的方式论证了怀疑论，而且事实上也辩护了困境的第一条路径。

"知道"是可分析的。威廉姆森（Williamson，2000）详细论证了"知识"应该被视为根词（primitive）。如果他是正确的，那么任何宣布其自身为"分析的知识"的计划当然注定要失败。那正是盖梯尔计划如是宣布它自身所做的。

然而，即使"知道"是不可分析的，也没有一套概念上的必要和充分条件，但是如果要确立盖梯尔难题的话，其相应的主张（再一次）只会是充分性论题：认识上得以确证的真信念足以成为知识。这一论题的错谬之处仍需要解释，原因在于就像之前所说的，真的存在着拥有JTB却仍然不知道的人，这便引出了这么一个问题，也即到底是什么把知道者从盖梯尔的受害者中区分开来。［我们没必要犯扣减谬误（subtraction fallacy）*，来假定因为JTB不足以成为知识，所以存在某个简便的条件C，这样的话JTB+C=K。这里的任务只是要解释为什么盖梯尔受害者没有知识。］盖梯尔计划有可能继续强势风行下去。

拒绝原型直觉。海瑟林顿（Hetherington，1999；2001）坚持认为，盖梯尔受害者的确知道，尽管仍是以一种稍稍逊色或"未达到理想"的方式：她/他的知识是非常可错的（failably）。

可错性（failability）是**易错的**（*fallible*）知识的概括，而且大概意味着，尽管S知道，但存在运气这一要素，且根据这一要素，S也许就不会知道，或甚至是几乎不能知道。更确切地说：要么存在一个可能的世界，在这个世界中S相信p，而且被同样好的证据确证了，但是p却不为真；要么存在着一个世界，在这个世界里S正确地相信p，但是在如此做的时候没有被同样的证据确证；要么存在着一个世界，在这个世界里S在两种情况下正确地相信p，而且被那个证据确证，但S并未持有那个信念（Hetherington，1999：567）。［这样，某人拥有**不**可错的（*infailable*）知识，当且仅当一个人在其所处的每个世界中，假如其拥有知道p的要素中的两个，那么其同样拥有第三个要素（568）。］注意，可错性只是程度上的问题；有些知识比起其他知识而言，将会承认**更多和/或更接近的认**

---

* 如果一个人从"X并非Y的充分条件"中推论出，存在着一个特定的条件Z，使得X加上Z就是对Y的正确分析，那么这个人就犯了扣减谬误。——译者注

识-失败的世界。

在用三个前述选言命题中第一个辨识出易错知识后，海瑟林顿论证道，相对于其他两个命题而优先挑出那个选言命题是武断的，所以他从易错性到可错性的概括是自然而然的，而且没有偏向性。这样看来，至少存在着这么一个假设，即以另外两种方式的任何一种，知识都有可能是可错的。

易错的知识当然已经被盖梯尔难题预设，因此它也是可错的。这里海瑟林顿提出，盖梯尔情形指的是，即使 S 知道，S 所知也**非常**可能是错的；"认识主体几乎无法拥有完全得以确证的真信念"（573）。一个经典的盖梯尔例子就属于第一个选言命题；有许多近在身边的世界，在这些世界中 S（基于诺哥特先生情形中完全相同、非常强力的证据）相信，办公室有个人拥有福特轿车，但无论是哈维特还是其他任何人都没有。哈曼的无击败者情形则属于第三个选言命题，因为存在许多身边的世界，在这些世界中暗杀的确发生了，而且吉尔有同样的证据支持它，但是在这个世界中（因为她确实在那里听到了政府对此事的否认）她放弃了自己的信念。

显然，如果盖梯尔受害者知道，她/他的知识就不只是易错的，而是非常易错的。但为什么我们应该放弃所有已然接受的判断，并承认她/他的确知道呢？海瑟林顿没有给出肯定性的理由，但是在文章的剩余部分，他用自己的观点提出他对我们遭遇失败的分析。主流的知识论学者已经做出默认的谬误推断：它来自以下事实，即"必定存在知识实例的属性上的差异，分别在'有可错知识 p'的正常情境中，在'有可错知识 p'的盖梯尔情境中"（575）；或者来自"想象在盖梯尔情形中环境的变化是有多么容易，而这些变化会导致例子中的认识主体没有实际上拥有的完全得以确证的真信念"（579）；或者来自完全归因于有运气的主体的真信念；或者来自主体在认识上得以确证的信念，但不是特别有力而只是"侥幸猜对的信念"（581-2）；或者来自这样一个事实，即"[一则知识]越可错……我们对它成为知识所怀有的信心就越少"（585）；或者来自这样的事实，即知识有一个更低的界限，当我们已经察觉到知识的"更低的界限"时（586）。

我怀疑，我的主流知识论学者同行们很少有人会在这些分析中认同他们自身，甚至更少有人被说服而接受海瑟林顿关于一般情况下盖梯尔情形的特立独行的结论。但是，尽管我最费心力的反省同样也没有揭示我自己所理解的谬误推论，相比较大部分人的立场，我对海瑟林顿的观点可能更趋于赞同。他有效地区分了"有益的"盖梯尔情形和"危险的"盖梯尔情形：有益的情形指的是，类似于盖梯尔式的"奇怪的事件"或意外挽救了JTB本身，就像当哈维特有一辆福特轿车，即使诺哥特没有一样；在危险的情形中，"奇怪的事件"阻碍了知识，尽管存在正常的JTB，就像在哈曼的无击败者例子以及吉内特-戈德曼的谷仓例子中。

如我在第Ⅲ节中所表达的，我拒绝大多数人的看法，他们认为在无击败者例子和谷仓例子中的受害者缺乏知识。而且现在，海瑟林顿已经表明，那些例子中有某种共同的、特别的东西，也就是与"有益的"截然相反的"危险的"。⑱ 此外，我认为他对于它们的阐释完全正确：尽管它们所涉及主体的知识是可错的，而且以不太重要的方式涉及某些运气因素，但无论如何它就是知识。吉尔和亨利确实几乎未能知道，但那并不意味着他们未能知道。跟海瑟林顿一样，我主张他们确实知道。

［不过在我看来，经典的"有益的"情形则不能这样说。我不可能劝说自己赞同当S相信这个情况的唯一理由是S认为诺哥特有一辆福特轿车时，S知道办公室的某个人有一辆福特轿车。我发现很难想象，当这只十分巧合地让S的信念为真的羊其实在田野中某遥远的角落里，而那角落被篱笆挡住了视线时，有人会相信S知道在齐硕姆的田野中有一只羊。（然而，这可能仅仅体现了我们想象力的贫乏，如下文所示。）］

尽管所基于的理由与海瑟林顿的迥然不同，但威瑟森（Weatherson, 2003）同样强调被盖梯尔化的人的确知道。他的想法是一个非常常见的关于哲学家的"直觉"的观点：关于各类情形的直觉应该予以摒弃，因为在伦理理论中，它们往往被认为遭到了（非此情况下）更有理由、有

---

⑱ 福格林（Fogelin, 1994）也做出了类似的区分。突然注意到，除了在被称为JTB反例的一般意义上，"危险的"情形根本不是真正的盖梯尔情形，更准确地说是因为它们没有典型的错误假设结构；说吉尔或亨利已经被盖梯尔化并不准确。（显然，我并不意指那样的评论，它或为我主张它们的对象知道而论证，或为我提出的分析而论证。）

着不同主张的融贯而又系统的理论否定。尽管一个分析必须要尊重绝大多数人的直觉，但是当一个直觉迫使我们进入"非自然的"复杂状态，并使被分析对象远离世界上相对自然的属性时，这一分析就可以放弃这样的直觉。（没有任何已经读过第Ⅰ节中引述的非废止性分析的人，会否认他们知道盖梯尔直觉已经做出这样的迫使和牵引。）

威瑟森的文章内容既复杂又丰富，我这里无法做到公正对待。我接受他的"主要主张……也就是，即使我们曾经接受 JTB 理论似乎在谈论盖梯尔情形的错误，我们仍然应该对它是否为真的问题持以未决的态度"（10）。⑲ 尽管我同意表面现象不会推衍出"JTB"的错误，但我只打算陈述四个理由来解释我为什么继续同意多数人的看法。

第一，虽然斯万的非废止性分析显得极度"非自然"，但我选它作为一个极端的例子。不过不是所有被提出的分析都如此复杂或如此分裂。只是举一个随机的例子，我自己的无根本错误假设的分析就不是那么不自然。我认为它非常简洁。

第二，我相信 JTB 比起非盖梯尔化的 JTB，明显是更加自然的种类。如果有什么区别的话，我会认为相比较一个有知识的人，盖梯尔受害者会与一个没有完全得到确证的信念持有者有更多共识。⑳（同样，我们中有些人认为"知道"从其与确证的关系中获得了规范性，他们将不会期望知识成为一个特定的自然种类。）

第三，我相信直觉有足够的权威，即如果我们想要拒绝一个直觉的话，我们应该对它详加解释。我认为威瑟森会赞同这一点，而且他当然很好地意识到这在哲学领域中经常发生。那么，为什么会有如此广泛而又要紧的认同盖梯尔受害者并不知道呢？正如上述所提到的，海瑟林顿在这个问题上做了一些研究，姑且不论我们会认为他的解释多么合理或多么不合

---

⑲ 毕竟，我本人拒斥被广泛接受的哈曼和吉内特-戈德曼的例子。但是要注意到这并不相同：我拒斥这些直觉是因为我首先并不拥有相同的直觉。威瑟森则强烈主张，甚至当我们肯定享有了原始的盖梯尔直觉时，我们也应当将之搁置一旁，而不能让它来引导我们的信念。

⑳ 威瑟森（Weatherson, 2003: 27-8）把类似的观点归于他跟彼得·克莱因的谈话。

理；但除非我们有所遗漏，否则威瑟森并没有提供任何可比较的东西。

第四，威瑟森的论证没有对准盖梯尔难题，尽管这难题是他的借口。第Ⅰ节中提到的其他所有分析方案都存在类似问题。威瑟森的思路要求在盖梯尔难题中显现出某个特殊缺陷，而且正是这个缺陷将它与一般意义上的分析方案区别开来，因此就这一点而言，威瑟森并没有解决盖梯尔难题的难题。

实际的直觉多样性。温伯格、斯蒂奇和尼科尔斯（Weinberg, Stich, & Nichols, 2001）则呈现了他们所收集的数据，根据这些数据，来自不同族群的主体的直觉在统计意义上变化很大。尤其是，最初来自印度次大陆的主体被呈现一个盖梯尔例子时，会形成判断认为其对象的确"真的知道"，这与"仅仅是相信"完全相反。对于同样的事件，几乎25%的欧裔美国人主体则做出了同样的反盖梯尔判断。这产生了两个问题：第一，在知道这个概念中存在着文化相关性吗？第二，即使在比方说，受教育的欧裔美国人阶层中，盖梯尔直觉可靠吗？如果对这两个问题中任意一个的答案，尤其是对第二个问题的答案是"不"的话，那么盖梯尔计划充其量是局部性探究，而并不是一项关于知识自身本性的严肃的苏格拉底式考察。

我对温伯格等人所描述的实验程序有几点疑惑，而且我不会从表面上采纳他们的结果。不过他们对此也并没有太多主张。为了让事情变得有趣，让我们先把这样的疑惑放到一边，假设调查结果的产生过程无可挑剔，并且可以有效地复制：60%的亚洲族群与25%的欧裔美国大学生确定无疑地拒斥盖梯尔，并在理解了相关术语和话题的同时，异常清醒地坚持认为盖梯尔"受害者"的确知道。

在这样的可能性中，我认为我们存在概念上的差异。在那60%和25%的人的言谈中，"知道"在某一时期内确实真的意味着得以确证的真信念。我们将不得不把这样的言谈视作不同于我们自身的方言。继续追问下去将会非常有意思，那些主体是否看出普通人和盖梯尔受害者这两类"知道者"之间的任何重要的差异。也许他们会以某种方式给盖梯尔受害者打上什么印记，他们对此没有什么简单便捷的表达。或者更不可能的是，他们会认为没有重要的差异，并认为只是没有关于成功认知的更强观念而已。

这种方言差异比任何人所能想到的更为少见。它能够不被怀疑地潜伏数十年或人的整个一生，因为它实在太不引人注意，而且会导致它出现的这类假设情形同样罕见。这儿有一个来自我自身经验的例子。萨特哀叹道，事实上，我们根本没有什么简单的表述可用于以下的情景：

> A 相信非 p，但是出于自私的原因，想要 B 相信 p。A 以颇有说服力的方式，将 p 告知了 B，并说："B，相信我，老朋友，我曾对你说过谎吗？"现在事实上 A 错了，而且 p 为真。A 已经试图对 B 撒谎，并且 A 的特征就是一个说谎者的特征。但是 A 所说的确是真的，所以它不能被称作一个谎言。

我在我的本科课堂里已经很多次提到了这个例子，而且每一次（提到这个例子），大约有 40% 的学生不满于萨特的判断，并声称把 A 称作说谎者并没有任何问题。当我反对说谎言不可能为真时，他们认为"谎言当然可以为真"，对他们来说关键在于欺骗的动机。基于归纳法，我猜想 40% 的读者将同样拒绝萨特的不满。

这里并不存在什么实质性的问题。无论是我还是那 40% 的学生，如果彼此相互排斥，那么就都不对。那仅仅是一个方言差异，一个直到我四十多岁时才发现的方言差异。[21]

如果另一种文化也有这么一个词，我们已经将其译作"知道"，但后来发现并不享有盖梯尔的直觉，那么他们的这个词严格说来就不该被翻译为"知道"（尽管可能存在不适当的、相互矛盾的英语表达）。如果 25% 的普通说英语的人仅仅是没有这样的直觉确实为真，那么就存在着方言差异。

温伯格、斯蒂希和尼科尔斯可能会坚持认为，这样的结果会削弱盖梯尔方案的重要性。然后，盖梯尔实践者们将追求仅仅被说英语的人拥有的概念的细枝末节。我的回应是：那就顺其自然吧。在说英语的哲学家中概

---

[21] 实际上，我怀疑这样隐而不见的方言差异在哲学领域并非不常见，尽管在时间与空间上这里不适合做此讨论。关于知识论中产生这一效果的假设，以及有助于解释这一现象的不错的理论框架，参看巴塔莉（Battaly, 2001）。

念已经被证明是很重要的因素，而不管它如何会变得更为广泛。如果另一种文化或另一个方言群体仅仅是没有那个概念，那么，盖梯尔难题当然不会在他们那里产生。

现在，让我来郑重审视这个让人迷惑的说法，即盖梯尔概念是哲学家们的人工事实（artifact），它不代表普通人所拥有的任何东西。在任何时代，没有哪个专业哲学家有资格做出任何关于任何事物的普通概念的声明，尽管我们很少有人能抗拒做出这样的声明。我相信，一些在哲学意义上具有重要性又有争议的概念都是这样的人工事实。我的主要例子会是普特南（Putnam，1975）外在主义的自然种类概念。当我向初学者教授"'意义'的意义"时，他们无一例外都很抗拒。我最多可以让他们承认，**存在这样的意义**，即在这个意义上，孪生地球上的 XYZ 不是水。㉒ 但这里存在着一个鲜明的对比：通过盖梯尔例子让初学者相信"JTB"对知识而言是不充分的，我在这个问题上几乎从没碰到麻烦。而且，我认为那不是我作为教师或我的自然权威所致，更不用说是因为人格力量或伟大的专业地位了。

Ⅵ. 展望？

福多和其他人（Fodor et al.，1980）已经令人信服地论证了，没有哪个有趣的概念能以传统的苏格拉底方式——通过一组在个体上必要且在共同意义上充分的条件——而被分析。至少，在归纳的基础之上，我们不应该期待有那种形式的盖梯尔难题会有一个解决方案。但是反过来，我们应该期待什么仍有待揭示。

㉒ 实际上，在20世纪70年代中叶，就有大量对普特南的原始陈述的反对。但是，正如罗伯·康明斯（Rob Cummins）所说的，怀疑普特南的"直觉"的人下一次不会被邀请参加会议。当然，我倾向于认为，哈曼的无击败者例子与（特别是）吉内特-戈德曼的谷仓例子就是这样的人工事实。说实话，我也并不同样拥有彩票直觉；我相信，如果机会是千万分之一，而且没有什么重要的东西与之相关，你就确实知道自己不会中奖，并且对于各种形式地"排除"（rule-out）知识论，还有很多更糟糕的。

正如我所论证的，没有一个针对盖梯尔难题的难题的现有解决方案取得成功。**迄今已经表明**，盖梯尔难题没有什么特别的问题，而且那些研究它的人也不会（因为那样理由）而应该受到嘲讽——他们有时是自得其乐而已。

我对自己简单的无根本错误假设的分析感到满意，你呢？[23]

参考文献

Adler, J. (1981). 'Skepticism and Universalizability'. *Journal of Philosophy*, 78: 143-56.

Almeder, R. (1974). 'Truth and Evidence'. *Philosophical Quarterly*, 24: 365-8.

Armstrong, D. M. (1973). *Belief, Truth, and Knowledge*. Cambridge: Cambridge University Press.

Austin, J. L. (1961). 'Other Minds', in *Philosophical Papers*. Oxford: Clarendon Press, 44-84.

Battaly, H. (2001). 'Thin Concepts to the Rescue', in A. Fairweather and L. Zagzebski (eds.), *Virtue Epistemology: Essays on Epistemic Virtue and Responsibility*. New York: Oxford University Press, 98-116.

Chisholm, R. M. (1966). *Theory of Knowledge*. Englewood Cliffs, NJ: Prentice-Hall.

Clark, M. (1963). 'Knowledge and Grounds: A Comment on Mr. Gettier's Paper'. *Analysis*, 24: 46-8.

Craig, E. (1990). *Knowledge and the State of Nature: An Essay in Conceptual Synthesis*. Oxford: Clarendon Press.

Dretske, F. (1971). 'Conclusive Reasons'. *Australasian Journal of Philosophy*, 49: 1-22.

---

[23] 感谢内塔给出的非常有深度而又有益的建议。同样感谢法克斯（Kati Farkas）修正了一个严重的错误。

Feldman, R. (1974). 'An Alleged Defect in Gettier Counter-Examples'. *Australasian Journal of Philosophy*, 52: 68—9.

Fodor, J. A., Garrett, M., Walker, E., and Parkes, C. (1980). 'Against Definitions'. *Cognition*, 8: 263—367.

Fogelin, R. (1994). *Pyrrhonian Reflections on Knowledge and Justification*. New York: Oxford University Press.

Gettier, E. (1963). 'Is Justified True Belief Knowledge?' *Analysis*, 23: 121—3.

Goldman, A. I. (1967). 'A Causal Theory of Knowing'. *Journal of Philosophy*, 64: 357—72.

—— (1976). 'Discrimination and Perceptual Knowledge'. *Journal of Philosophy*, 73: 771—91.

—— (1999). *Knowledge in a Social World*. Oxford: Clarendon Press.

Harman, G. (1966). 'Lehrer on Knowledge'. *Journal of Philosophy*, 63: 241—7.

—— (1973). *Thought*. Princeton: Princeton University Press.

Hetherington, S. (1999). 'Knowing Failably'. *Journal of Philosophy*, 96: 565—87.

—— (2001). *Good Knowledge, Bad Knowledge: On Two Dogmas of Epistemology*. Oxford: Clarendon Press.

Hintikka, K. J. J. (1962). *Knowledge and Belief: An Introduction to the Logic of the Two Notions*. Ithaca: Cornell University Press.

Lehrer, K. (1965). 'Knowledge, Truth and Evidence'. *Analysis*, 25: 168—75.

—— (1970). 'The Fourth Condition of Knowledge: A Defense'. *Review of Metaphysics*, 24: 122—8.

—— (1974). *Knowledge*. Oxford: Clarendon Press.

——and Paxson, T. (1969). 'Knowledge: Undefeated Justified True Belief'. *Journal of Philosophy*, 66: 225—37.

Lycan, W. G. (1977). 'Evidence One Does Not Possess'. *Australasian*

Journal of Philosophy, 55: 114−26.

—— (1984). 'Armstrong's Theory of Knowing', in R. J. Bogdan (ed.), *Profiles: D. M. Armstrong*. Dordrecht: D. Reidel, 139−60.

—— (1986). 'Tacit Belief', in R. J. Bogdan (ed.), *Belief: Form, Content, and Function*. Oxford: Clarendon Press, 61−82.

—— (1994a). *Modality and Meaning*. Dordrecht: Kluwer.

—— (1994b). 'Sartwell's Minimalist Analysis of Knowing'. *Philosophical Studies*, 73: 1−3.

Merricks, T. (1995). 'Warrant Entails Truth'. *Philosophy and Phenomenological Research*, 55: 841−55.

Pailthorp, C. (1969). 'Knowledge as Justified True Belief'. *Review of Metaphysics*, 23: 25−47.

Pappas, G., and Swain, M. (1973). 'Some Conclusive Reasons against "Conclusive Reasons"'. *Australasian Journal of Philosophy*, 51: 72−6.

Powers, L. (1978). 'Knowledge by Deduction'. *Philosophical Review*, 87: 337−71.

Putnam, H. (1975). 'The Meaning of "Meaning"', in K. Gunderson (ed.), *Language, Mind and Knowledge: Minnesota Studies in the Philosophy of Science 7*. Minneapolis: University of Minnesota Press, 215−71.

Quine, W. V. (1936). 'Truth by Convention', in O. H. Lee (ed.), *Philosophical Essays for A. N. Whitehead*. New York: Longmans; reprinted in Quine (1966: 90−124).

—— (1963). 'Carnap and Logical Truth', in P. A. Schilpp (ed.), *The Philosophy of Rudolf Carnap*. LaSalle: Open Court; reprinted in Quine (1966: 385−406).

—— (1966). *The Ways of Paradox and Other Essays*. New York: Random House.

Radford, C. (1966). 'Knowledge—By Examples'. *Analysis*, 27: 1−11.

Rozeboom, W. W. (1967). 'Why I Know So Much More than You Do'. *American Philosophical Quarterly*, 4: 281−90.

168 Russell, B. (1948). *Human Knowledge: Its Scope and Limits*. London: Allen & Unwin.

Sartwell, C. (1991). 'Knowledge is Merely True Belief'. *American Philosophical Quarterly*, 28: 157−65.

—— (1992). 'Why Knowledge is Merely True Belief'. *Journal of Philosophy*, 89: 167−80.

Saunders, J. T. , and Champawat, N. (1964). 'Mr. Clark's Definition of "Knowledge"'. *Analysis*, 25: 8−9.

Scheffler, I. (1965). *Conditions of Knowledge: An Introduction to Epistemology and Education*. Chicago: Scott, Foresman.

Schiffer, S. (1972). *Meaning*. Oxford: Clarendon Press.

Shope, R. (1978). 'The Conditional Fallacy in Contemporary Philosophy'. *Journal of Philosophy*, 75: 397−413.

Skyrms, B. (1967). 'The Explication of "X knows that p"'. *Journal of Philosophy*, 64: 373−89.

Swain, M. (1972). 'Knowledge, Causality, and Justification'. *Journal of Philosophy*, 69: 291−300.

—— (1974). 'Epistemic Defeasibility'. *American Philosophical Quarterly*, 11: 15−25.

—— (1978). 'Some Revisions of "Knowledge, Causality, and Justification"', in G. Pappas and M. Swain (eds.), *Essays on Knowledge and Justification*. Ithaca: Cornell University Press, 109−19.

Unger, P. (1971). 'A Defense of Skepticism'. *Philosophical Review*, 80: 198−218.

—— (1984). *Philosophical Relativity*. Oxford: Blackwell.

Vendler, Z. (1972). *Res Cogitans: An Essay in Rational Psychology*. Ithaca: Cornell University Press.

Weatherson, B. (2003). 'What Good are Counterexamples?' *Philosophical Studies*, 115: 1−31.

Weinberg, J. M. , Stich, S. P. , and Nichols, S. (2001). 'Normativity and Epistemic Intuitions'. *Philosophical Topics*, 29: 429-60.

Williamson, T. (2000). *Knowledge and Its Limits*. Oxford: Clarendon Press.

Wittgenstein, L. (1953). *Philosophical Investigations*. Oxford: Blackwell.

Zagzebski, L. (1994). 'The Inescapability of Gettier Problems'. *Philosophical Quarterly*, 44: 65-73.

—— (1999). 'What is Knowledge?', in J. Greco and E. Sosa (eds.), *The Blackwell Guide to Epistemology*. Oxford: Blackwell, 92-116.

10. 认识的界限与推论的框架

A. C. 格雷林

I

坐在繁忙的城市广场上的室外咖啡桌旁,看着大街上人来人往,有的人买报纸,有的人找到某栋楼然后走进去,有的人赶公共汽车,有的人在看时间,有的人在系鞋带,还有的人在与熟人寒暄。观察他们可以用一个小时,或者同样花上五分钟,因为如果重新认识之为必要的话,任何人自己重新认识一个非常熟悉但又重要的事实,几乎不用花上什么时间,对于有正常能力的人而言几乎不用费什么劲往往都可以成功发现这样的事实,无论是观察他们的环境、处理他们在这个环境中所遭遇的东西,对其做出合适的判断,还是如果出现问题的话予以迅速纠正,乃至通常情况下,关于他们的时空环境和如何应对这样的环境问题上,在其大部分为真的信念或至少有强大解释力的成功理论基础上,而赋予每一行为的证据充分的理性。日常生活中犯下认识错误有可能会因此而遭到严厉的惩罚,甚至以死亡为代价(比方说,就像在过马路时因为错误判断而发生的事情),因此认识实践性是一个严肃而又带有一定后果的事情,由此它所包含的那些假设、信念、知觉解释以及推论实践同样也是这样。

这样的观察性反思允许我们假定哲学上有意思的东西:认识实践建基于其上的日常概念框架论述的有效性。这样的论述尤其将要刻画我们如何超越我们认识能力的限制,其方式则是通过说明那些决定一组许可观点的概念承诺,这些观点涉及具体而又严格的实践特征或关于世界像什么样的,不单单是本体论(到底存在些什么),而且是本体的理论(这个理论告诉我们——用《逻辑哲学论》的语汇——这个情形有可能是什么样的，而且通常是什么样的）。①

在这个方案中需要加以回应的主要问题之一就是：在这些承诺与它们特许的特定信念之间到底有哪些类别的知识论意义上重要的关系呢？这些承诺的做法就像它们是一种有待说明的基础信念，而且那些信念只不过是：关于日常事物的个体信念，比方说关于大而重的移动物体，像公共汽车和卡车开动，还有如果一个人正在它们前面过马路时它们是如何彼此交互。这就要求描述推论的框架，这样的框架是由承诺所具有的基础性作用构成，这个要求意在弄清楚这样的框架的观念中所包含的许诺的实现，也就是它构成了总体上合适的、用以解决各种各样知识论难题的方式，最主要的就是确证与扩展性推论的难题。

有关这些承诺自身的本质，任何一个回答都无法做到中立，因此就有必要对它们进行更准确的描述。一种可能的情形是，这里为选择而进行的辩护要难于针对这样的承诺与它们所支持的普通信念之间关系的特征的论证，但是这样的旨趣主要与后一个问题有关，因此人们大致就能够勾画出承诺是什么样的。②

然而，首先要做的是更准确地定位这里正在阐释的重要问题；到目前为止，这里只是在一般意义上对它进行描绘，将其视为关于一个方案或计划——它使日常认识实践能够以其常见的成功方式得以施行。如果要对这个任务精确化，一个简便的做法就是关注知识论的基础主义理论中的典型缺陷，也即它们无法对认识大厦中基础与上层建筑之间的关系给出满意的解释。纵观各种各样的想法，无论是康德的范畴、罗素的假定、艾耶尔的基础命题、各种现象学的"所与"（givens），还是维特根斯坦《论确定性》中的"脚手架"隐喻，都没有在机制、逻辑或其他任何方面提供有说服力的论据，因为对于这些针对概念性支持的角色的几乎完全不同的方

---

① 我在文中将从头到尾使用"认识的"（epistemic）来对应与知识（knowing）有关的东西，使用"知识论的"来指代与我们知识的理论相关的东西。有些人会将这两个表达视为同义词。

② 有关承诺这个问题在格雷林（Grayling, 1985, 尤其是第一章、第四章）以及格雷林（Grayling, 2003）中得到详细阐述。

案而言，它们正是通过机制、逻辑等起到相应的作用。③ 在勾画回应怀疑主义的超验策略时，我已经论证了，一个针对这一关系的颇有前景的观点是由"覆盖律"（covering law）模型所提出的，这个模型认为，关于某个具体物质的断言是有效的，如果从对其基础的描述所做出的推论源自另一个推论，后者指的是这个推论得到一个或一个以上普遍化的表达的支持，而且这样的表达所指向的是对相应的感兴趣领域的概念性承诺。④ 我仍然认为这样的直觉是正确的，这里的任务就是详尽地对其加以说明。接下来我就针对这么做涉及的一些基本问题加以阐述。

这样的观点如果说得通的话，它开始于对以下立场的认同，即我们寻求描述的概念框架具有克服任何个体必定有限的认识能力的局限性这一首要任务，这些认识能力并未得到该框架的任何帮助，并将被限定在当下经验以及任何组织原则缺乏的情况下而幸免的记忆的操作之中，正是这些原则使得在阐释当前经验时有其用武之地。而且，这里要探究的是一个在最大程度上毫无争议的想法：使日常认识实践得以可能的框架，处于大众历史-地理理论、大众物理学与生物学以及大众心理学之中，在这些理论或领域之间（同时）确定了认识主体在遵从大众物理学与生物学法则的物理学语境中的位置，以及遵从大众心理学法则的社会语境中主体的位置，因此而将它们设定在一个综合的叙事之中，这些叙事的主题是两者内容的混合物，而且在这样的叙事中，主体就是其自身的参照点，通常也是最重要的行动者（actor）。

如果有人对描述这一框架的普遍特征有兴趣的话，其所面临的两个任务就是：第一，辨识这一方案中的结构性概念（基本或基础概念）；第二，描述这些概念以什么方式与日常认识实践中所用的特定经验信念集合关联起来。这里的关键在于要对这两个方面给出保守的阐释，"保守的"原因是，它致力于通过只运用标准的逻辑概念来完成第二个任务，运用大家都熟悉的观念来完成第一个任务，这个熟悉的观念即大众理论告诉我们

---

③ 这些观点来源于康德（Kant, 1781）、罗素（Russell, 1948）、艾耶尔（Ayer, 1954）以及维特根斯坦（Wittgenstein, 1969）。

④ 参看格雷林（Grayling, 1985），尤其是格雷林（Grayling, 2003）。

的知觉经验的世界包含了空间中在因果意义上交互的特定殊相（以及与它们相关的事件），其无论是否被知觉到，都在时间的拉伸中得以持续存在。因为本体（ontology）中这些要素之间的关系是因果性的，它们所构成的物理世界就是规则性的（nomological），它会让认识主体高度相信其知觉到的有规律的事物。此外，这一本体的要素中有一部分就是人以及其他有知觉能力的生物体，这就意味着大众心理学有其可应用性，而这样的可应用性则依附于该领域中某些物理以及生物方面的内容。

以这个意义上的普遍性来加以表达，这样的阐述在更为详细的形而上学问题上保持了中立，这些问题比方说是关于除了时空中的事物之外是否还存在其他事物，这些事物是否应该被恰当地理解为特定对象或事件，以及这两方面的事物中什么才是本体论上终极的。

以这样的方式，我基本上与主要的思想传统保持一致，我把重点放在经验意义上时空领域的间接知识，后面会继续推进。在第 II 节中，我会勾勒出构成接下来几节前提的背景性想法。在后面的几节中，我会审视这一关系的某些方面，尤其是其中的推论性，它们有可能是在这样的认识框架中得以获得的。我要强调的是，这一项事业仅仅有着解释的特征。

II

就像前文所显示的那样，这个研究的起点就是一个简单的自明之理——单个认识主体的能力是有限的。为了细致阐述这意味着什么，对术语做一些区分就是有必要的。我将这一自明之理所表达的称为"有限性困境"（the finitary predicament），使它与其他一些表面看来相似的认识困境区别开来，具体如下（Grayling, 2003）。

展示这个有限性困境的方法之一，就是反思事物对于一个独处一生的人〔因此不是对于世界观的后继者而言，他通过语言和其他社会交往方式而获得〕来说会如何。他建构一个世界观，除了借助与生俱来的认知能力，如感觉器官、记忆以及智力之外，还有可能需要什么东西呢？艾耶尔（Ayer, 1973：ch. v）提出了一个"分析的重构"，就是针对如果一个主体的经验与我们的相似，那么另外还必须要有什么东西被归赋于这样的主体这一问题。他那个有意思的计划是（弄清楚）在难题一开始出现的时候就是多么偏离轨道；因为即使是在这个关头，一个人也必须像艾耶尔所做的那样，注意不能混淆认识上的**唯我论**困境的异常重要而又不同的观念和**有限性**困境的相关观念，前者是一个真正的独居者如艾耶尔设想的将会遭遇的情形，后者则是那些共用一种语言和其他认识资源的共同体成员将会遭遇的。⑤

首先，要注意，如果（有可能）唯我论困境的观念是可理解的，那么它就是作为有限性困境的具体实例，因为尽管使得其有**唯我论特征**的东西在于与主体的分离，但他所面临的这个难题准确地说就是他的认知资源的局限性，也就是他的认识有限性。不过无论如何，"唯我论困境"这一想法也无法幸免于被细致地检视，因为根据定义无物（none）存在，它依赖于主观视角的观念，这一视角的拥有者据说会将其视为他的视角，同时又没有办法将其置于可能的替代性视角之中。这一点很可疑，一个很好的理由便是，在无须考虑被当作这类自我的其他自我（other selves）的存在（或者不用考虑从某个视角出发在某种意义上被视作类似视角的其他经验性视角）的情况下，似乎看不出来是否有某种可能理解自我的观念，或者甚至在最小意义上仅仅理解经验的主体，并且其经验在某种意义上被其视为属于其自身，这意味着任何要成为自我或最小意义上的自我觉知的经验主体均为这类事物的群体的成员之一。⑥

不过，尽管注意到"唯我论困境"观念经不住过于仔细的审视，但这对于消除认识有限性的知识论挑战毫无意义。这里的关键点在于，即使认识主体属于一个能够交流、集合认知资源的群体，但是他以及这个群体总的看来仍然受到这里所讨论的有限性局限（finitary limitations）的约束。而且这就表明的确存在那个有必要填充的巨大鸿沟，即世界观与概念框架之间的鸿沟，前者指单个认识主体被理解为能够从其与生俱来的资源中加

---

⑤ 当他的学生于20世纪70年代在牛津的时候，我有机会与艾耶尔讨论这个问题，并且认为，如果他已经重新完成对认识独居者的论述，那他就会发现这样的区别。

⑥ 关于意识状态的自我归赋的论证，参看斯特劳森（Strawson, 1959）。

以构建的那种世界观，后者则是人类事实上拥有的概念框架，它使日常情况下每天的认识实践大部分能够取得成功。⑦

正是认识到这一鸿沟的存在与特征，迫使放弃知识论中的笛卡尔主义视角。笛卡尔主义视角的内容之一就是我们开始于单个私人意识的数据，并处于"外在"世界的知识的范围之外，或至少是"外在"世界的确证信念的范围之外。优先获取我们自身意识的不可校正的信息数据，就可以使我们相信它们传递给我们的东西；而且它们传递给我们的东西再加上保证负责运用我们的认识能力，就构成一个有关独立于信息数据自身，同时又为信息数据自身负责的真实可信的故事。在笛卡尔（Descartes, 1641）中，保证就是神（the deity）的善（the goodness）；一个邪恶的神也许会希望我们犯下错误，而一个有德的（good）神则不会这样。

然而几乎众所周知的是，笛卡尔为寻求根本的认识确定性问题而提出了人们都很熟悉的怀疑主义挑战，它们自身就通过从意识的信息数据转向它们认定的独立资源而破坏了这个计划。正是有关这些挑战的争论，对笛卡尔主义知识论构成致命的威胁，他的知识论起点几乎被每一位西方知识论学者接受，从笛卡尔自己到罗素与艾耶尔。尤其是，通过将私人经验的信息数据指派为对概念及其运用条件的根本内容赋予的约束，确证知识-主张的这一经验主义方案在拒斥笛卡尔主义知识论起点中已然成为主要的目标之一。⑧

不过，关键是要注意，在检视笛卡尔主义知识论学者因其假设而造成的鸿沟时还可以学到不少教训，然后以英雄主义的方式努力消除这些鸿沟。这样的教训来自试图回应以下问题：既然有这样的认识局限，我们如何才能拥有并运用一个共有的常识概念框架呢？假设由于个体归赋者在从事活动过程中所能获得的证据的缘故，其存在这样极端的不完全决定性，而且正是这样的活动影响着证实或证伪这个概念框架究竟由什么构成，那

---

⑦ 为了避免针对概念图式的观念提出的相对主义挑战中的困难，我这里把讨论限定在任何方案的最基本认知层面，并且在反对前者可能性时诉诸认知相对主义与文化相对主义之间的区分和论证，参看格雷林（Grayling, 1985: ch. 3）。

⑧ 最近一段时间，大部分关注都集中在私人语言论证以及遵从规则必须要考虑的因素——在相同的方向上推进。

么这个概念框架究竟占据怎样的认识地位呢？

一个现成的、显而易见的回答，就是共有的概念框架对于任何个体而言都无法在没有其他帮助的情况下形成，它是一个群体的产物，这样的产物依赖于语言的事实。在个体划分、分配认识任务，处理这些结果，记录它们并且应用它们的过程中，语言扮演着关键角色。这并非要否定有可能存在没有语言的共有概念框架；无数无语言动物的行为方式都强烈表明，它们拥有不可或缺的共有概念框架，而且毫无疑问是固有的，并准确施行这里被归赋于它们的功能。但是没有理由认为，未以语言为中介的概念框架的复杂性达到一定水平。不妨想一下维特根斯坦的观点：我们说一条狗希望它的主人在家，但是这并不是说，如果它的主人是伦敦市长，它希望伦敦市长在家。这就是为什么无可争议的是，我们人所拥有的演化框架在没有语言的情况下根本不可能形成。⑨

通过关注讨论有限性困境的另一种方式来澄清一些问题无疑是有益的，这就意味着尤其要将注意力集中在任何主体畅游这个世界时，与他的实践需求相关的信息的缺陷与缺乏，以及他随后有必要以相应的方式来充实、诠释他始终并不完整的当下数据。从这种刻画的角度来看，一个很自然的起点，就是开始考虑因为以下情形而引起的困境，即我们对扩展推论的技术（techniques of ampliative inference）及其根据演绎标准而确立的不完善之处的实际需要。但是这种讨论问题的方式可能会产生误导，原因在于目前真正的难题，与其说是任何个体对于世界的信息状态的缺陷，倒不如说是在完全不同的层面上，它的不完善之处令人吃惊得很。在细节层面上，对于具体的问题而言，个体知识实际上缺陷非常突出。但是与此同时，正如我们所见到的那样，每一个正常的认识主体同样也拥有并应用丰富的概念框架的背景，在这样的背景出现时他的日常话语与实践就得以进行下去。因此，要再次说明的是，我们很清楚，正是这样一幅极其重要的图景以及它与日常认识实践细枝末节的关系，引起了最为密切的关注。

---

⑨ 我们通常是冒着风险将我们自身的概念范畴解读为动物行为。但是如果我们不这么做的话，动物行为学怎么开始的呢？它至少需要我们将需求、欲念、愉悦以及恐惧学习能力等归赋给动物。显然这里的关键点是：语言运用与无语言动物之间的差异无论如何都是一种生物学差异。

III

来概括一下截至目前的讨论：我们在郑重考察个体（与集体）认识的有限性，并且认识到其事实使有关构成一个背景概念框架的整体理论的问题变得更加有意思。那些问题并非关于认识主体如何逐渐拥有这样的框架——作为那些已经提出的问题的答案——而是关于概念框架所起的作用。问题的关键不在于我们概念的来源是什么，而是它们所起的作用，通过强调这一点来主张后一个问题才是应有之义，这正是康德教会我们做的事情。

这个框架最为明显的一个特征，就是在特质上的实在论（realist）；它假定经验的对象独立于认知它们的行动（知觉、思考或指称它们）。有必要在这一点上先暂停一下，来看一个关键的事实。实在论，不管其表现形式如何还是其诸多充满误导的争论，它都是一个**知识论**承诺。这个理论声称，知识或信念对象独立于获得这个知识或信念的手段。它不是这里的知识或信念所涉及的事物或领域的形而上学论题。有关某个特定话语领域的实在论与反实在论之间的争论，所争议的并不是这个领域包括些什么，而是关于认知与它所包括的内容之间的关系。⑩ 因此，更准确地说，实在论断言的是行动或心智状态与它们所关涉的内容之间的关系。对于这一主张，我在其他地方提出了一个完整的论证（Grayling, 1997：299–320）。

我们出于当下的意图可能会承认，作为理解思想与话语运作的方式的根本，这个概念框架依赖于前面已然辨识出的那些假设，即世界就是按照一定规则运行的时空域，这个时空域由因果意义上交互的具体事物或事件所构成。对这些问题的承诺很自然就表明，为何日常话语会引起指称与真理的实在论解释，因为这种观点本质上与这个领域关于指称与真理的许多新近讨论中的熟悉观点一致，它们大致的立场是，指称通过因果关联按照

---

⑩ 可以列出很多：思想及其对象、知觉及其对象、知识与被知道的东西、指称行为与被指称物之间的关系；这些可称为"心智–世界"关系，即使它们密切关联，但它们几乎完全不一样。

命名的范式（naming paradigm）而得以进行，真理则在于两个方面相互契合，一是我们所思考和所言说的，二是我们正在思考和正在言说的。

无论会有什么困难染及这种实在论图景相关联的本体论或语义学理论，有一点至少相当清楚，那就是它会完全达到经验对它所提出的要求。不过这个问题无关任何争论，无论是这一框架的实在论承诺是否**确实为真**，抑或它们是否就是这个框架的**假设**，即使它们不可或缺，这个问题涉及很多转向。对于当下目的来说，它完全可以忽略不计，原因在于我们只需要注意到这里所有的承诺，都是在对这个框架的假设采用更弱理解的基础上一同对待。[11]

IV

为了搞清楚最开始的时候日常认识实践的概念框架看起来是什么样的，我们有必要专注于其最核心的功能，即它是作为一个推论框架，更准确地说是作为一个推论—许可的框架。通常情况下，经验性判断都被表征为在归纳意义上，基于被认为与之相关的证据，同时也被表征为在证据不完备这一意义上它是可废止的。不过我们注意到，该概念框架包括一组假设，它们涉及各种各样的经验的领域之本质，大致是说，世界是根据先前描述的大众理论的普遍特征所做出的描述。将这些假设看作被抑制的普遍背景性前提，后者与那些针对具体经验判断的特定证据而报告的陈述相关联，与此同时，逻辑的图景则得到显著的改变：被运用的那种推理的形式，因此而被视为根据覆盖率模型的省略式演绎。

从方案上说，我们的想法是具体的判断从相应的证据推衍而来，它们是根据**证据性前提**所做出的报告，而且通常情况下被抑制的更高普遍性程度的前提——**背景性前提**之一，或其中一些就是关于这里所讨论的那些类

---

[11] 无论它们是否确实为真或者只是假设，这些图式的确证特质仍然存在。它就变成了早先已辨识出来的第二个任务的问题，其目的是解决"字面真理"这一问题，也就是这些关于图式的一阶事实，要根据怀疑主义难题来加以阐释，正是来自怀疑主义的难题将内容赋予第二个任务。有关许多复杂的话题，可参看格雷林（Grayling, 1992）。

型的事物，它（它们）就是关于这个世界普遍的、常在的前提。这种推理形式是演绎式的：证据性前提与背景性前提的结合推衍出相应的判断。

经验性判断当然是可废止的。这看起来与以下主张相冲突，即指向它们的解释从形式上看是演绎的。这里的回应是：第一，背景性前提必定包含正常情形的条件（其他情况都相同的条件）；第二，证据性前提只不过与他们所报告的证据一样好——而且对正常的有限性约束也适用。因此我们可能出现判断错误，而且常常有很多的判断错误。（"犯错"也是个可废止性问题。）但是我们同样可以测度判断中所用到的信念度，方式则是充分考虑到证据性前提所报告的证据中固有的相关否定的可能性，以及背景性前提所需要的正常情形的稳定性。这一观点如何在概率观念上保有其具有说服力的东西大概是这样的：指定概率就是提供一种根据击败者得以成功实施的可能性来对信念进行测度。然而，需要注意这样一个非常重要的结论：这个观点通过消除它而解决了归纳难题。

不妨通过回溯亚里士多德式的分类来阐释推论框架这一观念。当然注意到这样的关联只具有启发价值，原因在于根据属与种的亚里士多德式的分类太过整齐有序了，甚至即使在最为可行的领域，比如生物学中也是如此；而且无论如何，对它的讨论往往陷入对定义的讨论，致使在表现形式上引起太多争议。洛克（Locke，1690）很显然曾概括过其中一些情形：不是每一个术语都可以通过其他给出属与种差的两个术语来加以准确解释；有些词无法在词法上加以界定，除了极个别之外，否则就会以懊悔为代价，并且无法通过借助语言本身以外（extra-linguistic）的考察来限定它们的意义。尽管如此，它还是有一些引起联想的重要特征［但是在后来的逻辑中得到更加清晰的阐明：参看尼尔夫妇（Kneales，1962）关于假设、话题以及地点命题的中世纪理论］。一个有名的例子就是"波菲利之树"（Tree of Porphyry）与"二十个问题"（Twenty Questions）游戏所需推论结构之间密切的相似性，在这样的关系之中，通过利用统辖我们的世界图景的分类约定，和他们认为相关于其构成物的识别的认知策略，有技巧的询问者能够不超过二十步而瞄准某个事物。通过考察"波菲利之树"与"二十个问题"游戏所能把握的，就是根据所列出的演绎推论结构对事实问题加以推理与判断的方式：包括具体的前提在内，更具普遍性

（greater generality）的前提与具有更少（lesser）普遍性的前提结合在一起，并且在实际约束中以任何数量的步骤，以非常可靠的方式，甚至是在面临可废止性检视的情况下，产生对事实问题的判断。

V

这些想法当然只是以简略的形式呈现，不过它们意味着一个研究纲领或许可以遵从的方向。然而它的意涵很清楚。通过解释背景性概念框架是如何提供了它，它满足了知识论最重要的诉求——要求确证给出阐释。在一个具体情形中，从对相关证据的报告到诉诸构成这一框架的背景性假设，这样确证才得以进行下去。对一个初心不改的怀疑论者而言，他开始挑战某个具体的经验性主张，也没有满意于正常的击败者在这个情形中未加以应用的证明，我们会对这个怀疑论者说："这个嘛，就是（我们认为的）世界所是的样子。"这个怀疑论者也许（而且实际上应该）立即注意到框架自身的问题，并且探究我们把什么确证用在这个问题上；但是这是完全不同的、更进一步的问题。（有一些哲学家，比如卡尔纳普、维特根斯坦，他们以自己的方式认为这样的高阶怀疑主义挑战是无意义的。）从这一形式上看，怀疑主义提出的难题乃是相对主义的难题。

从传统意义上看，解决知识论中确证的难题的最好做法是通过击败击败者（defeating the defeaters），这些击败者指的是大家都熟悉的反对知识主张的怀疑论证。尽管全方位努力，但最终的失败意味着最好的策略就是提出一个积极的确证理论，这个理论表明确证是如何得以确定的。就像亚里士多德所要求的那样，在满足公认意见的精神之中，这样的理论尊重认识成功的普通日常经验，很显然它有着突出的优势。这里提出的观点恰恰可以做到这一点。它通过诉诸背景性框架的假设以及其他前提而推定出终极确证，其中面前的假设是作为基础性前提，具有更少普遍性的判断都从它演绎出来。这个理论有效与否，取决于能否对高阶的确证问题给出回应，而我们在接受框架自身时就会有这样的问题，当然，这是在另一个地方要应对的任务；不过也可以说，有些东西就像这个框架假设的先验演绎，它与任何一个替代性框架可能只是该框架的变体这一论证一道（"可能"的模态严格说来就有此意涵），将会完全满足这种高阶的怀疑主义。⑫

尽管这里也许就策略问题可以讨论很多东西，但是我只想提一个方面。奥斯汀（Austin）与艾耶尔之间曾有关于知觉判断的争论，它在很大程度上可以说明其中要义，尽管实际上它并非经典的例子。在类似的有关经验知识的早期论争中，要指出的是，关于事实的判断并不具有来自证据性前提和背景性前提的结合体的推论形式（因此奥斯汀说："当我看见一头猪，我不会说它闻起来像一头猪和看起来像一头猪，因此它是一头猪；我会说，看哪！一头猪！"）。⑬ 对于判断而言，尤其是大部分知觉判断，通常情况下都是直接的，它们处于娴熟的、基于经验的识别能力的演练之中。现在，作为对做出判断这一现象的描述，很显然这是正确的；但是奥斯汀式的批判涉及心理与逻辑这两类事实的混淆，它们都是关于做出判断的结构。可以肯定的是，作为心理事实问题，判断通常情况下并非通过推论的过程一步一步地进行；但是如果他被挑战要求确证其判断的话，他将不得不陈述其根据，而且如果受到更多的压力，还要陈述作为根据来支持它们的那些背景性假设。究竟有什么进入做出判断这一过程之中，在有关这一点的完整故事之中，概念框架所做的工作将会是透明的，它使得我们能够追踪指向判断自身的推论路线。

VI

这里的核心主张是，确证难题可以用认识有限性难题来加以重新描述，这样的话，通过显示认识有限性在日常认识实践中是如何得以成功克服，并提出解释这一让人开心的事实到底需要什么，我们就能够设想拥有并运用一种实在论的概念框架，它作为一个框架，使经验变得融贯，同时也作为一个推论框架——形式上演绎的框架，普遍假设就是在这样的框架中支撑着日常认识判断。由此，我们同样可以看出这一争论领域中主要的

---

⑫ 我正好在著作（Grayling, 1985）中提出过这个论证，请参看尤其是其中第四章。

⑬ Austin（1962：104–7, 112–9, ch. XI）；Ayer（1967）.

哲学任务在于：在确证框架自身时，几乎也就是以其最有意思、最具实质性的形式——相对主义来反驳怀疑主义。不过要再次说明，这是一个不一样的难题，它只会在知识论的传统确证难题得到解决时才会适时成为关注的对象；最终它是这两个难题中更加重要的那一个。[14]

参考文献

Austin, J. L. (1962). *Sense and Sensibilia*. Oxford：Clarendon Press.

Ayer, A. J. (1954). *Philosophical Essays*. London：Macmillan.

—— (1967). 'Has Austin Refuted the Sense-Datum Theory?' *Synthese*, 18：117-40.

—— (1973). *The Central Questions of Philosophy*. London：Weidenfeld & Nicolson.

Descartes, R. (1641). *Meditations on First Philosophy*.

Grayling, A. C. (1985). *The Refutation of Scepticism*. London：Duckworth.

—— (1992). 'Epistemology and Realism'. *Proceedings of the Aristotelian Society*, 92：47-65.

—— (1997). *Introduction to Philosophical Logic* (3rd edn.). Oxford：Blackwell.

—— (2003). 'Scepticism and Justification', in S. Luper (ed.), *The Skeptics：Contemporary Essays*. Aldershot：Ashgate, 29-44.

Kant, I. (1781). *Critique of Pure Reason*.

Kneale, W. and M. (1962). *The Development of Logic*. Oxford：Clarendon Press.

Locke, J. (1690). *An Essay Concerning Human Understanding*.

---

[14] 有必要再次强调，此处所暗示的这种相对主义是认知相对主义，不是文化相对主义（参看脚注7）。根据戴维森主义的思路，一个人也许会想起来，后面一种异乎寻常的相对主义如果可能，其条件只能是前一个相对主义是错的；因为如果认知相对主义为真的话，那么就会出现我们无法辨识另一个概念图式存在的情形，而且我们更加无法把握，乃至较少领会其不同的实践与价值。

Russell, B. (1948). *Human Knowledge: Its Scope and Limits*. London: Allen & Unwin.

Strawson, P. F. (1959). *Individuals: An Essay in Descriptive Metaphysics*. London: Methuen.

Wittgenstein, L. (1969). *On Certainty*. Oxford: Blackwell.

11. 若你知道，你就不会错*

马克·卡普兰

I

当我写这些的时候，我正看着外面的一个漂亮的威尼斯式小花园。那里有树、玫瑰花丛、葡萄藤、秋海棠以及一对小棕榈树。阳光之下，大运河上的船只间或显现于这些树木之间。你问我，我是如何知道这些的？具体点说，我是如何知道在这个花园中有玫瑰丛的？我的回答是，我看见它。我知道它，用这种方式我还知道我周围的这个世界上其他每样事物。通过经验，如看，嗅，触，听，品尝事物。在这个情形中，我是通过看到玫瑰花丛才知道它在这个花园中。

不过这里有一条推理的线索影响着我对你的问题所做出的回答——我所呈现出的，我通过经验去知道我周围的这个世界——很可能是错的。这条推理的线索是这样的。以下情形简直无可置疑：就我知道我的威尼斯式小花园中有什么而言，我是通过经验知道它。但是，我对经验的描述——"我看见它"不可能是错的，我正是通过经验而知道我的威尼斯式小花园中有什么。毕竟，我有时会受到错觉和其他各种知觉错误的影响。既然有这样的情况存在，我理应承认，对任何我相信我看见的 x，我也许有几乎完全相同的经历，但并没有看到 x。（对听到 x、闻到 x、尝到 x 等这些情况也是一样。）因此，正如我所做的，在我对经验的描述中——我说"我看到它"——我错误地描述了我的经验。"我看到它"为

---

* 我特别受益于和以下四位——莱特、麦克道威尔（John McDowell）、特拉维斯（Charles Travis）、维纳（Joan Weiner）——的对话以及（在某些情形中的）书信往来，他们中没有哪一个应该（或者，我希望，会有意）对最后的结果负责。

真，仅当这里所谈论的事物在那里，而且我以一种知觉得以发生所需要的方式与它关联在一起。但是，根据我最近所赞同的，即使那些条件未得到满足，我也可能拥有几乎完全相同的经验。准确地说，在我是否正看着我声称知道我的花园中的那些东西这一问题上，我的经验是中立的。

但是（大致随着这一推理线索的延续）这引起了一个怀疑论的问题。一旦我承认，在我是否看见我认为我自己看见的东西这一问题上我所有的经验都是中立的，那么我也就承认了，它完全相容于当我误认为我自己看到时我所拥有的经验。换言之，在我通过诉诸我（此刻）看到玫瑰花丛的中立经验，向你解释我是如何知道我的威尼斯式小花园中有玫瑰花丛时，我必须允许我可能是错误的，我根本没有看到玫瑰花丛，而且事实上这里可能根本没有玫瑰花丛。但是，我不可能融贯地做到这样。一旦我做出后一个让步——我对花园中存在着玫瑰花丛可能犯错，我不能再声称知道我的花园中有玫瑰花丛。我不可能说，"我知道，但是可能是错误的"①。

---

① 关键是要注意，这个论证并不是要表明，我不知道我的花园中有玫瑰花丛。它仅仅意在迫使我退一步承认，**我没有能力宣称知道**我的花园中有玫瑰花丛。这里有很多知识观念［选一个众所周知的例子，罗伯特·诺齐克的追踪观念（Nozick, 1981：167–247）］，根据这些观念，我做出的这个妥协（假如我继续相信我的花园中有玫瑰花丛）完全相容于以下说法为真，即我知道我的花园中有玫瑰花丛。

那么，为什么这个论证会让人感兴趣呢？因为（比方说）诺齐克让我把握到的这个思想，也即我可能完全知道花园中有玫瑰花丛，尽管有其相应的论证，但就其自身而言意义寥寥。我想主张（正如我事实上已经主张的），**我的确知道**花园中有玫瑰花丛。确切地说，这论证想要攻击的恰恰是我做出那一主张的资格（entitlement）。

我想要主张我知道这个具体的事物在任何意义上都并无异常。毕竟，我们没有哪个人会特别地关注，"我有知识吗？"我们关注的问题往往是，"我知道什么，以及我不知道什么？"在我们进行探究和做决定的时候，我们想要（我认为我们应该）对待我们所知道的事物的方式，不同于对待我们所不知道的事物的方式。［参看卡普兰（2006）论述我们是如何以不同的方式对待我们认为自己知道的命题，与我们认为我们自己不知道的命题的。］为了做到这一点，我们就有必要将我们知道的与我们不知道的区分出来。因此，既然我们不能合理地声称知道很多东西，那么任何论证只要它可以让我们得出结论我们无法做到这一点，（至少在那个程度上）就是有意思的论证。

经验的析取论者观点就是为阻断该推理的线索而量身定做的。析取论者的观点否认错觉和知觉错误这样的现象，这迫使我们承认，对于任何我相信我看到的 x，我都可能拥有完全相同的经验，但却没有看到 x。析取论者主张，经验构成看到 x 这样的事实，在部分意义上就是使经验是其所是的东西。如果它不是看到 x 的话，那么它不会是同样的经验。（正如错觉和知觉错误向我们展示的）确实有这样的情况，我无法在看到 x 和看不到 x 之间做出区分。不过所有这一切意味着，在这样的情况下，我未能查验出我正在拥有的是哪一种经验：是我看到 x 的经验还是看不到 x 的经验。同时，我有时会犯下这样的错误，这一情形无论如何都不会迫使我将经验看作要被个体化的事物，而不管他们看到与否，就像我有时将贝里尼（Bellini）的绘画误解为卡巴乔（Carpaccio）的绘画，它迫使我将画作视为要被个体化的东西，不管它们是谁的作品。②

在我看来，似乎析取论者对这种版本的错觉论证的回应从目前看来还不错。换言之，似乎对我而言，没有什么好的理由去拒绝析取论者对待个体化经验的方式。（事实上，如果某些析取论支持者没错的话，析取论的情形比下述立场要强得多：析取论者要取代的经验观念在其他方面是成问题的，如果不只是不融贯的话。）③ 而且，根据析取论者的个体化经验的方式，这样的论证根本不会通过。

同样，在我看来，似乎析取论者的回应并没有走太远。因为很容易就能看出来，不用通过诉诸析取论者所主张的那种个体化经验的方式，人们就可以重塑错觉论证。

假定我们可以像析取论者要我们做的那样同意以个体化方式对待经验。看起来仍然是，我不得不承认对于我相信自己看到 x 的（包括正在讨论中的）任何情形，还有另外一个想象得到的情形，我无法与第一个情形区分开来，而且我同样也相信自己看到了 x，但是事实上我没有看到 x。毕竟，那些我始终因为错觉而出现的情形，以及我因为知觉错误而遭遇的

---

② 参看斯诺登（Snowdon, 2005）所表达的一种非常相似的析取论版本。人们也可能会在那里看到所参考的析取论文献，以及有着同一个析取论标签的不同学说的简洁指南。

③ 比如，参看麦克道威尔（McDowell, 1994）和特拉维斯（Travis, 2004）。

情形，实际上都是这样一些可想象的情形中已然包括的。但是，一旦我承认这些（这个论证会继续），就意味着我已经承认在许多（即使不是全部）这样的情况下，我认为我自己看到 x，事实上我有可能是错的。也就是说，即使我把我对为何我知道我的威尼斯式小花园中有玫瑰花丛的解释——我最初的（而且根据析取论者立场，完全恰当的）解释是，"我看见它"——呈现在你面前，我也必须允许对于我的花园中有玫瑰花丛，我可能错了。但是，我不可能融贯地做到这样。一旦我承认在我的花园中有玫瑰花丛这个问题上我可能犯错，我就不能再声称我知道我的花园中有玫瑰花丛。我不可能说，"尽管我知道，但是可能是错的"④。

而且，一旦人们看出来怀疑论挑战的核心不是关于恰当地将经验个体化的方式这一问题；一旦人们明白，错觉论证可以不通过诉诸任何经验的本质而被轻易陈述，就自然会明白该论证何止可以用于反对知觉知识的主张。它同样可以用来有效地反对通过非演绎推理而获得的知识的主张，以及那些我解释我是如何通过诉诸证据而知道某个东西的情形，当然这样的证据并没有使得我声称知道的事物必定为真。

这样的情形有很多。我知道我明天还在威尼斯。我如何知道的呢？我已经约好了某人明天下午 4 点见面。我知道，我的妻子此刻正在上语言课。我是如何知道的呢？她告诉我，她在那里。我知道乔治·布什

---

④ 也许会有人认为，我有以下现成的回答："我讨厌重复自己的话，但是，正如我所说的，通过解释我如何知道花园中有玫瑰花丛，我确实看到了它。而且如果我看到了它，我就不可能会出错。因此我没有理由撤回我声称知道花园中有玫瑰花丛。"但是，这个回答并不是现成的。我说我看到它，我十分确信自己看到了它，在我说我看到它时，我还跺着脚，但所有这些情况都无法说明我确实看到了它。毕竟，已然存在着这样的情况，对于某个事物来说，我完全相信我看到过那个事物，就像我现在正在看到这玫瑰花丛一样；我现在完全相信这个装置有利于看到那个对象，就像我现在相信这个装置有利于看到玫瑰花丛一样，但是我错了：实际上那里根本没有我认为我看到的那类对象存在。事实上，有一些可想象的情形，我不能将它与这个情形区分开来，在这些可想象的情形中我会声称看见玫瑰花丛，对这个声称完全确信就像我现在看到一样，但是花园中并没有玫瑰花丛。一旦承认这一点（或者就像论证继续进行下去那样），就难以明白我如何能否认我在正看到玫瑰花丛这个问题上可能犯错误，误以为那里有玫瑰花丛会被看到。但是承认这一点，我怎么才能继续声称知道有个人在那儿呢？

(George Bush)是美国的总统。我是如何知道呢？我看了今天报纸上关于他的消息，自从他离职或者让位之后，我就听不到他的消息。在每一个这样的情形中，通过诉诸某件事，它的真相与我的知识主张是错的相一致，来解释我如何知道这里讨论的这件事。事实上，这样的事情时有发生，当我希望某事为真时，我宣称"我知道"的命题却是假的。因此（将有论证表明），在每一个这样的事情中，我必须承认，甚至是在我解释我如何知道正在讨论的命题，甚至是在我断言我所诉诸的用以解释我如何知道这里所讨论的那些命题的真时，我也可能是错的：我宣称我知道的命题也许是错的。但是（要再次强调的是），我无法融贯地做到这一点。一旦我承认我可能是错的，我便不能再宣称知道"我宣称知道"的命题。我不能说："我知道，但是我可能是错的"。

那么我的主张就是这样的，析取论者对错觉论证的这个回应（我之后将会简单提及）还远远不够。错觉论证所表达出的焦虑，是在面对其他主张的易错性时对我们是否可能持续保有我们知识的主张的焦虑。这个焦虑源于以下两个想法：(i)几乎没有几个（如果有的话）情形我们可以声称拥有知识，但却无法想象那个知识主张如何可能是错误的，以及我们声称知道那个命题如何可能为假（事实上，在很多情形中，当我们认为我们的知识主张十分可靠时，我们有时恰恰是这类错误的受害者）；但是(ii)我们不可能在任何情况下都可以融贯地说，对于某个命题P，"我知道P，但是我可能犯错"。错觉论证的关键是，这两个想法合在一起就意味着，几乎没有几个（如果有的话）这样的情形，我们能够合法地声称知道关于我们周围世界的那些命题。而且，对于由最初的错觉论证的析取论回应所做出的那些出色的工作[5]，这一最后的说法就是，析取论者只是简单地回应而没有深入触及。

在这篇文章的余下部分，我将要做的是阐释（我认为是要做的）错觉论证中产生的真正忧虑。我要解释，我们如何能够相信以上反复提到的

---

[5] 而且，如果依据是尽管它对怀疑主义论证做出了近乎完美的回应，但它没有对**所有**怀疑主义论证给出近乎完美的回应，那么以这样的方式来批判析取论当然是不公平的。

两个问题，但仍然认为我们知道我们通常认为我们知道的事物：我们看到的是什么，我们明天将要去哪里，我们的爱人此刻在何处，谁是美国的总统。对接下来要说的我并不完全相信。我认为，几乎早在60年前奥斯汀的《他人心灵》(*Other Minds*)一书就给出了如何正确思考这些问题的基本框架。⑥ 这里还要补充一些东西是我想要增加的。但是如果下面的内容有什么说服力的话，其赞誉将主要归功于奥斯汀，而不是我。

在呈现奥斯汀对这些问题的考虑并在其中添补一点，我的想法不只是解释奥斯汀是如何思考这些问题的，而且是要依循奥斯汀的方法来介入知识论。当然奥斯汀是"日常语言哲学"运动的代表人物，它主导着20世纪中叶英美哲学的主要话语。他认为，检验关于比方说知识的本质与程度的哲学论证的途径，就是评价该论证对于我们日常实践而言有多么准确可靠：针对那些我们日常言说和行动的（以及乐于说和做的）事。因此，我想用这种奥斯汀的方式，从检验错觉论证以及类似多样化、稳固的论证开始。

我要强调的是，我在此所做的并不是对奥斯汀的盲目追随。几乎不存在那样的问题。我充分意识到，这篇文章的许多读者，即使不是大多数，都会在面对这篇文章时，对奥斯汀介入知识论的规范性有着巨大的疑虑。（在第Ⅲ节）我的主要任务之一就是要说明，为何这些疑虑是不当的。我确信，知识论前进的方式就是回归并恰当地吸取奥斯汀试图教给我们的某些教训。

Ⅱ

奥斯汀对这里所讨论问题的思考，简洁地浓缩于以下这段话：

> "当你知道你不可能犯错时"是一种非常好的感觉。你不能说"我知道它是这样的，但是我可能错了"，就像你不能说"我答应我会的，但是我可能做不到"一样。如果你意识到你可能犯错，你不

---

⑥ 见奥斯汀（Austin, 1979: 76–116）。文中所有插入页码可参见奥斯汀（Austin, 1979）。

应该说你知道，就像如果你意识到你可能食言，你就不能许诺。但是很显然，意识到你可能犯错并不意味着你只是意识到你是一个会犯错的人：它意味着你有某些具体的理由来假设，你可能在这个情形中错了。正如，"但是我可能做不到"不仅仅是指"但是我是一个能力不强的人"（在这样的情况下，没有比增加"若承天意"* 更激动人心的了）：它意味着，对我而言有某些具体的理由来假设我可能会食言。始终有以下可能（"人类"的可能），我可能错了或有可能食言，尽管如此，这样的情况自身并不禁止"我知道"和"我保证"这样的表达，就像我们实际中使用它们一样。（98）

185　　奥斯汀似乎是从一个并不牢靠的起点出发。在认为"如果你知道，你就不可能犯错"时，他的理由似乎可以被完美地理解为这样：你也许不会说，"尽管我知道它是这样的，但是我可能错了"。就它自身而言，这是一个难以信服的理由。你同样不能说，"我相信它是这样的，然而它又不是"。不过，无论如何都没有理由认为，如果你相信 P，那么 P 为真。事实上，奥斯汀在"我知道，但是我可能是错的"与"我承诺我会的，但是可能做不到"之间的类比，只是起到凸显这一困难的作用。你也许不会说"我承诺我会的，但是我可能失败"，这一事实同样没有给出任何理由认为你从来不能在任何实际上你可能做不到的情形中，承诺做任何事情——更不能认为你从来不会做不到你所承诺的事情。而且正如我们都知道的，有时候你确实没有做到你已经承诺的。[7]

同样，奥斯汀几乎没有为"我知道 P"和"我可能在知道 P 上犯错"之间究竟有什么关联给出现成的论述。对他而言，至少有一点很清楚，那就是他认为你不应该同时两个都表达出来。但是你**为什么**不应该呢？是不是因为，在说"我知道"之后，说"但是我可能犯错误"可能会剥夺后者的语言行为力量呢？奥斯汀指出（99–101），当我说"我知道"时，

---

*　此处原文为 D. V.，是拉丁语 Deo Volente 的缩写，意为 God Willing。——译者注

[7]　而且，对于不存在这种类比的质疑，也即质疑他在《他人心灵》（101–3）中所预见的，奥斯汀的回应（至少在我看来）不够令人满意。

我是在要你接受我的话。或者是不是因为只要你也许会出错这一点为真，你就知道这一点即为真呢？或者，还有其他什么别的理由吗？

幸运的是，奥斯汀这里的失误并不具有什么辩证性意义。错觉论证和其稳固的同类论证假定一旦我承认我可能在 P 上犯错，我就不能恰当地声称自己知道 P。奥斯汀无意跟这样的假设争辩。恰好他**为什么**无意为此而争辩成了一个契机。此外，值得注意的是，我未被允许说"我知道，但是我可能是错的"，这样的不被允许事实上**不是**我不能适当地谈及我自己的事情，而别人却可以适当地谈论这类事情的问题。（就像是下述情形，如"我相信 P，但是 P 是错的"，而且"我答应去做 X，但是我有可能做不到"。）**没有人**可以恰当地谈论我，说我知道 P，但是我有可能是错的。

对于这一假定——一旦你承认你有可能是错的，你就不能恰当地声称知道，关键**是**为什么奥斯汀认为，这个他无意争辩的假定并未造成怀疑主义的后果，即错觉论证及类似论证会让我们认为它有这样的情况。这是因为（他主张）相反的想法依赖于这样一个错误，也就是错误地认为，当我们同意，一旦我们承认我可能在 P 上犯错，我就无法合法地声称自己知道 P 的时候，我们用"我可能是错的"意在指代某个事物，这个事物的真只要通过注意到我在人力所能的意义上是会犯错的就得以确立。

奥斯汀给我们提供了一个非常清晰的理由，来认为它的确是一个错误。他这里与"我答应我会去做的，但是有可能做不到"所进行的类比**是**有用的。如果我意识到我可能无法履行承诺，我就不应该去承诺。但是，如果为了意识到我可能做不到，如果所需的只是我意识到我是人，并因此而天生就被赋予人有的缺点，那么关于我是否会做不到（以及因此就不应该许下诺言）这个问题绝对不会那么激动人心。不过，它有时**确实**让人激动。一个人可能会细致考虑在承诺之前是否可能做不到；有时这是一个难以确定的问题，这个问题还涉及在某些至关重要的情形中，他甚至可能要苦苦思索。如果我是人（以及因此而具有人类固有的缺点）这样的单纯的事实就解决了这个问题，这其中就没有什么困难可言：很显然在每一个情形中，我都可能做不到。因为从没有哪个有良心的人**可能**曾经做到，因此从来没有人承诺做任何事情，也从来没有任何承诺被接受。我发现我是否可能做不到这个问题并非始终清楚明晰，这个事实等同于另一个事实，即既然我们完全意识到我们人类的易错性，我们就确实凭良心做出承诺并接受承诺，这样的事实表明，在赞同倘若我意识到我可能做不到我就不应该承诺时，我们用"我可能做不到"并不指向这样一种东西——它的真可以通过我有着人类固有的缺点这一事实而得以确立。

这一点同样适用于不允许说，一旦我承认我可能是错的就意味着我知道。在主张不允许这么做的时候，我们用"我可能是错的"意指其他什么东西——它的真只是通过注意到我之为人就是可错的而得以确立，如果是这样的话，那么有关我可能是错的这一问题从来不会令人激动。但它有时确实**是**令人激动的。它可能会很困难，而且甚至在某些至关重要的情形中，需要费心费力地确定我是否在 P 上是错的，并且因此而无法声称知道 P（也许正如我已经做过的）。如果事实上我作为人可能犯错这一事实足以决定那个问题，那么就绝对不会存在以下困难：除了我以人所特有的方式易于犯错之外其他都没有问题。同样对于以下情形也不存在什么问题，如果我知道最近的医院在哪里，当我（比方说）在街上被人气喘吁吁地问到时，我是否可以肯定地回答。显而易见的答案当然是我不能。当我是个易于犯错的人时，并且因此而可能出错时，我如何可能知道最近的医院在哪里呢。以这样的方式来思考这个问题似乎让人无法容忍，这一事实就相当于我们会以愉悦的心情做出并接受知识主张，甚至即使我们认识到我们作为人都易于犯错，进而将会表明，在承认一旦我认可我可能会出错我就不能合法地声称知道时，我用"我可能会出错"并不是指向其他什么东西——它的真只要通过注意到我作为人自然会出错就能够得以确立。

它还需要什么呢？奥斯汀的回答是，它需要"一个具体的理由来假定，［我］在这样的情形中可能是错的"。但是，这样的具体理由是什么呢？特别是，在涉及以下事实时，它究竟是什么呢？这个事实指的是我作为人自然就会出错，它使其无法成为那个认为我可能在这个情形中出错的具体理由。

奥斯汀从来就没有明确地这么说过。但是我认为，从他关于日常生活的知识归赋的明确说法中，有可能看出他是如何回答这些问题的。让我们改变一个场所（从威尼斯到英格兰的某个地方）和目标（从植物界的知识到动物界的知识）。我看着窗外说："你无法想象我在花园中看到了什么——金翅雀！"你可以正当地提出疑问："你如何知道这是一只金翅雀？"为什么这是正当的呢？因为声称知道往往带有一定的确证义务。奥斯汀是这样说的：

> 无论何时当我说我知道时，我总是倾向于被认为是声称在一定意义上与这种陈述（以及当前的意图和目的）相对应，我能够去证明它。在当前非常常见的情形中，"证明"看起来是要陈述当前情形的重要特征是什么，这些特征足以构成这个情形，而且这个情形是以我们已经描述它的那种方式，而不是以其他相关的不一样的方式得到正确的描述。一般而言，我可以"证明"的那些情形，就是我们用"因为"（because）这一表达式的情形：我们"知道但不能证明"的情形，指的是那些我们运用"来自"（from）或"经由"（by）这类表达式的情形。

首先这里看起来似乎是，在最后一个句子中，关于那些我们"知道但无法证明"的情形，奥斯汀收回了他在第一句话中所说的。但是，我认为这个忧虑很容易得到处理。不妨想一下，我能够证明我知道一个陈述，就像能够为以下问题——"你如何知道它？"——给出一个充分的回答一样。奥斯汀只是在提醒我们，在日常生活中，说一个人知道一个命题，并不总是需要非常多的东西。对于"如何知道这是一块巴基斯坦的地毯呢？"，或许说"摸一下"或"看起来"就知道了（参见 84-5）。在某些情况下（像"你如何知道这是一个定理呢？"），"这太明显了"就可以说明问题。（而且它看起来与人们通常所认为的证明大相径庭：它没有一个清晰的前提。）⑧ 语境影响着我们所要说的，也影响到是什么东西足以构成说一个人是如何知道的。

因此，"你如何知道这是一只金翅雀呢？"假定我的回答是"从它的红色头部"。你完全可以正当地认为我做得还不够，它不能证明这是一只

---

⑧ 有关称某个东西为无前提的证明，我认为对这一点的忧虑要回到摩尔。

金翅雀。可能可以正当地认为,"成为一只金翅雀,除了要有红色的头外,还要有眼部标志性的特征":或者"你如何知道它不是一只啄木鸟呢?啄木鸟也有红色的头部"(84)。

但是,尽管你这里可以正当地声称我做得不够,但在你认为达到足够的程度之前,你还能够正当地对我要求多少这一点上还是有限度的。

> 够了就是够了:它并不意味着一切。够了意味着足以表明(在理性范围内,而且出于当前的意图与目的)它也"不可能"是其他任何东西,不存在任何替代性的、与之对立的描述的空间。比方说,它并不是意味着足以表明它不是一只**充填而成的**金翅雀。

这里的意思并非说,它绝不是为了要求一个人做到足以表明它不是一只充填而成的金翅雀。我们当然可以想象在一些情境中(我们在一个鸟类饲养场中,既有充填而成的鸟,又有活鸟),这样的要求会非常清楚。不过奥斯汀的想法是,我们会有一个(大致可以肯定的)想法,即通常情况下什么东西才会足以确立某个知识主张属于某个特定类别时所蕴含的适当性(这里无论是知识主张的内容还是其相应的情境,它们共同决定了那个主张就是特定类别的主张之一)。同时,做得足够从来就不需要做到一个人能够想到的所有事情。事实上,只有在特殊的情形中,也就是在那些有特殊理由假定某个东西不太正常的情形中,我们才能正当地要求做得比正常情况下要多才算足够。正如奥斯汀所说(这里是关于他人心智的知识的主张):"在这些特殊的情形中,怀疑就出现了并且需要加以解决,它们与正常情形构成鲜明对比,后一类情形则继续坚持除非出现某个特殊的提议而且其中又带有欺骗等。"(113)

在我看来,这最后一句奠定了奥斯汀观点的基调。一个人可能无法正当地声称知道 P,除非她能够(在理性范围内,而且出于当前的意图与目的)证明 P。这就要求她能够应对每一个宣称对她声称知道 P 的正当的挑战。语境影响着被认为是正当的挑战的那些东西。但是对常见类别而言同样可以这么说。即使我们承认,如果 Q 为真,这个人就不知道 P,但是也就不能正当地(在我们相信她声称知道 P 之前)要求她去解释她如何知道 Q 不为真。(在奥斯汀的金翅雀的例子提出后,为了知道树上有一只金翅雀,我不需要去证明它是一只填充而成的金翅雀。尽管事实上,我们都意识到如果这只鸟**确实是**填充而成的,那么我们就不知道它是一只金翅雀。)也就是说,我们准备好做出并赞同知识主张,纵使我们意识到为了证明那个主张为真,能够想到要做出的所有努力确实**已经**完成。

我们有大致的标准(这些标准界定了奥斯汀所称的"正常情形"),它们可用于确定为了保有一个关于某特定类别事物的知识主张(同样还是由内容与情境决定它是什么类别),究竟需要些什么,而且假如那些标准都得到满足,那么我们就可以相信这样的主张。如果要求做更多显然是不正当的,除非有某个特殊的理由来假定其中有什么东西不太正常。那么是什么东西使得一个理由之为特殊呢?至少要满足以下要求:这个理由一定不是下面这样的情形,当我们十分满意、非常恰当、毫不意外地做出并赞同当下正在构造和/或评价的那类知识主张时,我们就完全意识到这一理由的出现。

说了这么多,很显然,我们作为易于出错的人类并不是怀疑我在小威尼斯式小花园中,声称看到玫瑰花丛这一情形中犯错的坚实理由。我们做出并相信这类知识主张,对这么做很满意,觉得如此做很恰当,而且始终承认做出如此主张的人都是易于出错的人。我们会认为以下挑战完全是反常的,"你如何知道那是玫瑰花丛的呢?毕竟你作为人是会出错的,因此你可能就是错的!"我们将会认为它的反常就像是我们说,对于某个亟须帮助的人而言,我说最近的医院在哪里——我们这么说完全是源于这样的想法:我作为人可能出错,因此在医院与这里相隔三个街区,在罗杰斯的拐角处,是 1#这一点上犯错。

因此,我可以承认我作为人的易错性,也承认作为人我在这个情形中有可能是错的,同时又不必承认,我会因而在花园中有玫瑰花丛这一问题上是错的,因此根本不能声称知道这一点。当要确定我是否可能出错时,出于确定我是否知道一个特定的主张这一目的,我作为人而可能出错这一事实无法解决这个问题。既然没有任何正当的理由来假定我没有做到通常情况下足以证明我知道我声称知道的东西,那么就需要一个特殊的理由来假定我在这个情形中是错的,以使得我有可能是错的这样的说法并无不妥。而且这一单纯的事实——我作为人而会出错并不是这样的理由。

III

我知道，前述的内容与其说让许多读者满意，倒不如说让他们印象有些深刻。我之所以知道这一点，是因为我知道在日常语言哲学的做法中，很少有哲学家会为之所动，正如上面的做法那样。我所要做的是，试着去表达为什么它如我认为的那样，许多哲学家将会发现前述内容不那么令人满意，同时试着表明为什么我认为他们的疑虑是错置的。

异议：前述内容未令人满意的原因在于，它只是假设了我们日常知识归赋实践的适当性；它丝毫没有提及，为什么人们应该认为这样的实践事实上值得我们的认同。

回应：确实如此，这里没有提及任何理由来假定我们的日常实践配得上我们的认同。不过，这并非我们具体做法的责任。错觉论证意在让我们相信，我们的日常实践中有些东西问题严重，这些实践正是我们所认同的。它意在说服我们，我们的日常实践需要我们承认的完美的普通事实（包括承认我们作为人易于犯错，承认如果我们知道我们就不可能是错的），要求我们得出结论，如果为真，它就破坏了我们日常实践所标榜的适当性。奥斯汀力图表明，这样的论证并未成功，准确地说，我们必须承认的普通事实与破坏我们所承诺的日常实践的适当性没有任何关系。就奥斯汀在这一点上所取得的成功来看，他正好应对了来自错觉论证及其类似形式所赋予我们的挑战。

异议：如果要按照奥斯汀的方式处理错觉论证及同类论证，就需要我们面对我们的日常实践时采取完全不置可否的态度，而这种态度并非我们所愿意的。

回应：这一点就不对了。做出知识主张会迫使这位主张者能够应对正当的批评，奥斯汀关于我们日常的知识归赋实践所做出的描述则凸显了其中所涉及的程度。它完全与我们的日常实践相容（而且实际上对于那个实践的历史也同样如此），而且我们这样的实践往往接受，那些用于证明一个人知道某特定种类的主张因为相应的批判而被放弃；那些曾经被视为不具有正当性的挑战，如果根据批判的话就会被视为正当的。可以肯定的是：我们并不希望对我们的实践采取一种未加批判的态度。不过在奥斯汀那里则没有任何迹象要求或需要我们这么做。

异议：对这两个异议的回应本身就让人不满意。我在理解他的学说的过程中意识到，遵循奥斯汀的进路就相当于承认我们的知识标准允许我们做出知识主张，甚至即使有可能（即使只是对人类而言）我们是错的。这样的承认自身便破坏了我们日常实践对适当性所提出的主张。因为它所揭示的是相比较我们日常所用的那些标准，对知识而言有现成的更高的标准，而且根据这个标准，知识与人类犯错的可能性并不相容。与此同时，它揭示了我们的日常标准作为那个更高标准的非常糟糕的替代者，事实上也揭示了我们的日常标准并不真的值得被视为知识的标准。换言之，奥斯汀对错觉论证的回应最终设法做出了该论证意在引出的那个让步。

回应：这里有个来自爱德华兹（Paul Edwards, 1949：145−6）的例子会对此有所帮助。我按照我的方式将它稍作修正。有个男人满腔愤怒地走进房间并告诉你：非洲有个村庄暴发了致命的出血热；自它暴发一周多以来早已为人所知；尽管如此，在出血热暴发中心区域方圆两百英里连一位医生也没有。正当你拿出支票本，打算给无疆界医生（Doctors Without Borders）开支票，然后找个地方可以给他们打电话并采取相应行动，他继续说："想想看！一个医生都没有，连一个能够在30分钟内诊断、治愈病症的人都没有。"就在这个节骨眼上，你内心的警示突然又消失了，你的支票本又回到了你的包里。你意识到这个男人所说的这个消息根本起不到任何警示作用，尽管根据他用"医生"这样的表达意在让你做什么，以及我们所有人都要做什么这样的假设表达出了警示。它与他所报告的内容——这个不幸的村庄正在接受世界上最好的医疗服务——完全相容。

正如我所呈现出来的，奥斯汀对错觉论证的回应相当于表明，这个论证正是通过利用跟我的故事中那个男人相同的机制而产生了警示，而且这个警示几乎完全就是假的。就像我的故事中那个男人用"医生"来产生警示一样，这样怪异的方式与我们用"医生"这样的表达相距甚远，因此就可以说错觉论证产生了，它用"我可能是错的"这样的表达想方设法产生的警示，其怪异的方式与我们思考我们知道或不知道时所运用的方式几乎完全不同。

在上述两个情形中，提出警示的人（alarmist）（一个情形中是那个满腔愤怒的人，另一个情形中则是错觉论证中的提出者）迫使我们面对以下事实——我们对那些被警示者所误用的那些表达的运用，从某些方面说非常不恰当，尽管我们逐渐辨识出使之所是的那个假警示。对任何人而言，如果其至爱之人遭遇严重病痛，都会对以下想法感同身受，也就是如果我们不是非得接受我们用"医生"这一表达时的那些医生该多好，如果我们能为我们所深爱的人找到一个能够在 30 分钟内诊断、治愈他/她的病痛的人该多好。同样，我们可能会觉得，如果我们能够知道，在一种与人类易于犯错不相容的"知道"的意义上，那些让我们夜不能寐的重要问题的答案，那该多好。

然而，意识到我们可以为一个能够在 30 分钟内诊断并治愈病症的人保留"医生"这一语词，也即意识到相较于满足这一更为严格条件的人，我们所称的"医生"的意涵有多么不充分，无论在什么意义上都不会使我们感到我们对"医生"一词的日常运用是有缺陷的。甚至它也更加不会使我们觉得，当我们生病的时候，相比较某个满足更为严苛资格的人所提供的医疗服务，我们应该勉强接受医术不太高明的医生。

我不明白，在以一种怪异的方式使用"知道"或"我可能是错的"，而且这样的使用又要为假警示负责时，我们为什么要假定会做出不同的反应。当然，错觉论证可能使得我们反思（如果我们之前从未有过类似情况）以下事实——我们可以为某个与人类的易错性不相容的东西保留"知道"这个词。当然，该论证可能导致我们反思，与满足更高标准的事物相比，我们日常所称的知识何以就显得平庸了。然而，我看不出来为什么这会让我们认为，我们日常情况下对"知道"和"我也许是错的"之运用是有缺陷的。此外，我更加不明白，为什么它就应该让我们觉得我们应该放弃我们日常的知识归赋实践，比方说，为什么我应该告诉一个明显有此需求的人，我不知道最近的医院在哪里，但根据我们的标准我完全是知道的。

异议：这个回应以及事实上这里所展示的奥斯汀针对错觉论证的整个进路，都犯了一个根本的错误。我们不妨承认，在日常生活中，正如奥斯汀已然说过的我们所做的那样，我们确实使用"知道"和"我们也许是错的"这样的表达。我们姑且认为，我们在日常生活中以这样的方式使用这些表达完全是恰当的，而且我们对奥斯汀所描述的那种知识归赋的承诺同样毫无不妥。它完全相容于我们因此而承认的所有东西，与我们通常情况下相信我们自己知道的相比，我们**仍然**会知道得更少，而且也是因为错觉论证及相似的稳固形式所赋予的理由。这是因为，描述在什么条件下才可以在**日常生活中恰当地**说一个人知道 P 是一回事儿；描述在什么条件下才可以说一个人知道 P 为**真**（*true*）则是另一回事儿。换言之，它完全相容于奥斯汀的论断，也就是，一旦日常生活中可以恰当地认为一个人知道 P 时，知识归赋的真之条件（truth conditions）就是相当不同的，而且事实上更加严苛。

　　实际上，说什么才是恰当的与说什么才是真的，为什么在这些问题上两者之间存在如此差异，在相当程度上是可以解释的。我们的日常知识归赋实践，就像我试图解释的某些例子那样，受到实际情形的紧急性的影响。不妨来看一下，假定我被问及我是否知道最近的医院在哪里，我无须担心其中涉及的那个人的健康状况。我的可能回答——我说我不知道，同时认为我作为人而具有的可错性使得它成为唯一正确的回答——似乎无论在什么意义上都是反常的吗？当然不是。但是这表明，至少在部分意义上它关系到我们所想象的我所做出的行为的审慎的后果，而不仅仅关涉我是否会在如此行为之时据实相告，这一点在我们决定那样的情形中说什么才恰当的时候，对我们有着重大影响。

　　如果我们关心的，就像我们作为哲学家必须要做到的，是那样的情形中说什么才是真的——如果我们关心的是在知识的程度与本质问题上表达什么才是真的——那么我们就必须要将日常生活中涉及的迫切性放在一边，尽管它对说什么才为真有着巨大影响。不过，当一个人认识到这就是我们作为知识方面的哲学家而被指责的本质时，就难以理解奥斯汀对日常实践的刻画，以及我对它们的适当性的辩护如何才能具有任何证明的力度。这里所讨论的并不是在我看窗外的威尼斯式小花园时，我说什么才是通常情况下恰当的。错觉论证提出者乐于同意，在我说我知道花园中有玫瑰花丛时毫无不妥。他同样乐于承认，我作为人是可错的这一事实无论在什么意义上，都没有为我以这样的方式运用"知道"带来什么不当之处。

这里所讨论的是在说我知道我的花园中有玫瑰花丛时，我是否说了某个**真**的事物。而且错觉论证的要点在于表明，在我们一直想象获得的日常情形中，无论我说我知道花园中有玫瑰花丛有多么合适，我对此所说的均**不**为真，而且它之所以不为真，原因恰恰是我作为人所具有的易错性，因此我可能是错的。⑨

回应：以下这样的说法是必定要承认的：日常情形中说什么才是恰当的与说什么才为真之间确实有着真正的区别。（比方说）有些时候，善良或礼貌会使说一些为假的东西并无不妥之处，同样对于那些我们在提及的时候我们知道它们为假的事物也是如此。这包括知识归赋的情形，就像当我们对一个（跟我们一样）不知道她自己处于某不治之症晚期的朋友说："嗯，我知道你命不长久了。"但是辨识出这些情形自身是什么，恰恰是我们日常实践的构成部分。

（根据前一个异议中所描述的对他们的意图的理解，）错觉论证的提出者们意在让我们认识到，有非常多的情形属于同一类别，而日常实践并没有将它们相应地辨别出来。该论证意在让我们认识到，我们做出并相信的那些知识主张的情形——比如我主张知道花园里有玫瑰花丛这样的情形——与出于礼貌或善意我们才说的那些我们看出它们为假的情形，确实属于同一类别。该论证意在让我们明白，说出我们所做的是完全恰当的。在这样的情形中说这样的事物，就是做该做的事情。但是纵然是这样，我们在这里所说的为假，并且我们能够（在这个论证的助力之下）看出它为假。

这里的麻烦在于，难以看出根据这样的思路，错觉论证是如何让我们能够明白比方说我的知识主张——花园中有玫瑰花丛为假。毕竟，这个论证糟糕得很。它主张，只要我承认涉及我通过知觉知识而声称知道的命题，我作为人而言都是易错的，那么我就必须承认在花园中有玫瑰花丛这一问题上我也许是错的，并且因此我就不能恰当地声称知道有玫瑰花丛在那里。但是（正如奥斯汀所指出）这依赖于一个错误，即认为在赞同

---

⑨ 对于这种异议的表达，参看斯特劳德（Stroud, 1984: ch.2）。我在书中详细讨论斯特劳德对奥斯汀的批评（Kaplan, 2000）。

（如我们所做的那样）如果我承认对于 P 我也许是错的，那么我就不能正当地声称知道 P，我用"我也许是错的"意指某个东西——它是否为真只要通过注意到对于 P 而言我作为人可能出错就得以确定。如果——就像这里的情形是根据正在讨论的这一思路——错觉论证的提出者对此并无反对意见，他如何可能又会说服我们这个论证带有任何让人信服之处呢？他如何可能会说服我们，与那些事物看起来相反，涉及通过知觉而声称知道的那些命题，我所具有的人类的易错性，真的**就**足以确定我可能在花园中是否有玫瑰花丛这一问题上也许是错的吗？

我不会只是说，如同它们对我们显示的那样，事物看起来部分意义上乃是实际情形中紧迫性的结果，这样的紧迫性保证了在关涉知识归赋的那些问题上，通常情况下说什么才是恰当的。即使我们承认，我们日常的恰当知识归赋的标准，因为它们敏感于实践情形的紧迫性这一事实而不太严苛⑩，这一点对于错觉论证的提出者而言并没有什么益处，除非已然表明对这些紧迫性的敏感性确实导致我们的日常知识归赋实践出现错误。毕竟，有关事物如何与知识相协调这一假设（称之为**奥斯汀假设**），正是**在知识的假设之中**以某些方式敏感于实际情形的紧迫性。如果他要说服我们有关相反的情形，那么错觉论证的提出者就有必要做得更多，而不仅仅说这个假设如何**可能**为假。他将不得不为我们提供某个理由来假定它与表面看到的相反，事实上**为**假。他将不得不向我们提供某个证据，以表明通过知识归赋被我们视为恰当的大部分东西事实上都为假。

这里所讨论的批判思路的背后所隐含的别出心裁的想法，当然就是一旦一个人面对知识归赋采用哲学家会采取的分离的视角，这个证据就变得显而易见。不过同样难以看出这样的情况何以能够如此。

如果采取分离的视角只是意味着，选择忽视实际情形紧迫性在我们知识归赋实践中所起的作用，它当然不可能是这样的。如果说我们的日常知识归赋实践受到实际情形紧迫性影响这一点为真，那么采取一个分离的视角就相当于是将我们自身排除在以下可能性之外，即它以这样或那样的方式敏感于实际情形紧迫性乃在真正的知识归赋的本质之中。非但不会

---

⑩ 对我而言，我们应该如此其实并不明显。

揭示奥斯汀假设为假的证据，采取一个分离的视角简直是消解了奥斯汀假设。

那么就来假定，采用一个独立、分离的视角就相当于正视我们日常知识归赋实践的真实性。假定它只是等同于承诺在相互竞争的知识理论之间做出选择，其视角则没有预设我们日常知识归赋为真。采用这一视角并不是反对奥斯汀假设的情形存在偏见。它只是拒绝将其视为论述如实把握到的真正知识归赋的负担，也就是使得那些日常生活中的恰当的知识归赋在更大意义上切近实际。

但是，如果那**不是**真正的知识归赋理论要承受的重担，那么这一理论应该被赋予什么样的约束呢？对于什么而言它才为真呢？答案大致就是，我们有着知识的概念，而且一个合理的知识理论致力于追求的正是对那个概念的忠诚。但是说服我们相信某个理论真的对我们的知识概念忠诚到底是什么呢？我们无法考察该理论如何与我们用"知道"这一词通常情况下倾向于表达的东西相契合。因为我们会检验这个理论，就像是它要把恰当的日常用法编码一样，这样的检验（根据这里所讨论的思路）完全不适合被应用于合理的知识理论。通常情况下说什么才是恰当的，我们将不得不跳出这一问题。

然而，我们应该向哪里看过去呢？有关我们任何人都**拥有**的知识的前理论判断，其唯一来源就是反思她通常情况下说什么以及当她从事探究、论证以及批判活动时她做什么。我们的探究实践既处于日常语境中，也在规范性语境中，为了达成、检验我们各自的知识观念，这样的实践正是我们不得不考虑的领域。一旦我们无视我们日常探究的准则带给我们的指引，我们根本就没有任何前理论判断的来源。

很显然，我们可以将我们的注意力转向我们日常实践的方方面面，它们将为理论提供支持。事实上，错觉论证就是这么做的。我们往往会认为，一旦一个人承认有可能是错的，他就不能正当地声称知道 P。而且我们怎么可能否认以下情形呢？在日常生活中，对"可能是错的"有着简单易懂的解读，其中蕴含着的事实——我作为人是易错的——意味着，我声称知道花园中有玫瑰花丛有可能是错的。正是从我们日常实践的这两个要素中，错觉论证得到相应的力量迫使我们接受以下结论——我确实不知道花园中有玫瑰花丛。

　　这里的麻烦是人们有必要依照合理探究的基本规则来评价一个理论，而不仅仅是根据一个人能够找到比方说对他有利的证据，还有**所有**可获得的证据。而且，正如奥斯汀提醒我们的，当人们审视所有的证据时，当人们不是只选取我们日常实践中为怀疑主义的结论提供支持的那些方面，而是从整体上审视日常实践时，就会明白这些证据并没有为错觉论证要求我们接受的怀疑主义理论提供支持。人们就会明白，在同意一旦人们承认他也许是错的就不能正当地声称知道 P 的时候，我们就不能合理地认为，用"一个人也许是错的"这样的表达意指某个东西——它的真只要通过注意到我们作为人是易错的就得以确立。因为，如果这就是我们所要表达的，我们就永远也不会觉得，弄清楚一个人也许是否曾经犯过错这一任务与我们有时会觉得的一样令人激动；如果这就是我们所想的，我们就永远也无法做出并相信任何关于我们周围世界的知识主张，而这些主张我们确实又持有并相信它们。

　　对错觉论证的提出者而言，是不是仍然可以主张奥斯汀让我们注意到的，这些额外的、零零星星的证据相比较错觉论证所依赖的那些，对于评价一个知识理论的适当性更不重要呢？人们会希望情况并不是这样的。因为一旦我们将选取与选择究竟是哪些方面对于评价其论证的适当性才是重要的这样的自由赋予错觉论证的提出者，我们就不得不将同样的自由赋予其他每一个人，其中包括那些哲学家，他们非常重视我们认识实践的某些方面（比方说奥斯汀让我们注意到的那些方面），而这个论证则恰恰对这些方面随意处理。不过由此出现的情况则是，如果每个人都以这样的方式自由选取、选择，那么从一个哲学家独立的角度来看，弄清楚我们到底知道什么以及通过什么才知道它的，这项事业将会蜕变为一个游戏，每一做法在这样的游戏中都是合法的，每一参与者都可以根据其自身的想法为所欲为。

　　就像他的论著清晰地呈现出来的那样，奥斯汀认为，一旦知识论放弃日常生活中对说什么、做什么才是恰当的（比如我们出于礼貌等而做出表达的那些情形）应有的忠诚，这样的蜕变就不可避免。他认识到，日常生活中说什么、做什么才是恰当的，这对于知识论而言才是唯一真正值得而又可把握的；同时他也认识到，一个知识论理论（就跟任何其他理论一样）必须要做到全方位对**所有**证据负责，这涉及我们的实践、说什么才是恰当的以及什么时候说才是恰当的等。这就解释了他为何付诸（他为何**正确地**付诸）这么多的努力来描述我们的日常实践，以及他为什么（他为什么**正确地**）如此重视其结果的哲学意义。

不过尽管如此，奥斯汀从来没有声称，我们的日常实践、我们通常说的和做的事情，构成了所有这些问题的定论。在《为辩解进一言》（"A Plea for Excuses"）（Austin，1979：173—204）中，奥斯汀承认，日常语言排列事物的方式"非常有可能不是最好的排列事物的方式，倘若我们的旨趣比日常情形更为广博、更具理智的话"（185）。他写道，他的看法是"日常语言并**非**最终定论：原则上它在任何一个地方都会被补充、改进以及取代。只要记住，它只是个开始罢了"（185）。这就是说，奥斯汀（有充分理由）同意以下可能性，对事物的复杂的反思，甚至即使是对事物的复杂的**哲学**反思，也许会让我们得出结论，即我们的日常实践需要改变。他所**不**愿接受的——并且他因此而告诫我们要记住日常语言**乃是个开始**——是这样的观念，即我们的知识论无须顾及我们的日常实践。他不接受按照这里所讨论的思路而表达出来的观点，我们的知识论研究也许在进行过程中忽视了其结果是如何与日常实践相一致的。

奥斯汀要求知识论对日常生活中说什么、做什么才是恰当的做到忠诚，按照我已经做出的论证，我们只有在以破坏知识论的完整性为代价时才能够违背它，这个要求比人们可能对其所认为的要更为巧妙。它并**不是**要求知识论屈从于日常实践的框架。相反，它要求我们对认识条件的哲学评价反映我们对那个条件的日常评价。因此，当我们发现我们的探究导致我们的行程与我们的认识实践不相一致的看法时，我们就只有两个选择。我们要么重新考察那些实践把我们引导至什么样的路径上，要么改变我们的日常实践以符合我们的知识论观点。这里所讨论的思路允许我们放任我们的日常实践，但又得出结论——无论如何从哲学的视角看它们都是无法令人满意的，这一思路的支持者们所赞同的立场是无法获得的。

异议：我们在前面这个回应中一眼可以看出，它为提出成功的怀疑主义论证的前景所给予的评价近乎毫无希望，因为这个论证的本质恰恰就是促使我们对知识加以论述，而根据知识归赋，我们通常情况下所说的很多东西为假。而且这一事实本身以无可抗拒的方式反驳了这个论证的适当性。其中仍不清楚的则是，倘若如此，一个人如何才能解释为什么有人曾经运用经典的怀疑主义论证产生其论证力量。然而很多论证确实有这样的力量。事实上，可以预见的是，这篇文章会有一些读者继续感受到怀疑论证的力量，比方说错觉论证。这难道不是表明，这样的论证中确实在使它们有其活力的知识观念中为真的有些东西，同样也是奥斯汀假设所忽视的东西？

回应：在我看来不是这样的。似乎对我而言，有两样东西共同产生了怀疑论证对那些思考哲学话题的人继续施加的影响。一个是知识观念内在的吸引力，这一点笛卡尔已经在他的著作中雄辩地展示出来。正如我在前面所承认的，日常生活所用的知识观与不可错论相比明显要低一档，不可错论的版本之一就是笛卡尔所论述的，它的不同变体正是怀疑论证所利用的。另一个则是这样的信念（这个信念我一直尽力消除），我们也许通过相当有效的研究手段得出结论，即某种像笛卡尔知识观的东西事实上是正确的。这一信念依赖于这样的错误的想法，即我们能够有效地追求一种与我们的日常实践相分离的知识理论，这一知识理论所产生结果的评价并不是根据日常生活中它们会让我们说什么、做什么来进行的，因为它们并不隐含任何有关日常生活中说什么与做什么才是恰当的东西。

然而尽管这一最后的想法是错的，但它并非**明显**是错的。我认为正是它并非明显是错的这一事实才要对以下情形负责，即奥斯汀在知识论中的研究工作自其出版一直到今天仍然有人阅读，但在大部分人那里不那么愿意接受它。[11] 尽管奥斯汀专注于详细解释说什么、什么时候说，但他几乎没有解释为何有关日常语言的事实应该那么重要，就像他明确地认为它们在知识的哲学理论化时所具有的重要性那样。这里有一个地方我曾经做过一点工作。

---

[11] 参看比如齐硕姆（Chisholm, 1969: 101）、卡维尔（Cavell, 1979: 57）、斯特劳德（Stroud, 1984: ch. 2）、麦金（McGinn, 1989: 62）以及威廉斯（Williams, 1991: 147-8）。

当然，前述内容并没有解释为什么这么多人会易于感受到，比方说错觉论证这样的怀疑论证所具有的牵制力，尤其是我们为什么不会马上注意到它的错误并看穿它（就像我们认识到我前面描述的情形中对"医生"一词的误用那样）。对于那些需要得到但我在此又无法提供这些现象的解释的人而言，似乎在我看来，奥斯汀（或者我为他辩护）所表达的观点中根本没有什么东西妨碍提供这样的解释。

然而，这一点足够清楚了。我们（或多或少）都受到错觉论证的误导，在这一事实中没有任何东西可以提供证据表明使它们有其力量的证据观念是（奥斯汀跟我一样都不赞同）正确的。毕竟，如果认知心理学家有告诉我们什么的话，那就是：通过以一种合理的方式提出一种合理的问题，我们有可能犯下各种各样的统计上的、逻辑上的以及算术上的错误。[12] 但是我们丝毫不会受到影响而将它视为一个信号，即异常的统计、逻辑、算术事实上是正确的。我们没有更多理由，根据以下单纯的事实，即我们是暂时（或者甚至在极短的时间内）受到错觉论证及其相关稳固形式的误导，来推断出这个论证所依赖的不可错主义知识论中会有什么合理的地方。

在哲学的历程中长期以来一直有错觉论证，如果提出识别其施行诡计的方式与其说由哲学家给出合适的解释，倒不如说是心理学家所为，这样的说法是不是有过于轻视后者的嫌疑呢？我认为不是这样的。毕竟这里并没有说，错觉论证应该像个小把戏一样被予以摒弃。恰恰相反，我已然提出，对这一论证的反思使得我们更深入地理解知识的本质（尤其是知识与可错性之间的关系）以及那些约束的本质，在我们考察知识的本质时我们必须要在这样的约束之下来进行。

而且事实情况是：假如只强调我们感受到的怀疑论证的前提的牵制力有多大，仅仅突出我们搞清楚这些论证到底问题在哪里时我们可能碰到的困难，就会错过我们对这些论证要做何反应这个问题上最重要的内容。这样的话就会错过我们从没真的被这些论证**欺骗**这一事实。我们从来没有真

---

[12] 请参看比如卡内曼、斯洛维奇以及特维斯基（Kahnemann, Slovic, & Tversky, 1982）。

正确定我们对于我们周围的世界一无所知（并改变我们的行为以便与它相符合）。无论这些论证的前提会有什么样的牵制力，它一定会被我们对这些论证的结论所感受的那种反感击败。也许是时候承认，难道我们不应该是在有关我们对怀疑主义论证做何反应这一事实，而不是在我们面对它们的聪明修辞时所体验到的误导之中，期待找到知识本质的真知灼见吗？⑬

参考文献

Austin, J. L. (1979). *Philosophical Papers* (3rd edn.), (eds.) J. O. Urmson and G. J. Warnock. Oxford: Oxford University Press.

Cavell, S. (1979). *The Claim of Reason: Wittgenstein, Skepticism, Morality, and Tragedy*. Oxford: Oxford University Press.

Chisholm, R. M. (1969). 'Austin's Philosophical Papers', in K. T. Fann (ed.), *Symposium on J. L. Austin*. London: Routledge & Kegan Paul, 101−26.

Edwards, P. (1949). 'Bertrand Russell's Doubts about Induction'. *Mind*, 58: 141−63.

Kahnemann, D., Slovic, P., and Tversky, A. (eds.) (1982). *Judgement under Uncertainty: Heuristics and Biases*. Cambridge: Cambridge University Press.

Kaplan, M. (2000). 'To What Must an Epistemology Be True?' *Philosophy and Phenomenological Research*, 61: 279−304.

—— (2006). 'Deciding What You Know', in E. J. Olsson (ed.), *Knowledge and Inquiry: Essays on the Pragmatism of Isaac Levi*. Cambridge: Cambridge University Press, 225−40.

McGinn, M. (1989). *Sense and Certainty: A Dissolution of Scepticism*. Oxford: Blackwell.

---

⑬ 我要感谢莱特迫使我提出最后这一点。

McDowell, J. (1994). *Mind and World*. Cambridge, Mass.: Harvard University Press.

Nozick, R. (1981). *Philosophical Explanations*. Cambridge, Mass.: Harvard University Press.

Snowdon, P. (2005). 'The Formulation of Disjunctivism: A Response to Fish'. *Proceedings of the Aristotelian Society*, 105: 129-41.

Stroud, B. (1984). *The Significance of Philosophical Scepticism*. Oxford: Clarendon Press.

Travis, C. (2004). 'The Twilight of Empiricism'. *Proceedings of the Aristotelian Society*, 104: 245-70.

Williams, M. (1991). *Unnatural Doubts: Epistemological Realism and the Basis of Scepticism*. Oxford: Blackwell.

12. 从知识到理解

凯瑟琳·Z. 埃尔金

斯宾塞（Spener，1940：77）强调，科学是组织化的知识。毫无疑问，科学是组织化的。然而，知识论学者很权威地说，应该否认科学是知识。"知识"是一个事实。一个观点如果它不为真，那么就不是知识。但即使是最好的科学理论也不为真。尽管科学可能产生一些得以确证的或可靠的真实信念来作为副产品，但是如果最好的现代科学是好科学的话，那么好科学的主要判断就不是知识。

产生的这种艰难的结论的"知识"分析，同我们恰当使用该术语的直觉相符合。我们不会把假信念视为知识，不管它们有着多么坚实的基础。一旦我们发现某个信念为假，我们就撤回声称知道它。所以我们应该否定，我们最好的科学理论是对知识的表达。然而，好的科学提供了某些有价值的有关本质的看法。知识论应该解释，是什么使得好科学在认知上之为好。它应该解释一下，我们是在学校里学习科学而不是改变关于科学问题的看法，这一说法为什么是正确的。它当下集中在知识上，这显得过于狭窄，因而阻碍了其发展。

我在本文中的目的是要展示知识论强调知识如何缩小并曲解其范围，开始刻画一种能够阐释科学的认知贡献的知识论。尽管我集中讨论的是科学，但是我所强调的这些知识论的因素也出现在其他领域中。我专注于科学主要是出于策略上的考虑。科学无疑是一个主要的认知成就。过分强调科学对认识立场的主张是值得怀疑的，这显然是不可取的。此外，科学是方法论上的自我反思。所以，认识上的重要因素，相比于其他学科而言，在科学中可能更容易被辨识出来。那么科学的知识论，可以作为一个切入点挺进对人类认知成就的本质与范围的重新审视之中。

在我使用"好科学"这个术语时，指的就是为其主题提供认识通道的科学。一个好的理论则是指由好科学加以保证的理论。本文的核心目标在于描绘认识通道的模式。如今，必须要承认的是，有些科学在认知上是好的，而那些科学家总是可以分辨出怎么样的科学才是好的。尽管我将提供一个概貌来描绘我认为知识论应该如何处理这些问题，但是我的主要目的还是在于举出一个有说服力的例子来表明它应该如此，而且如果我们对认识条件的理解无法说明科学的贡献，那么就意味着某些具有重大意义的东西被忽略了。

在标准意义上按照知识论对它的理解，知识以分离的片段出现。知识的对象是单一的事实，在真命题中得以表达和/或在真陈述句中得以陈述。朱迪（Judy）知道（这样的事实，即）公交车停靠在拐角处。苏西（Suzy）知道（这样的事实，即）成熟的草莓是红色的。这些分离的片段被认为是通过可靠的机制被确证、生成并维持着。我们可以轻易识别出支持朱迪的信念的证据和维持苏西的信念的知觉机制，并且我们可以解释在我们所讨论的这个问题中她们是如何获得信念的。出现的是一种颗粒状的知识观念。一个主体的知识由分离的碎物所构成，每一个都分别被确立起来。她通过积累更多的碎物来积累更多的知识。戈德曼（Goldman，1999）将这种以真为中心的知识论称为**求真主义**（*veritism*）。无论求真主义对于寻常的知识是否可行，我认为它对于科学显然是不够的。

科学是整体性的。它不是一个分散的集合并独立地获得事实的陈述，而是一个一体的系统化组织用以陈述一个领域的东西。我们称这种陈述为理论。① 对于构成一个理论的那些句子而言，通过对它们逐一加以验证是毫无前景的，因为它们绝大部分都缺少各自可验证的结果。用奎因（Quine，1961：41）的话来说，它们并非"独自面对感觉经验的裁决，而知识作为一个集合体"。倘若不考虑热传递理论，便没有什么能够作为支持或反对过程是隔热的这一主张的证据。离开进化理论，同样没有什么能够作为支持或反对交互性利他主义这一主张的证据。从整体上看，理论的那些句子具有可检验的意涵；而独立地看则没有。实际上，我们甚至还不

---

① 就表现的朴素性而言，我将科学的单元称作"一个理论"。模型就是理论或理论的部分而不是独立于它们的。

清楚，是否所有科学的陈述都各自具有真值。如果它们意在指涉的那些内容——例如一个物种，或一个病毒——由一个理论所提供，那么关于它们在独立于这个理论的情况下是否为真，可能就不存在这样的事实了。

这样的整体论就知识论而言似乎是无害的。适应它的方法之一就是将一个理论的主体视为"背景知识"，然后再提出结合相应的经验证据，它是否提供了足够的根据来确保一种特定的主张这一问题。鉴于这样的理论和经验证据，食物分配体现出互利主义了吗？虽然这揭示了一个理论是否支持一个主张，但它显然没有解决我们的问题。而"背景知识"是真正的知识这一假设则不可能得以维持。根本没有一个可行的整体主义解释来表明作为背景的理论的单个句子，是如何获得相应的支持，而这样的支持正是它们能够成为知识所需要的。科学的理论并非像知识论看待知识那样是零碎的。

另外，也许一个更有前景的策略是接受整体主义的立场。包含一个理论的简单句子不能被分开来进行确证。证据通常产生影响也是针对作为一个整体的理论。因此对于一个具体的过程是隔热的这一主张的证据，就是整个热传递理论的证据，它连同主张一起被检验。原则上这在知识论意义上是不成问题的。知识带有命题特征这一主张无关构成知识的命题的长度。通过将理论看作其构成性命题的合取，并表明证据影响到这个长合取（long conjunction）的真或假，我们就能接受科学的整体主义理论。如果这个连接是真的、为人所信，并得以确证或可靠地得以产生，那么它就为人所知道。

这可能与我们有可能得到的科学知识的模式一样好。但是因为它的要求难以达到，所以它并没有阐明科学知识的认知价值。尤其是，为真的要求难以得到满足。正如下文将要论述的，理论所包含的句子甚至没有被视为真的。然而，就目前情况而言，这种复杂情形将被忽视。不过问题依然存在。即使是最好的科学理论也遭遇异常状况。它们隐含着一些未得到证据支持的后果。既然一个合取为假，那么如果它的任何合取项异常，如果科学理论就是一个合取，异常——作为一个证伪的实例将构成对其所产生的理论的反对。既然产生异常的理论为假，那么它在认知上所传递的内容就不是知识。

或许我们能够逃脱这样的困境。对作为合取的理论的描述似乎提供了某些隔离异常现象和削弱其影响的希望。② 我们所需要做的就是辨别和消除造成麻烦的合取项。不妨看看下面几个合取：

(1)(a) 萨利在芝加哥且(b) 山姆在纽约。

如果萨利实际上是在底特律，那么(1)就是假的，尽管山姆是在纽约。如果我们缺少充分的证据证明萨利在芝加哥，那么(1)就是未被确证的，尽管我们有充分的证据证明山姆是在纽约。如果我们关于萨利的行踪的信息来源是不可信的，那么(1)就是一个不可靠的信念形成机制的产物，尽管我们关于山姆所在位置的信息来源是无懈可击的。那么(1)就不是某些我们可以知道的东西。不过我们可以撤销(a)，保留

(b) 山姆在纽约。

(b)是真的、得以确证的，并经可靠的信息提供者证实。既然无论是(a)还是(a)的证据都没有为(b)提供任何支持，那么(b)的合理性没有由于对(a)的否认而受到破坏。根据知识的标准描述，我们能够知道(b)。如果一个科学理论的组成部分彼此相关，就像(1)中的(a)和(b)不够紧密，我们就可以简单地撤销异常的句子，并留下来源可靠的得到确证的真信念，这些东西都可以为人所知。

但是一个理论的构成部分缺乏必要的独立性。理论是相互支撑的承诺，像织物一样紧密地交织在一起。简单地删除异常的句子将会留下一块虫蛀之后的织物，无法完全挂起来。在爱因斯坦之前，物理学家们在他们的理论中就调解水星轨道上的摄动，提出了各种日益强烈的修正意见。但即使是在他们最绝望的时候，他们都没有建议直接在他们的理论中加入一种例外情形。尽管"除了水星以外的所有行星都有椭圆的轨道"明显为真，是得以确证的，是可靠地得以产生并为人所相信的，但是它又强烈反对系统性的理想，即科学家们从未考虑将其纳入天文学中。暂时地悬置异常现象在理论发展中可能是一种好的策略，但是仅仅将它们作为一种例外而忽视它们就不好了。原因不仅仅是一种美学的考虑。一种异常可能只是

---

② 这种操作在莱勒（Lehrer, 1974）有关知识论的"矫正性信念系统"中被模仿。

一个讨厌的炎症，它源于未被发现但又最终无关紧要的干预，但是它也有可能像在水星轨道上的摄动一样，表现出敏感但又被严重误解的现象。科学如果仅仅排除它的异常而将其作为无须解释的例外，就可能会失去潜在的、有价值的信息。然而对于仅仅是提取异常的句子，而不削弱认识对剩余理论的支持是毫无希望的。我们有必要关注的应该是理论这样的单位（unit）而不是单个句子。

这些观点都为人所熟知，又没有争议，但是它们的知识论后果却值得注意。一个理论可以被理解为出现在其中的句子的合取。但是科学没有产生这种合取所表达的知识。因为构成一个好的科学理论的句子的合取往往是假的。无法实现的逐句验证使以下观点无法获得相信，即科学传递了每一构成性句子的知识。无法做到有选择性地消除其中的谬误以及一个理论的错误意涵，就破坏了以下主张的似真性，即科学的知识就是在一个理论的错误被剔除之后所剩的东西。知识需要真。但是似乎没有可行的方法去获得好的科学理论来实现真。因此知识不是在标准情况下产生好科学的认知条件。我们似乎不得不承认，包含谬误的科学论述尽管如此却仍构成了认知成就。如果是这样的话，那么去理解科学的认知贡献时，知识就不是我们应该关注的认识层次。

诸多好科学不足以满足知识的要求。但这里难题不仅仅是不足，还是误配。因为仅就知识而言也无法满足好科学的要求。科学寻找而且往往针对一系列现象提供一个统一的、完整的、基于证据的理解。对于那些现象，列出或即使广泛列出得以确证的或得以可靠地产生的真信念也不会构成对它们的科学的理解。求真主义专注于真理，忽略了很多对科学来说不可或缺的因素。这些因素不能仅仅因为具有工具或实践意义而被摒弃。它们对于科学所做出的认知贡献来说同样极为重要。科学自身远离自然发生的事物。它选择、设计并同时操控它的数据及其数据的表征，以获得它所寻求的系统性理解。它与现象的关系比外行人所倾向认为的更为迂回和复杂。在评价一个理论时，我们不应该去问："它表达知识了吗？"而是应该问："它传达一种对现象的理解了吗？如果我们的目的是去理解在该领域中到底发生了什么，它是一种好的表征或思考一个领域的方法吗？"

表征依赖于相应的分门别类，也即将一个领域划分为不同个体与类别。任何集合的成员无论多么混杂，都以无限多的方式彼此相似（或不相似）。因此在寻求设计一个分类学的过程中，我们不希冀去要求全部相似。根据前科学性的突出相似性而把这些项目聚集到一起作为一类也不见得就是明智的。不同的疾病比如病毒性脑膜炎和细菌性脑膜炎，往往表现出相同的症状，而单个疾病例如肺结核，可以以不同的症状群来表现自身。一门科学往往需要一种分类学或分类图式，它以某种促进其认知旨趣的方式对其领域中的对象进行分类，这些旨趣包括发现因果机制、功能性单元、普遍模式、首要或潜在规则等。科学常常揭示表面上相似、深处却不同的事物与表面上不同、深处却相似的事物。没有一个充足的范畴体系，重要的相似性和区别就会被忽略。

规模（scale）是关键。如卡特莱特在讨论辛普森悖论中所表现出的那样，在某一普遍性水平上，某些因素显得突出或重要，在另一水平上它们也可以无关紧要。

> 加州大学伯克利分校的研究生院被控告歧视女性……这一指控在概率上似乎被证实了：男性录取可能性远高于女性。比克尔（Bickel）、哈梅尔（Hammal）和奥康奈尔（O'Connell）更加仔细地审视这些数据，然而他们发现如果通过院系划分的话，情况就不是这样了。在85个院系中，大多数情况下录取的可能性男女均等，而在某些院系中甚至女性要高于男性……女性倾向于去高拒绝率的院系，因此由女性所构成的院系其录取率与男性相同／女性考上这个院系的比率与男性相同，但是就整个大学而言，通过比率看，有相当少的女性被录取。③

按照院系计算录取率显示了一个模式，整体比率则显示另一个模式。这个情况很普遍。在不同比例上，相同的数据会呈现不同的模式。生物学的亚种群会显示一种模式，而更大的种群会显示另一种是很正常的。每种模式都是很具体化的。但是要去理解在某个领域中发生了什么，就需要知

---

③ 卡特莱特（1983：37）。她引用了彼得·J. 比克尔、尤金·A. 哈梅尔和J. 威廉·奥康奈尔（1977）。

道哪种模式才是重要的。

分类和规模都涉及选择。问题在于要关注什么样的因素。这里困难表现为存在太多关于一个领域的认识意义上可获取的事实。想要获得任何类型的系统理解都需要筛选。科学必定要选择、组织和管辖。求真主义并没有提供这些标准。

当然这些标准远非任意而为。在标准问题上有可能会犯错。如果我们选择错误的规模,我们就会错过重要的模式。我们错误地确定伯克利分校存在(或不存在)歧视。我们会错误地得出结论认为,在一个种群之中遗传性状普遍存在或并非普遍存在。如果我们划错了界限,我们就会错过重要的相似性和差异。我们错误地认为,兔子和野兔是或不是相同种类的东西。在这些例子中,我们都错误地理解了这些现象,甚至即使我们的解释构成了整个得以确证的真信念。

科学鼓励做澄清工作。它主张彼此有着明确差异的不同分类,在这些分类中其构成也得以清晰区别开来。其中一个原因在于,科学是以共同的承诺为基础的合作性事业。因为目前的研究依靠早先的调查结果,科学家们认为极有必要对已经建立的东西和它建立的牢固程度表示认可。清晰性和明确性促进了主体间的一致和可重复的结果。可重复性需要确定性。除非能够说出一个既定的研究结果是什么,否则就不可能知道第二个研究会产生相同或不同的结果;无论它是产生一个相同还是不相同的结果。而模糊性则是不可取的,因为在不同程度的模糊性中,可能在什么情况下会出现这一问题上存在不可调和的分歧。

必需的清晰性和明确性有时候可以通过法则来实现。我们通过规定清晰的界限要被划定在什么位置来消除模糊性。但是即使界限是清晰的,具体情况的表现也令人厌烦。从鸟类中区分出哺乳动物的清晰标准可能会使我们对鸭嘴兽的分类感到困惑或不满意。有时候,严格控制熟悉的分类并不会产生一个领域的分隔来适应科学的目的。要么界限似乎是任意的,要么它们没以揭示科学所寻求的规律或模式的方式来对这些对象进行分类。例如,"重量"是一个熟悉又容易把握的范畴。尽管如此,由于它是一种变化的重力作用,因此它具有相对有限的科学价值。"质量"作为一个更为有用的范畴尽管不太熟悉,但它在重力的变化下却仍然是恒定的。

在重力恒定的地方，重量可能是一个较好的使用量级（magnitude）。在事物的重力有区别的地方，科学则更适合用质量（mass）来测量。系统性无疑是有价值的，在此意义上，这就是全面一致地支持质量比重量更为重要的一个理由。那么，一个关键的问题就是什么样的表征模式才促进科学目标的实现。现象不会规定它们自己的描述。我们需要决定，它们应该用什么单位来测量以及用什么术语来描述。

比起用熟悉的术语来描绘熟悉的术语，科学总是将其现象解释为可辨别的甚至即使是不熟悉因素的复合体。通常这些因素没有被赋予同等的重要性。某一些被认为是重点*，其他一些则被认为是次要的。从天而降的液体，淌过溪流，流进含有大量化学物、矿物、有机物的湖泊。尽管如此，我们仍然称这些液体为"水"，只有在必要时才会承认它含有化学物、矿物和生物成分。尽管如此，我们称这些材料为"杂质"。H_2O 被当作主要的成分，其他成分则是次要的。大多数我们称为"水"的液体并非完全由 H_2O 构成。为了获得这种主要的物质的纯粹样本，我们需要过滤掉杂质。用于称液体为"水"以及把水与 H_2O 等同起来的理由并不准确，但是也是有成效的。我们的科学目标是通过这样的刻画来达成。有时候，杂质的作用微不足道，因此我们似乎可以将自然生成的液体作为 H_2O。在其他情况中它们就并非微不足道了。然而即使那样，H_2O 至少也是作为共同的命名者。我们根据它们多大程度上区别于"纯水"（pure water），即 H_2O，来比较相异的样本。这里用一个摹状词来描述 H_2O 也不存在什么不实之处。但是对澡盆中、湖中、河中的液体的简单描述亦同样正确。除了将它们描绘成不纯的水以外，我们可以简单地为瓦尔登湖、查尔斯河以及现在暴风雨中落下的液体提供化学的、生物的、矿物的属性。尽管后者的描述没什么问题，但它们还是掩饰了共同的核心。这三个例子可以作为只在杂质上有所区别的单一物质的实例，这突显了它们共有的特性。而通过它们共有的东西，我们开始研究它们的差异。为什么在一个例

---

* 下文中有诸多与此相关的表达，原文中埃尔金教授用 focal point 或者 focus，按她的解释，这两者可以互换，均指向在不同情形中关注或注意的中心（center）。——译者注

子中的杂质例如瓦尔登湖水的杂质，与其他例子如查尔斯河水的杂质是如此不同呢？

这种模式普遍存在。天文学家根据定期的几何摄动轨迹描绘出行星的运动。语言学家将口头行动描述成基于规则的、被表现错误覆盖的能力。工程师将传感器的输出描述成信号和噪音的结合。在所有此类例子中，中心点的（focal）概念都是作为参照点（a point of reference）。在这个领域中所发生的是通过诉诸，也是根据相对于中心点的差异而得以理解的。

尽管这些例子展现了相同的概念构架，但它们之间的差异也同样显著。关于信号与噪音的问题，只有这个中心的要素——信号是重要的。通常情况下，加强信号和消除或减弱噪音影响才是既可能又可取的。我们很好地调节了我们的测量设备或统计技术来排除静电干扰并突出核心特征。在噪音不可消除的情形中，它就被忽略了。什么被视为信号、什么被视为噪音，随着旨趣的不同而变化着。通常来说，当某人回答问题时，回答的内容就是信号。但是在某些心理学实验中，（回答的）内容就是单纯的噪音。信号就是反映时间。心理学家想要确认的并不是一个主体的答案是什么，而是它要花多长时间来回答，因为反映时间提供了关于心理和神经过程的证据。因此对中心问题的选择才是与目的相关的。

我们不能总是无视并发的情形。如果我们想要了解语言习得，我们就不能简单地忽视表现错误。我们需要考察它们如何或是否影响了所学到的东西。如果我们想要发射一个探测器到火星上，我们就不能简单地忽略行星对一个完美椭圆轨道的偏离。我们必须在我们的计算中兼顾它。在这样的情形中，我们采用了一个图式和校正模型。我们从中心点概念开始，并详细阐述以实现我们所需要的类型和精确度水平。

所有这些情形都涉及精简重点，并弱化或淡化复合体。有时，就像在信号和噪音的模型中，复合体永远是被弱化的。我们尽可能多地加强信号并排除静电干扰。我们没有理由再提出已经被我们剔除了的静电干扰。在其他情形中，当图式和校正的模型合适时，复合体可能只是暂时被搁置。它们在后期可能需要被再次提出来。

中心点很容易确定。它们之间的选择依赖于功用性，而不只是精确度。丹尼特（D. Dennett）所提出的三点解释了这个问题："如果一个物体位于一个均匀的引力场中，那么它的重力的中心（center）就是那个点，该物体的整个重量正是在这个点上被认为起到一定的作用"[《牛津科学词典》（*Oxford Dictionary of Science*，1999：141）]。美国人口的中心是指"两条线的交点上的数学点，北纬和南纬上的居民一样多，东经和西经上的居民一样多"（Dennett，1991：28）。丹尼特遗失的袜子（lost sock）的中心点是"围绕所有（丹尼特曾经丢失过的）袜子而形成的最小范围内的中心"（同上引）。这三个点都得以很好的确定。每一个都与其他的一样真实。如果点是真的，三个点就都存在；如果点不是真的，则三个点都不存在。如果点是通过规定性界定而建构的，那么三个点同样都是建构而成的。无论它们本体论的地位如何，都是表征的工具。我们根据它们来表征部分现实。不过它们几乎都不相互等同。

重力是基础性的力，它的影响是一致的，由定律所控制且无处不在。它往往更容易在概念上和计算上将一个延展物体表征为位于该物体重力中心的点质量（point mass），同时计算、预测并解释作用于物体上的重力效果，仿佛它是位于物体重力中心的一个点质量。重力的中心显然是一个有用的表征工具。

丹尼特遗失的袜子的中心是无关紧要的。它不涉及任何重要问题，即使有人碰巧也关注丹尼特丢袜子（losing sock）的习惯。可以想象的是，一个传记作家或心理学家可能对他遗失的袜子的分布感兴趣。但是中点（midpoint）的确切位置在哪里并不重要。丹尼特遗失的袜子的中心是一个明确的、完全无关紧要的点。

美国人口的中心则是一个中间情形。它随着时间而变化，而它的变化展现了短期波动和长期趋势。它每天甚至每分钟都在变，就像人们走来走去一样，他们中的某些人穿过关键线，一会儿是这个方向，一会儿又变成那个方向了。这种波动并不要紧。但是通过波动我们可以认识到一种趋势。如果我们考察人口中心的变化，不以天为期而以十年为期，我们就会发现美国人口已经向西移动。这是一个人口统计学上的重大变化。在一个对美国社会更宽泛理解的意义上，它涉及社会学的其他信息与数字。因此像丹尼特遗失的袜子的中心一样，人口的中心不是一个无用的点。不过它或许不像它可能所是的那么有用。想要认识人口的趋势，我们需要知道过去通过小范围的波动而引起的噪音。我们也许最好是设计出一个不同的表征工具。而不是一种即时的方法，或许我们应该专注于更长的时段。尽管表征可能仍然表现为一个点的形式，但是它可能无法在瞬间表征一个位置。一个更好的中心点是可以被设计出来的。

关键在于中心点未必自然而然地出现。要获得一个经过提炼的、纯粹的核心物质（focal substance）的样本如 H_2O，就需要相应的实验过程。同样只有通过一定的计算过程才可以确定最能够显示重要的人口趋势的人口点（population points）。若要合成我们所寻求的信息，传感器的读数（sensor readings）要经受统计分析的过程。而在其他情形中又需要概念化处理。为了理解语法错误，将话语放在一种概念的因素分析之中可能是有帮助的，同时还要将它视为包括了不变的语法规则，而且这些规则又通过诸多特殊的应用才得以显示。表征的中心点可能离它所承载的丰富多样的现象非常远。

我们建构表征的工具来实现某种目的，并且还能够重建它们，以使它们能够更好地实现它们的原初目的以及其他我们后来形成的目的。我们修正表征的范围、规模和内容来提高它们的能力，来促进我们不断发展的认知目的。在这种情况下存在一种反馈回路。比如我们要对一个领域了解更多，就要改善我们对于以下内容的看法：哪些种类才是重要的，它们应该研究什么层次的普遍性，它们应该根据什么术语来表征。

生态学家对瓦尔登湖中的水进行取样，基本上不会在湖的任何方便的地方只提取一小瓶液体。他们会考虑哪里的液体是湖水的最典型代表，或者最有可能显示他们想要去研究的特征。如果他们找到了一个典型的样本，他们就不会从流入湖的溪口处提取，也不会从公共海岸的岸边和靠近非常肥沃的高尔夫球场的区域提取。他们可能会从湖中央来提取他们的样本。或者他们可能会从不同区域提取多种样本，然后要么将它们物理性地混合，要么在它们的基础上形成一种混合物。他们的抽样遵循这样一个理解：在湖的某处，他们所感兴趣的特征最有可能被发现。这意味着，尽管样本中的水是自然出现的，但是数据收集却是被有关该领域的理解驱动的，其方式已经得以恰当的描绘，并且也得以恰当的研究。这一切都意图确定是什么使得一个样本成为一个典型的样本。

一个样本不仅仅是一个实例。它是一个生动的实例。它示例、强调、展现或表达了它作为一个样本的特征或特性。没有一个样本能示例它所有的特征。例证是选择性的。从瓦尔登湖中提取的样本（a）与帕提侬神庙（Parthenon）相距1 000公里，由一个左撇子毕业生提取（b），是在一个月的第二个星期所获得的（c）。还有（d）包含H_2O，（e）包含大肠杆菌；（f）具有5.8的pH值。在一个合适的科学语境中，它也许能够很好地示例任意或所有的（d）、（e）以及（f）。尽管它将（a）、（b）、（c）实例化，但是在标准的科学语境中就未必能示例它们中的任何一个了。

这样看来，样本是一个标记，指的是它以实例表现出的某些特性（Goodman, 1968; Elgin, 1996）。因此它提供了一种能够了解这些特性的认识方法。认识途径有可能更好或更坏。仔细取样的一个原因是为了确保样本具有旨趣的特性；另一个原因是为了获得能够为它们提供已有的认识方法的样本。有些因素只会出现在湖水的极其细微的特性中，因此尽管从湖中提取1公升的水来证明，它们也很难被察觉。另外，这样的样本可能包含混杂的因素，尽管未经示例而且（就当前目的而言）并不相关，但是它会妨碍对例证特性的认识。因此科学家们不直接从自然中提取样本，他们往往对样本进行加工来增强旨趣的特征和/或排除混杂的因素。在实验室中，水的样本经过净化加工来去除并不需要的物质。结果就会得到一个纯粹的样本，旨趣的特征就会突显出来。科学家们再对这个样本进行实验，然后在其表现的基础上进行解释和预测。尽管实验室样本没有根据它被检验的那样自然产生，但检验并不是虚假的。因为样本例证的特征都是自然产生的。实验室样本与来自自然的样本的差异在例证的特征中是微不足道的；它在其他方面的分殊是不相关的。

不同类别的样本适用于不同的实验。科学家们可能会对一种物质的随机样本、一个有目的的样本或一个纯化样本进行实验。在所有这些情形中，目的都是理解本质。一个实验是为了直接揭示样本中的某些东西，它可以投射到它所承载的自然现象上。至于如何从实验室投射到世界，则取决于所使用的那类样本，以及它如何与具有它所示例的特征的现象相关联所涉及的工作假设。推断并不总是那么直接。为了达到投射的效果，可能就需要大量的解释。

为了确定一个物质 S 是否致癌，研究者将基因完全相同的老鼠放在其他方面完全相同的环境中，将它们中的一半暴露在大剂量的 S 中而剩下的则未暴露。共有的遗传天赋与其他完全相同的环境中立于大量的基因与环境因素，据说后一类因素常常影响癌症的发生率。通过对基因和环境的绝大多数因素的控制，科学家确保这些因素——尽管通过老鼠的具体示例——并没有被示例出来。他们对这些事物进行安排以便无论是否暴露于 S 都是唯一得以示例的环境特征，从而使得实验能够揭示 S 的影响。对老鼠的使用是基于这样的假设，在该问题的方方面面中，老鼠与人类相差无几。有鉴于这一假设，这个实验就被解释为示例出**对哺乳动物的影响**，而不仅是对老鼠的影响。老鼠暴露在大剂量的 S 中，所依据的假设是大量的 S 在短时间内对小型哺乳动物的影响反映了少量的 S 在长时间内对大型哺乳动物的影响。因此，这个实验被解释为示例出 **S 的影响**，而非高剂量 S 的影响。当然为了做出其认知贡献，这个实验必须要得到合理的解释。如果我们把实验的环境复制到野外生活中，我们将犯下严重错误。但是如果背景假设是合理的，那么我们就理解了这个实验是如何代表或未代表自然的，易言之，我们理解了这个实验到底代表着哪些方面以及它们是如何做到的。这就使得实验增进了我们关于 S 对哺乳动物的影响的理解。

实验是高度人工化的。甚至老鼠就是人工物，是有意培育出来用以展示一种特定的基因结构的。这样的暴露远高于自然状态中所产生的 S 的剂量。实验环境被严格控制来消除大量的通常会影响老鼠健康的因素。实验排除了老鼠生活中的一些日常的方面，例如捕食者带来的生命和肢体的危险。它使得其他的影响无效，例如野外老鼠种群成员间的基因差异。它放大了其他方面，揭示了老鼠对比在自然中暴露所接触到的剂量更高的 S 的影响。这些自然产生的差异并没有渲染实验的非典型性，它们使得实验揭示了那些通常是被掩盖的自然的方方面面。它们消除混杂的特征并突出重要部分，因此 S 对哺乳动物的影响就突显出来了。

当诉诸模型、理想化的事物以及思想实验时，科学就使得其自身更加远离自然现象。科学模型是图式性的表征，在排除不相关的复杂性难题的同时又突出了重要的特征。它们可能有点朴实无华，忽略了它们关注的现象的细微特征。它们可能并不符合常规，夸大了会揭示微妙却又重要的结论的那些特征（Gibbard &Varian，1978）。它们可能根本就是不完整的，仅仅表征了现象被选取的方面（Nersessian，1993）。严格来说，从表面上看，它们并没有描述世界上的任何事物。例如，尽管金融交易复合了理性和非理性的行为，但经济学还是设计并配置了模型，它们滤除了所有被认为非理性的因素，而不管它们在实际交易中发挥多大的作用。尽管这种模型不能提供任何像对真实交易的精确表征一样的东西，但是不能据此认为它们就有缺陷。它们的操作正是基于这样的假设，即某些目标可能在非理性状况下被安全地忽略。

从表面上理解，模型可以被描述成理想情形中的样子，也许根本不可能在自然中发生。理想的气体就是一个模型，这个模型将气分子表示为有完全弹性、无量纲的球体（dimensionless spheres），彼此之间没有表现出任何吸引力。确实有可能根本不存在这样的分子。不过这个模型抓住了温度、压强和体积之间相互依赖这一特征，它对理解实际气体的表现至关重要。如果仍然要求可怜兮兮地忠诚于真理的话，那些引证这一理想的解释在认识上就不可接受。既然氦分子不是无量纲的、互不相关的、有弹性的球体，那么将它们表示为这类球体的那些论述就为假。但是，至少如果有关氦分子在偏离理想气体定律的环境中表现如何的解释微不足道的话（大致上说来，就是高温低压），那么科学家们往往会发现它简直无可挑剔。因为在这样的环境中，摩擦、引力和分子大小的影响都无关紧要。经济增长模型表征了作为恒量的利润率。事实上，它却不是。非经济因素如传染病、贪污和政治动荡都会有所干扰。但是通过将这些复杂情形归为一类，使得经济模型抓住了大量的表面上不同的情景所共有的特征。即使是内容充实的情景似乎彼此之间也非常不同，模型呈现了一个共同的核心，并使得经济学家（有偏向地）根据该核心来解释表面上不同的行为表现。因此这些表征确实是且被认为并不准确，但它们为它们声称要涉及的现象提供洞见。

思想实验是富有想象力的表征形式，它旨在揭示如果达到某种条件以后会发生什么。它们不是实际的，并且往往是甚至不可能的实验。尽管如此，它们仍提供了对有关现象的理解。通过考察一个人在没有重力场存在的情况下乘坐电梯的经验，爱因斯坦表明重力与惯性质量的等值性。通过考察一个轻的物体和一个重的物体拴住一起下落,伽利略不相信亚里士多德关于运动的理论和物体在真空中下落的速率无关其重量的发现。在其他例子中,思想实验通过揭示在极限中会发生什么来充实理论。通过考察在绝对零度的情况下电流在金属中将如何表现,计算机模拟出产生了超导电性的洞见。思想实验的有效性并不会因为确定不同步骤的假想条件从来无法获得而受到损害。

一般来说,哲学家们假定科学理论致力于实现真理,而且一旦它们不为真就是有缺陷的。即使是好的理论也面临异常现象。但恰恰是异常现象指出理论是有缺陷的。因此异常现象的存在并不会使标准的观点变得无法相信。尽管理想化的事物、简化的模型和思想实验都没有据称为真,但它们也没有缺陷。为了说明科学的认知贡献,知识论就必须要考虑到它们的贡献。我相信,这样的策略的施行就像是虚构一般。因此,为了实现我所说的情况,我首先需要解释虚构之物如何推进理解,以及为什么将这样的策略视为虚构是合理的。

一个人从一部虚构的作品中觉得学到了什么东西,这并没有什么不正常的。不过虚构的东西按说并不为真。因此这种学习,不管它是什么,都无法合理地被理解为获得了可靠的信息。既然虚构无关表面上的真,那么虚假(falsity)也就不足以成为其中的缺陷了。虚构无须"在实在意义上"进行。它能够超越可能的限制。它可以通过异常的特征和情境的组合来描绘相关的人物角色,这样的特征和情境恰恰呈现出了异常的挑战与机遇。它可以设法表明人物角色及其环境之间并不匹配。它也可以从一个环境中移除角色而在另一个环境中植入它们。完成这些事情之后,它就得出了结果。如果思想实验、模型和理想化的事物都是虚构的,那么它们等于在做同一件事情。就像其他的虚构一样,它们对真理不做要求。因此理想气体定律在这个世界中对于任何事物而言均不为真,这一事实并不构成对它的反对。没有人曾经乘坐,而且也不会有人会去乘坐一部没有引力场的电梯,这一事实并没有使爱因斯坦的思想实验失去可信度。如果它们是虚构的,那么这样的策略就不会是真的。但是它们也并不完全是空想。它们得出的结果理应推进了真实的理解。问题在于:如果一个虚构的表征不为真,那么它如何能够使这个世界以事实上所是的方式被理解呢?

我认为，通过举例表明它与它所关涉的现象之间存在的、（至多算是）微不足道的分歧的特征，它确实做到了。④ 举一个常见的例子，一个商用油漆样品卡片不过就是一片精准的着色板。毫无疑问它是一种虚构。板上的色块（color patch）并不是一块油漆（a patch of paint），而是有着相同颜色的油墨（ink）或染液（dye），就跟这个色块所代表的油漆颜色一样。作为一块油漆，这样的虚构为认识色块所代表油漆的颜色这一事实提供了通路。不是所有被视为与之相符的油漆都具有完全相同的色度（shade）。任何在某一范围内的颜色都可以认为是相符的。因此这个油漆样品卡片提供了通路来认识那个狭窄的颜色范围，这些颜色最多只是与板上的颜色有些许偏离。理想气体定律则在一个涉及温度、压强和体积的公式中得以表达。这样的模型气体就是一种虚构，而上面的公式正是在这种虚构中被满足的。真正的气体不会恰好满足这一公式。然而，对于那些处于理想气体的特定范围的真正的气体而言，它们处于它们所展示的温度、压强和体积的关系之中，这样模型为认识真正的气体提供了通路。这两个范例都为它们并不具有但与它们所具有的特性又稍有偏离的特性提供了认识途径。很明显，这样的偏离是否可以忽略取决于一系列语境的因素。在一个语境中可以忽略的偏离，也许在另一个语境中就不能忽略。既然我们知道如何去顾及语境的因素，那么我们就能够正确地解释这样的范例。

一个虚构之物示例了某些特征，从而提供了认识它们的途径。它使我们能够识别并区分那些特征，研究它们的不同方面，并考察它们的成因与结果。它常会故意人为地使用前面那些通常是毫不清晰的因素。通过在一种人为设定地渲染出它们的显著之处的背景中突显特征，它使我们具有辨识它们及其同类的资源。奥赛罗（Othello）显示出了一系列美德和缺陷，它们使他易受埃古（Iago）的奸计的陷害。这些个性特征或许很寻常。但是它们所产生的弱点却完全不明显。为了使其突显出来，莎士比亚展现了奥赛罗的角色是如何在埃古施加的压力下遭到破坏的。由此，这部戏剧通过设计一种它们崩溃的情景来表明一系列个性特征的弱点。它考虑了在一种极端情况下会发生什么，来强调日常情形中所涉及的弱点。事实上，它

---

④ 参看我的著作（Elgin, 1996: 180-204）和文章（Elgin, 2004）。

检验了面对破坏时会出现的各种个性特征。就如药物实验是通过让老鼠接受大剂量的 S 的精心设计来突显 S 的致癌性，这部戏剧是通过让奥赛罗遭受大量的罪恶，精心设计例证来突显一系列在表面上值得钦慕的个性特征中所固有的弱点。

当然其中也存在区别。像《奥赛罗》这样的一部剧，作品内涵丰富、意味深长，容许有大量不同解释。这个实验设计成这样，其目的就是使它的解释有着单一的特征。这是在艺术和科学之间的重要区别，但是在我看来这不是虚构和事实之间的区别。它是文学符号的密度和饱和度，而不是它们的虚构造成的重大区别。思想实验将虚构的自由和有着严格要求的科学结合起来。像其他科学的符号一样，它们的解释应该是意义单一、确定、明晰的。什么样的背景假设是有效的，以及它们如何对思想实验的设计和解释产生影响，这应该很清楚。

爱因斯坦设计了一个思想实验来研究一个人骑行于光波中时会看到什么。这个实验表明了不太明显的光速限制的意涵。它丝毫不考虑像以下事实这样的麻烦，比如一个人太大而不能骑行于光波中这样的事实，任何人以光速运行将获得无限质量这样的事实，以及这个人看不见任何东西因为她的视网膜将比一个光子还小这样的事实，等等。因为这种生理的障碍与思想实验无关，所以它们并未发挥什么作用。事实上，这个思想实验告诉我们，可以假定有人在毫无不良后果的情况下能够骑行于光波中，并考察他将会观察到什么。尽管怀疑的悬搁需要接受必不可少的想象性立场，但是有两个方面是明确的，也就是我们应该保留我们情景的哪些方面和我们应该放弃什么方面。

只有在关于什么能够被完全弃之不顾的驱动假说正确的情况下，一个思想实验才会为现象提供深刻的洞见。否则，它就带有误导性。不过这是对所有实验而言的。只有在我们没有过滤掉重要因素的情况下，运用纯化样本的实验才会有助于对它们的自然界中对应事物的理解。对随机样本属性的研究同样也会有益于对取样材料的认识，条件是随机抽取的样本事实上具有适当的代表性。如果我们随机选择一个不具代表性的样本，那么我们就会将错误的特征投射到相应的领域。所有科学推理的进行都与背景假设相反。这既是其效力的来源，也是其弱点的来源。

213　　　将一个模型解释成一种虚构，是为了把它作为一种象征性的建构，这样的建构示例了它与它所仿照的现象共有的特征，但在其他未经示例的方面又偏离那些现象。一个堆叠式蛋白模型（A tinker-toy model of a protein）示例了它与蛋白共有的结构关系。它没有示例它的颜色、大小或材料。因此它无法复制它所仿照的蛋白的颜色、大小或材料称不上是一种缺陷。事实上，这还是有用的东西。作为更大、颜色编码（color-coded）而又持久的蛋白模型，它能够使得它所示例的特征突显出来，这样的话，比起我们直接观察它们时蛋白质所是的那样，它们更加易于被识别出来。

对科学中虚构之物的认知贡献的解释是：在一些显见的、重要的方面，它们与它们产生影响的现象之间的分歧是可以忽略的。在我看来，同样的事物解释了在其他状况下包含异常现象的好理论的认知贡献。我们说它们正好"到达某个点上"。我认为，那个点指的就是分歧开始变得不可忽视的点。就像是全部气体分子几乎都满足理想气体定律，缓慢移动的临近物体的运动几乎都满足牛顿定律一样。在这两个例子中，定律为研究分歧在何处发生、如何发生、为何发生以及结果是什么提供了一个方向。"可忽略的"是一个很灵活的术语。有时我们会并且应该会忽略许多事物。在理论发展的早期阶段，非常粗略的类似事物以及非常不完整的模型提供了对这个领域的适度的理解。随着科学的进步，我们提高了我们的标准，改善了我们的模型，并且往往要求与事实之间有着更好的契合。这是一种改进我们对正在发生的事情的理解的方法。更切近的契合并不总是提供更好的理解。有时一个质朴的、新型的，可以透视不相干的复杂性的模型更具启迪作用。当一个质点位于重力中心时，它就成为一种有效方式来概念化并计算重力的作用。一个更具现实性的表现形式，尽管明确规定了行星实际规模大小，但并非那么明显可取。就某些方面而言，似乎行星就是质点是一个关于万有引力定律的有趣而又重要的事实。实际上，我这里所提出的是，一个被视为不充分的理论就属于虚构的领域中的内容。它似乎被当成一种理想化的事物。不过科学中的虚构在认知意义上很重要，因此将我们最好的理论理解为虚构并非贬低它们。

还有一个忧虑仍然存在：如果科学理论的可接受性并不取决于它们的

真理，那么科学和伪科学之间的区别就会有消失的危险。如果不是基于真理，那么在什么基础上我们才会去研究广为人知的天文学和占星术呢？答案要追溯到先前引述的来自奎因的那段话。尽管只有作为一个集合体时，科学的宣判才面临经验的裁决，但是它们现在确实面临着经验的裁决。如果它们没有得到证据的支撑，那么整个理论就要对经验证据负责，并且会名誉扫地。理论包含理想值、近似值、简化模型以及思想实验，这样的理论不直接反映实在。不过由于它们都有可检验的复杂情形，因此它们在经验意义上是可废止的。换言之，会存在一些确定的、认识上可把握的情景，如果确实找到了的话，那么就会使得这些理论失去可信度。如果我们如愿发现了，那么摩擦力在气体分子之间的碰撞中就起到了重要作用。这种发现将导致理想气体定律以及它所包含的理论变得不可信。伪科学的描述根本不能废止。没有证据能让它们毫不值得相信。它们不可能声称要揭示世界所是的方式，因为它们会以自身的方式持有相应的看法，而不管世界最终会成为什么样子。这是一个关键的区别，而且它表明集合了虚构策略的科学理论仍然是经验上的。

我曾经极力主张，科学是充满各种符号的，它们既不是也不声称要直接反映它们所关注的现象。经过纯化的人为设计的实验样本、极端的实验情形、简化的模型以及高度反事实的思想实验，都有助于科学地理解世界所是的方式。我认为，科学对这类策略的依赖，表明求真主义对于科学的知识论而言是不充分的。然而，也许会有人辩称，这样的策略只起了因果性作用，它们使科学家能够发现事物所是的方式。而且或许至关重要的是非真理（non-truths）也能够做到这一点。尽管如此，知识论首先关注的不是我们信念的原因，因此这类策略的运用并不会使求真主义变得不可信。关键问题在于，从这些策略的施行中得出的结论是否为真。如果是的话，那么求真主义就被证明是正确的，因为非真理所发挥的作用是因果性的，而不是构成科学的认知。

在我看来这显然是错误的。这种策略不只是引起了它们所关注的现象的理解，而且它们还包含了这样的理解。它们的设计和运用专注于它们所依赖的现象以及探究对这种现象的恰当方法的理解。如果没有这样的理解，实验室实验、模型、思想实验以及取样不仅将是动机不明的，还将是难以理解的。我们可能无法了解它们。倘若没有对想象性训练给出一些限制，我们将无法理解，当我们需要想象一个人骑行于光波中会看见什么时，我们会想象到什么。此外，我们不仅仅将这些策略用作产生结论的工具，我们更是根据它们来思考这一领域。我们将湖中的水看作含有杂质的水，将气体分子的相互作用看作与理想气体定律相符，将行星的轨道看作摄动的椭圆。正因为我们如此做了，所以我们才能够推论得出两者检验并拓展了我们的理解。

还有一个更进一步的担忧：在可接受性问题上，我所提到的唯一限定是一个理论必须对证据做出回应。不过，一个包含了"除水星之外的所有行星都有椭圆轨道"的理论就会做到这一点。在那些回应相同证据的理论中，有些理论优于其他理论。是什么造成这样的差异呢？不幸的是，该问题无法通过诉诸明显的、先验的标准而得到解决。除了一致性之外，就没有任何其他什么东西存在了。随着理解的进步，我们修正了我们关于什么使得一个理论之为好的观点，以及由此而出现的我们的可接受性的标准。我曾在其他地方（Elgin，1996：101-43）提出，知识论的可接受性是一个反思性平衡的问题：一个可接受的理论的组成、事实的陈述、虚构之物、范畴、方法等，必须是彼此作为依据才显得合理，而且根据我们相关的、此前的承诺，理论整体上至少必须与任何可获得的替选项一样合理。这里并不是评述那个论证合适的场合。我这里的观点是，因为这样一种知识论没有给予表面上的事实性真理任何特别优待，因此它能够适应成熟科学所显示出的复杂的符号化表达。

要了解一个理论就要恰当地解释它的符号。这就需要将事实性句子同虚构性句子区别开来，适应默认的预设，准确解释范例的范围及选择性，等等。要根据一个理论来理解一个领域，就要能够辨识、推理、预测、解释基于该理论所提供的资源在该领域中会发生什么并采取相应的行动。因此，理解也是一个度的问题。浅层的理解使我们辨识出整体的特征，给出粗略的解释，根据一般的术语进行推理，以及形成大致的预测。随着理解的提升，我们的辨识、推理、表达和解释变得越来越集中，也更加准确。

参考文献

Bickel, P. J., Hammel, E. A., and O'Connell, J. W. (1977). 'Sex Bias in Graduate Admissions: Data from Berkeley', in W. B. Fairley and F. Mosteller, *Statistics and Public Policy*. Reading, Mass.: Addison-Wesley, 113–30.

Cartwright, N. (1983). *How the Laws of Physics Lie*. Oxford: Clarendon Press.

Dennett, D. (1991). 'Real Patterns'. *Journal of Philosophy*, 88: 27–51.

Elgin, C. Z. (1996). *Considered Judgment*. Princeton: Princeton University Press.

—— (2004). 'True Enough'. *Philosophical Issues*, 14: 113–31.

Gibbard, A., and Varian, H. R. (1978). 'Economic Models'. *Journal of Philosophy*, 75: 664–77.

Goldman, A. (1999). *Knowledge in a Social World*. Oxford: Clarendon Press.

Goodman, N. (1968). *Languages of Art*. Indianapolis: Hackett.

Lehrer, K. (1974). *Knowledge*. Oxford: Clarendon Press.

Nersessian, N. (1993). 'In the Theoretician's Laboratory: Thought Experimenting as Mental Modeling'. *PSA 1992*, 2: 291–301.

Oxford Dictionary of Science (1999). Oxford: Oxford University Press.

Quine, W. V. (1961). 'Two Dogmas of Empiricism', in *From a Logical Point of View*. New York: Harper, 20–46.

Spencer, H. (1940). *Education*. London: Williams & Norgate.

13. 分歧的知识论之谜

理查德·费尔德曼

很多明智而又见识广博的人之间的分歧带来了富有挑战性的知识论话题。其中一个问题涉及一个人根据这个分歧而坚持其信念的合理性。另一个问题则关涉是否存在以下情形，即分歧双方各自坚持其信念是合理的。

对于分歧的看法多种多样。其中一个极端是将持反对意见的人看作敌人，进而要怀疑他们、羞辱他们、打败他们。这些人将分歧视作一种战斗，在战斗中"胜利"是衡量他们成功的标准。这种态度在一些政治交往中尤其突出。另外一个极端则是那些人会觉得分歧让人不快，同时宣扬一种温和的宽容。这在宗教分歧中尤为突出。一个评论者最近这样写道：

> 评判一个人的信仰目前在我们文化的每一个角落中都是禁忌。在这个问题上，自由派和保守派达成了一个少有的共识：宗教信仰显然超出了理性话语的范围。评判一个人对于上帝和来世的观念在某种程度上来说是不明智的，评判他关于物理或历史的观念就并非如此了。（Harris，2004）

尽管禁止批评宗教观点显然不像这个作者所认为的那样广泛，但毫无疑问，宽容的态度是普遍的。而且，虽然批评另一个人在物理或历史上的观点往往比评判宗教观点更容易让人接受，但是它们存在共同的趋势，即认为明理的人有可能在这些话题上存在分歧，而且不止一个观点能够经得起理性的审查。因此，宽容同样延伸到了类似的领域。

无论人们实际上如何回应这种分歧，仍然存在一个令人费解的问题，即这种理性的回应会是什么。在这篇文章中我将描述其中的一些问题，同时我将检视对这些问题的潜在回应。我更加相信比起我在任何具体回应上所表达的那些东西，这里会有一些非常有趣的问题。我的主要目的在于弄清楚那些值得细致审视的、令人困惑的问题究竟有哪些。

从某种意义上说，我即将得出的结论也是值得怀疑的。但是它与知识论学者经常提出的我们所熟悉的怀疑主义结论不同。在传统意义上，当哲学家处理怀疑论时，他们会担心我们是否有可能知道外部世界中事物的存在和本质，或者我们是否可以知道未来，又或者我们是否可以知道过去。在这篇文章中我提出了一种相当不同的怀疑论。它没有那类熟悉的怀疑论那么彻底。在某种程度上，它也远没有那类怀疑论传统那么远离现实世界。在我们的智力生活中，关于许多最为突出的问题，存在广泛而巨大的分歧，这是大家所熟悉的。在知识论自身中它明显为真，在通常的哲学中也一样。类似的分歧广泛存在于宗教问题、诸多科学话题，以及许多公共政策问题中。在所有这些领域中，那些见多识广而又十分明智的人彼此不同意。为了使其更为个体化，在许多关于你有一个信念的问题上，那些见识广博而又睿智的人会与你存在分歧。我将提出的这个问题是依照这样的分歧来坚持自己观点的合理性。我的结论是，也许比我们可能已然想到的更为常见，判断的悬置乃是认识上恰当的态度。由此可以认为，在这样的情形中我们缺乏合理的信念，并且至少根据标准的观念，我们也缺乏知识。这是一种偶然发生的、真实世界的怀疑论，它没有获得它应有的关注。我希望这篇文章将有助于这一话题获得新生。

Ⅰ．分歧的例子

有一些分歧，对于任何公正的观察者而言，会仅仅因为愚昧、固执或故意忽略证据而无视其中一方。我不打算处理这样的情形。我的兴趣是在一些看似合理的分歧。在获得相关有效信息而得出矛盾结论的明智之人中，也存在这些情况。至少从表面上看，两种分歧在他们的信念中似乎都是合理的。这些看似合理的分歧的情形都在我们身边。我将在此简述其中一些情形。

A．法律与科学

吉迪恩·罗森（Gideon Rosen, 2001: 71-2）写道：

应该显而易见的是，在面对单单一类证据时，明理的人也会出现分歧。当陪审团或法庭在一个艰难情形中产生分歧时，分歧这一事实并不意味着有人是不明事理的。古生物学家不同意恐龙灭绝的说法。尽管可能大部分对此争辩的人是非理性的，但这未必就是事实。与之相反，这好像是一个关于认识的生活的事实，也即对于深思熟虑而又理性的研究者而言，对证据的仔细审视也并不保证一致的意见。

沿着同样的思路，很容易给出更多的例子。一个看似无限的源头来自医学研究，在该研究中，专家们似乎在各种疾病的诱因和治愈方面意见不一。

B. 政治

如彼得·范因瓦根（Peter van Inwagen, 1996: 142）写道："每一个理智上坦诚的人均会承认……有一些无尽的政治辩论，双方都属于智力超群、博闻强识的人。"几乎毫无疑问，范因瓦根在这个问题上是正确的。在考虑这个问题时，至少一开始，最好集中于一些你并不特别热衷的问题。反过来，不妨想一下你通常会说的那些"明理的人会产生分歧"的问题。对我来说，毒品合法化问题就是一个很好的例子。那些睿智而又见多识广、好心且看似明理的人在这个问题上明显有着不同的看法。当然，其他很多问题同样也是如此，包括那些更加不确定的问题。

C. 哲学

范因瓦根（van Inwagen, 1996: 138）描述了一个我所想到的那种哲学分歧的完美的例子，这个问题将有助于呈现我想要论述的哲学问题。他写道：

> 当大卫·刘易斯（David Lewis）——一个真正智力超群、具有远见卓识、天赋异禀的哲学家——拒绝我所相信的这些东西，并且已经意识到也完全理解我的辩护中形成的每一个论证时，我如何才能相信（就像我所做的）自由意志与决定论是不相容的，或者相信那些无法实现的可能性并非物理对象，又或者相信人类不是在时间及空间中延

展的四维物体呢?

当然,范因瓦根提到的哲学困惑仅仅是个例。很多其他哲学争论都非常相似,原因在于那些智力超群、见多识广而又思想深厚的哲学家检视相同的论证与证据之后,会得出不同的结论。

D. 宗教

正是这个话题最开始将这一问题印入我的意识终端。在我所教的班级上,许多学生对于其他学生的宗教观采取一种愉快而宽容的态度。尽管他们承认这个班上的学生之间的宗教问题存在着很大的分歧,但是他们似乎又认为所有不同的信仰都是合理的。当然,有许多人不同意这种态度。一些有神论者将所有的无神论者看作这个世界上邪恶的非理性力量。① 不幸的是,有些人似乎认为,所有那些无法分享他们信仰的人同样也是如此。然而,宽容无疑是一种共同的态度。

尽管在这个列表中增加一些例子不是什么难事,但是以上这些例子对于当前目的而言足够了。这些例子似乎要表明,在获取相同的信息这一问题上,它们都涉及明智、严肃而又思想深厚的人,他们得出不同的且相互矛盾的结论。至少会有这么一种冲动认为,双方都是明理的,并且那些明理的人在这样的情形中会出现意见分歧。

我在整篇文章中将假设,那些明显合理的分歧情形才是真正的分歧情形。也就是说,我所假定的是,人们真正的分歧在于一个人肯定一个命题而其他人则否定该命题。当然,也存在明显分歧的情形,它们却不是真正的分歧情形。有些情形尽管人们似乎意见不一,但是未被注意的含混性或者随语境而变化的术语的出现,都会使得分歧仅仅是表面上的。在我前面所提到的分类中,有些分歧完全有可能只是表面上的。比方说,有些人会以异乎寻常的方式使用"上帝存在"这个句子,以至于他们用这个句子所意图声明的内容(以及他们所相信的东西),与其他否认上帝存在的人所相信的内容并无二致,而且后者还接受宇宙漫无边际、异常复杂,又完全超出我们的理解范围这样的说法。然而,即使其中一些分歧只是表面上的,其他也还是真正的分歧。

---

① 卡尔·托马斯(Cal Thomas)就是一个例子,他是一个有名的专栏作家。

Ⅱ. 几个问题

通过反思分歧的一般结构，就有可能提出我想要考察的主要问题。假设有两个个体——赞成者（Pro）和反对者（Con），对于某个命题 P 持有不同的态度。他们再次审视了相关证据，仔细考察了相关问题，得出了不同的结论。赞成者相信 P，而反对者否认 P。因此，赞成者和反对者在第 I 节中的情形所表明的那类问题上就存在分歧。

一个有意义的做法就是区分两个不同阶段，对他们之间分歧的考察就是在这些阶段中。一个阶段我将称之为"分离"阶段（isolation）。在这个阶段，赞成者和反对者各自审视了大量类似的证据，在经过仔细和严谨的思考之后，赞成者得出的结论是 P 为真，而反对者得出的结论是 P 不为真。对于他们每一个人来说，得到的结论似乎显然为真。我们可以为这个故事进行补充，他们每一个都是聪明之人，以这种方式得出结论时往往不会发觉他自己或她自己是错的。

另一个阶段我将称之为"充分披露"阶段（full disclosure）。在这个阶段，赞成者和反对者已经彻底地讨论了这个问题。他们知道彼此的理由和论证，而且其他人在考察这些相同的信息之后，也得出了一个彼此对立的结论。② 当然，也存在中间的情况，各种证据和论证只是部分相同。事实上，几乎任何现实中的分歧都是处于分离和充分披露之间的某个地带。尽管如此，考虑极端的情景也是有用的。

关于赞成者和反对者，也许有人至少可以提出三组完全不同的问题。第一组问题涉及赞成者和反对者在分离阶段持有的合理态度。在考察完大量相同证据之后，能否说他们在持有自己的观点这一问题上都是合理的呢？如果是，那么我会说，存在"在分离阶段中的合理分歧"。

第二组问题涉及他们在充分披露的情况下所持有的合理态度。在这一点上，他们的分歧显露出来，同时他们被迫面对其他人采用了相同的证据去支持不同结论这样的事实。其他人被认为是聪明的、明智的。根据这类

---

② 他们所考察的信息是否有可能完全相同，这一问题将在后面加以讨论。

分歧，一个人保有其信念还会是合理的吗？当面对其他立场时，赞成者和反对者能够合理地保有他们的信念吗？如果是，那么我会说，存在"充分披露之后的合理分歧"。

第三组问题涉及究竟分歧中怎样的一方才能理智地思考其他人的信念。假设第二组问题得到了肯定的回答。赞成者和反对者可以理性地认为，他或她的信念是合理的吗？而且其他人的信念同样也是合理的吗？如果是这样，那么赞成者和反对者可以拥有我会称之为"彼此视为合理的分歧"的东西或"彼此视之为合理的分歧"的东西。因此，第三组问题是，是否可以存在后一种分歧。我之前描述的完全宽容的态度，需要有这样的最后一种合理的分歧。

为了弄清这些问题，一个有益的做法就是详细说明我如何使用"合理的"（reasonable）这个词。③ 首先，在一个人理解这个术语的时候，一个明理的（reasonable）人就是一个总体上具有合理的信念趋向的人。就像一个诚实的人可能也会撒个罕见的谎言，一个明理的人可能会有一个偶然的不合理的信念。当他有这个信念的时候，这个明理的人将与其他明理的人产生分歧，其他明理的人是指具有相似的证据但是没有遭遇理性（rationality）失效的人。这表明，一般情况下明理的人可能在一个情境中出现分歧，而其中有一个人是不明理的。这与意在讨论的问题无关。它们是关于这两种观点在这种情况下是不是合理的。

其次，我想问的是关于信念当前的认知地位问题，而不是它们的审慎（prudential）或道德价值，或者它们的长远效益问题。一个信念的审慎价值可以使一个人持有信念看起来是"合理的"，即使这样的信念对另一个具有相同证据的人来说是不合理的。例如，现场一个人质和一个立场中立的记者对于预期人质被释放可能有相同的证据。人质不同于记者，他有动机相信他将会被释放。鉴于这种动机，我们也许会说是人质而不是记者，他如此相信是理性的。不过这不是一种认识评价，也不是我在此所关心的东西。有些类似的是，你现在对你所钟爱的理论中有一个不合理的信念，

---

③ 我有时会用"理性的"（rational）或"确证的"（justified）来替代"合理的"。

这可能让你相信后来出现的许多重要真理。这表明可能存在一种**长期**的认识效益有利于非确证的信念。这同样不是我这里所关心的东西。我想要引出的问题，涉及当前的认识评价，而不是关于信念的实践理性或它的长期效益问题。

总之，我的问题是关于信念当下的认识地位，而不是它们的长期结果、实践价值，或者信念持有者的一般理性。

Ⅲ. 合理信念的极端标准

有些哲学家对合理信念持有极为宽松或极为苛刻的标准，他们可能认为相比之下，回答我们的问题会更为容易。在本节中我将简要考察这些观点。

人们有时会把"合理的"作为"不荒谬"的近义词来使用。根据这个标准，我们很容易发现存在相互承认的合理的分歧。赞成者会乐于认为，反对者完全不必荒谬地持有跟她不一样的信念。不过赞成者也许同样会认为反对者是错的，更重要的是，反对者以某种方式曲解了证据并因此在其信念中显得不明事理。相比于极度低级的"不荒谬"标准，这一判断诉诸一个更高的合理信念的标准。我的问题是有关比这个更高的一个标准。至少对积极的认识状况需要有一个适度的要求。

在另一种极端情况中，关于支持合理信念所需的证据，不可错论者认为根本不可能有任何一种合理的分歧。不可错论者可能对我一开始举的例子无动于衷。在所有这些例子中，一个不可错论者可能会说，分歧的双方未能有足够的证据证明他们的信念，无论他们是否具有其他人所反对的这一事实的信念。不可错论意味着不应该有任何分歧，因为没有人可以从一开始就理性地相信任何有争议的问题。④ 事实上，一个人无须坚持认为，证据性标准会提升至不可错论标准，进而大幅度降低我所提出的那些问题

---

④ 假定赞成者和反对者在充分披露之后确实坚持他们的信念。我假设他们没有确定性的证据来证明他们的信念是不是合理的，或者证明其他人会相信什么。因此，大致说来，不可错论意味着他们不可能理智地相信他们之间有一个合理的分歧。

的影响。有人可能只会主张，合理的信念需要非常强的证据，比如我们前面所提及的分歧的例子，在很多这样的问题上我们曾经获得这类证据。像不可错论一样，这一观点意味着在相关的情形中不存在合理的分歧，因为在所有有关我们分歧的情况中根本不存在合理的信念。

我相信，这样的回应只是通过将合理信念的标准设定得过高来规避问题。我们当然可以拥有关于政治、科学、哲学或宗教问题的合理信念（但也许不是知识），即使有时候分歧会破坏我们对这些信念的确证。我这里不会试图为这一观点加以辩护。

IV. 支持合理的分歧

人们也许有各种方式可以为"存在合理的分歧"这样的观点进行辩护。其中一些方式只是意味着在分离阶段可能存在合理的分歧，有一些方式意味着在充分披露之后存在合理的分歧，还有一些则表明可能有互相承认的合理的分歧。在这一节中我将讨论这些可能性中最重要的那一个。

A. 私人证据

有很多假设使得这些充满谜团的情形令人费解，其中一就是假定分歧各方有相同的证据。由于这完全取决于我们如何理解证据，这个假设可能并不现实，或者甚至是不可能实现的。如果证据包括私人的感觉经验，那么两个人将永远不会有完全相同的证据，即使这种区别可能微乎其微。也许可能存在我们称为"理智证据"的东西，它源自强烈的印象——可观察证据支持相应结论。这就是其他人所谓的"直觉"。如果存在这类知识证据，那么很明显，在我们的例子中，赞成者和反对者不具有相同的证据。总之，无论它是什么，这是他们共同的经验，每个人都有明显区别于他人直觉的自身直觉。因此，他们不具有相同的证据。

沿着这个思路，罗森（Gideon Rosen, 2001）在讨论伦理学中的分歧时提出一个观点。他谈到这里所讨论的命题的"显而易见"的意义。他写道（Rosen, 2001: 88）：

> 如果一个人所声明的主张中所谓的显而易见在……另一个人那

里同样有效……那么持有这样的主张就有其理由：这个理由是由表面上的显而易见所提供的。如果在反思某个赞同残暴行为的道德观念在理性上的合理之处后，在我看来残暴仍然是明显应该受到谴责的话，那么我所持有的它应该受到谴责这一信念就有强大的、令人信服的理由，无论我是否意识到其他缺乏这一理由的人可能会完全有理由持其他看法。

因此，从中可以看出，一个人的立场表面上显而易见，或直觉上正确的，均可被视为证据。在充分披露之后，赞成者和反对者在某种意义上有大量不同的证据，而且他们有理由保留他们原有的信念。赞成者的证据包括共有证据支持非 P 的直觉在内，会支持非 P。反对者支持非 P 的证据，也包括共有证据支持非 P 的直觉在内。两者在他们的信念中都是合理的。此外，如引文的最后一句话所表明的，每一个人都有理由把合理的信念归赋于对方。如果这一点没错的话，那么就存在相互认可的合理的分歧。

假定我们承认直觉或"表面性"（seemings）作为证据这样的假设。假定我们更进一步承认，也许是半信半疑，他们会在这些例子中打破他们所赞同的平衡。这意味着在分离阶段就存在分歧，分歧的每一方都可能是合理的。然而，当我们转向充分披露的情形时，情况则不一样了。为了说明其中原因，我们以一个更为常见的简单例子来做比较，而不是洞察力或直觉。假定你和我都站在窗边看向四周，我们认为我们有相似的视觉能力，而且我们知道彼此会很诚实。我似乎看到了有一个穿着蓝色外套站在院子中间的人（假设这不是什么奇怪的东西）。我相信这是一个穿着蓝色外套站在院子中间的人。与此同时，你似乎在那里什么都没有看到。你认为没有人站在院子的中间。我们产生了分歧。在分离阶段——在我们彼此讨论之前——我们彼此合理地持有各自的信念。不过假定我们讨论了我们所看到的，并达到充分披露的状态。在这一点上，我们各自都知道某些怪异的事情发生了，但是我们不知道我们当中谁出了问题。要么是我"看到了什么东西"，要么是你没有看到什么东西。我不会明智地认为问题在你那里，同样你也不会明智地认为问题在我这里。

不妨再次来考察一下赞成者和反对者。他们可能有他们各自的特殊洞察力或显而易见的感觉。不过一旦已经得到充分的披露，每个人就知道了对方的洞察力。这些洞见可能具有证据性效力。但是，无论是赞成者还是反对者都没有理由保有他或她自身的信念，原因可能只是洞见出现在他或她内心。这里有关证据会起什么作用的一个观点是这样的：证据就是证据的证据。更确切地说，证明存在关于 P 的证据也就是针对 P 的证据。知道他人有洞察力为他们每一个人都提供了证据。

在每一个情形中，人们往往有其自身的证据来支持一个命题，知道另一个人有相类似的证据来支持一个对立的命题，而且又没有理由认为其自身的理由就是个毫无缺陷的理由。反过来想的话，就要求像这样来思考："你洞察到非 P 为真。而我则洞察到 P 为真。我按照这些东西而相信 P 就是合理的，因为**我的**洞见支持了 P。"这样做显得顽强而又固执，但却并不合理。

因此，私人证据——无论是洞察还是直觉——都不支持这样的观点，即存在互相承认的合理的分歧或甚至在充分披露后仍存在合理的分歧。如果这种洞察被算作证据的话，一旦有人形成一个充分披露后的立场，他就会知道双方都具有洞察力。我们难以看出，相比较与之对立的观点，为什么这个证据为一个人自己的观点提供更多支持，正如我们难以看出它是如何支持对其他人提供合理性归赋的。相互对立、构成竞争的洞察力彼此就抵消了。

那些诉诸私人证据的人确实要抓住一根稻草。他们可能会坚持认为，如果另一个人对它有不相一致的认识，那么，相比他本人对它有着相应的洞见，这个人所拥有的证据通常会更弱。而且可以这么说，这一点为保有自己的信念提供了理由。如果它是正确的，那么就表明在充分披露之后有可能存在合理的分歧。它使存在互相承认的合理的分歧变得不那么清晰。之所以如此的原因在于，如果有一个人比如赞成者没有理由相信反对者确实有洞察力的话，那么赞成者也就没有理由相信反对者的信念是得以确证的。尽管有人也许会诉诸这种观点，也就是赞同者有理由相信反对者确实具有洞察力，但是赞同者对于这一信念不像对他所相信的他自己有洞察力那么有理由。沿着这个思路，也许对合理的分歧的辩护就可以成功实现。然而，我认为这个前景真的还是相当惨淡的。事实上，这是因为，针对另一方是否存在（明显的）洞察力或直觉的怀疑确实非常有限，它微弱到无法使得一个人的整体证据具有预期的特性。

B. 框架和出发点

对我们所提出难题的另一个可能回应则依赖于这样的观念，即人们可以由不同的"出发点"而产生分歧。这个想法并不是说人们的生活开始于不同的信念，而这些信念某种程度上塑造了他们后来的信念。"出发点"不能被认为是短暂的。相反，我头脑中的想法是这样的，人们对世界有更具全局的视野，正是这样的观念塑造了很多他们所相信的东西。有人也许同样会根据"框架"或"认识原则"来刻画这些出发点。也许有些人会说，一个宗教性立场也算作一个出发点。其他人或许会说，一个特定的基督教立场才算作一个出发点。还有其他一些人则会认为，只有更普遍的指导性观念才能作为出发点，比如合理的信念总是需要支持的证据的这一观点，或者一些领域中的合理信念可以是信仰问题而无须任何证据这样的观点。

尽管关于框架和出发点的复杂的哲学讨论可以被用来说明这个观点，但是一个更为简洁的政治领域中的例子同样可以做到。似乎很显然，在有关通过政府行为解决社会难题的能力方面，人们往往有着迥然不同的看法。专栏作家布鲁克斯（David Brooks, 2004）这样来阐释这一观点：

> 我们在国内政治领域内已经习惯了这样。来自人口稀少的南部和西部的政客更加可能如此，至少在政治和经济领域中捍卫戈德沃特式（Goldwateresque）的德性：自由、自足、个人主义。来自城市的政客有可能捍卫泰德·肯尼迪式（Ted Kennedyesque）的德性：社会正义、宽容、相互依赖。
>
> 来自人口稀少地区的政客更有可能认为，他们希望政府能让百姓摆脱负担，以便使他们能够自己生活。来自密集地区的政客则更有可能想要政府至少发挥裁判的作用，来阻止人们过多发生冲突。

布鲁克斯的观点似乎是这些框架的观点形塑了具体问题的讨论。他认为"这样的争论可能会持续一段时间，原因在于双方都表达了合理的观点，而且双方都有具体的理由来持有他们采取的立场"。

正如布鲁克斯所说，不同的出发点可能很容易让思考者得出不同的结论。为了得出分歧双方可能都是合理的这一结论，我们必须要对人们如何通过一个有关理性的评价性主张这一问题的描述性解释加以补充。布鲁克斯的最后一句话暗示了这样一个主张。我们可以以两种少许不同的方式来解读它。其中一种方式是每个人都有理由接受他或她偏好的出发点。实际上，这些出发点的合理性都是自然而然的。另一种方式也许只是表面上不同于第一种方式，它指的是这些出发点与理性评价没什么关系，与此同时，合理性仅仅在于根据其已经获得的信息从出发点中恰当地得出结果。无论是哪种方式，人们面对的相同外部证据都能够合理地形成不同的结论。

有一些著名的哲学家主张这样的观点，即存在不同的出发点或基本原则或框架原则。如果认为这里简要地讨论就能充分处理这样的观点的话，那就太天真了。尽管如此，在我看来，仍然有可能针对这个进路的可能性提出一些问题，这个进路指的就是对于分歧的各种谜团给出让人满意的回应。

人们难以接受以下这样的主张：出发点超出了理性的审视范围。不妨想一下布鲁克斯的例子。也许可以合理地认为，在分离情形中，从某种意义上说争辩双方或许对其信念而言都是合理的。也许构成出发点的那些命题有一种直觉上的吸引力使它们得以确证。这可能就造成当前的思路在某些方面类似于前面刚刚考察过的私人证据。然而，在充分披露的情况下，更难以看出为什么直觉上的吸引力保留了其确证的效力。我们姑且承认一个人自身的出发点在分离情形中具有某些理由，不过这一事实几乎不足以辩护以下观点，即它就会保有那样的确证，一旦有人意识到其他人与其自身一样有能力，拥有不同的出发点，而且这个出发点与这个人自身的出发点一样，有着很多"客观"的初始可信度。这就难以看出，不同的出发点如何能够被用来支持这样的观点：在充分披露之后仍可能存在合理的分歧。

当这一看法被应用于互相承认的合理的分歧时，它显得尤其能够说明问题。假设分歧中的一方，如赞成者认为他自己的出发点，以及相对立的出发点同样好或可行。那么，如果他想要得到这样的结果——他自己的以及反对者相应的信念都是得以确证的，他就必须这样来看这个问题。不过如果这两个备选项都是合理的，而且他没有理由去偏向于他自己的选择，那么接受这个选择而不是另一个就显得很随意了。这里很难看出，为什么从这个随意选择的备选项出发的"随之产生的"任何东西会被认为是合理的。因此，似乎不太可能认为，他可以把分歧看作一个对彼此而言合理的分歧。

然而，或许赞成者和反对者均不应该把另一选项视作一个同样可接受的出发点。根据这个选项，在充分披露之后，他们都合理地坚持他们的观点，同时也合理地拒绝另一个人的出发点。尽管在充分披露之后可能存在合理的分歧，但是它们不能被认为是那样的情形。这是一个怪异的结果，意味着一个人不可能辨识出其所处情境的真实状况。此外，对于这一观念所蕴含的这种彼此区别对待的态度，也几乎没有什么可取之处。除了它与自己的出发点相冲突这一事实之外，根据假设，两个人都没有理由将另一个人的出发点看作同样可以接受的。这里难题在于一旦这些出发点被公开出来，它们就会与其他东西一样接受理性的审视。一旦有人发现存在先前偏好的出发点的替代选项，那么他就有理由要么继续这样的偏好，要么放弃。如果继续，那么这个理由就可以被表达出来，同时其优点也会被评价。而且评价的结果将接受分歧中的一方的审视，或者是所谓的判断悬置。

正如在私人证据的情形中，有人可能尽力呈现这样一个事实，即相比较另一个人的情境，一个人更加熟悉自己的情境。因此，相比别人的出发点，一个人可能对自己的出发点有更为清楚的认识。同时，这一事实可以被用于为某类合理的分歧的存在辩护。然而，在这个思路上我同样没有看到太多的希望。

C. 自我信任

在一些知识论学者的思考过程中，有一个观念发挥着重要作用，那就是"自我信任"。比方说，在怀疑论问题的讨论中，齐硕姆（Roderick Chisholm, 1989：5）写道："知识论学者预设他们是理性的存在者。"一个类似的主题在莱勒（Lehrer, 1997）的哲学研究工作中起着核心作用。

德保罗（Michael DePaul）对我建议，这个观念有助于处理分歧的难题。⑤
这是另一种辩护认为存在合理的分歧的主张的方式。

假定赞成者和反对者开展他们的讨论，并且最终进入一个接近于完全披露的情境之中，就像人们能够获得的那样。在他们的讨论之后，对于赞成者而言似乎仍然 P 为真，而对反对者来说似乎仍然 P 为假。他们俩都觉得有共同的证据支持了他或她的观点。在这一点上，赞成者的证据和反对者的整个证据稍微有所不同。赞成者的证据是，共同的证据中所涵盖的任何东西，外加对赞成者而言 P 为真似乎是真的这一事实。反对者的证据是，共同的证据，再加上对反对者而言 P 为假似乎是真的这一事实。最后，正如我前面所提到的，赞成者的证据包括支持对反对者来说 P 为假这一事实的信息，并且反对者的证据包括支持对赞成者而言 P 为真这一事实的信息。德保罗主张，如果赞成者在这种情况下悬置判断，这将"违反［她的］认识权威"。实际上这将屈从于另一个人的权威，而不是跟随自己的判断。当然，类似的评论同样适用于反对者。适当信任自己会导致我们依照分歧而持有信念，即使在充分披露之后。而且，或许对于每个人来说，相信另一个人理智地持有信念是合理的。这似乎也考虑到了互相承认合理的分歧的可能性。

虽然这个对分歧难题的回应有一定的吸引力，但是我认为它并不成功。有关自我信任是否真的是一种认识价值，而不是毫无根据的希望，还有不少问题需要澄清。我这里将不去探究这个问题。我真正要考察的是自我信任原则在当前情境中的应用。我相信它不会有预想中的意涵。

在哲学文献中，自我信任更为普遍的运用则是对怀疑论担忧的回应。这个问题用第一人称更容易阐释。如果怀疑论让我担心我能否通过感知或推理的方法知道关于世界的任何东西，那么我可能就想知道，我如何才能做些事情来缓解这些担心。当我想试图思考摆脱它们的方法时，我将依赖于我自己的推理能力。任何这样的做法对有些人而言似乎是不正当的。⑥

---

⑤ 他所评论的这个版本的论文在 2004 年 5 月巴西阿雷格里港（Puerto Alegre, Brazil）的伊比利亚美洲社会哲学大会（Sociedad Filosofica Ibero-Americana）论坛上宣读过。

⑥ 有关反怀疑论回应，参阅科尼（Earl Conee, 2004）。

自我信任是恰当的这一观点可能为这一困境提供了一些宽慰。

无论自我信任在处理怀疑论难题时多么有价值，它在分歧的语境中却无法产生有益的结果。在充分披露的情况下，一个人已经辨识出另一个被视为基本可信的人。根据事物对一个人而言看起来如何，那个人会有一个抵消他基于事物对他自己来说看起来如何的理由。一个人自己对事物的看法支持这样的观点：其他人对它们的观点有理智价值。换句话说，一个人通常情况下所声称的正当的自我信任立场，不会必然导致其应该按其所愿解决这样的分歧。一个人不能通过将证据性权重赋予其相信一个人一般情况下应该信任的资源来牺牲其自主性。在同侪（peer）分歧的情形中，自我信任切断了这两条路。

在整个讨论过程中，我使用了合理的信念这一概念，它被用于信念的评价中，而不是在信念变化的评价中得以使用。一些哲学家更关注后一个概念。人们可能认为，当应用于它的时候，自我信任原则的一个变体解释了彼此认可的合理的分歧是如何可能的。在我看来，只有当一个人的证据更好地支持对手的信念时，改变他的信念才是合理的。⑦ 实际上，默认的看法是，一个人保有其信念是合理的，直到有更好的信念出现为止。然后，一旦应用到反对者所处的情形中，对她来说保有她对非 P 的信念也是合理的，因为通过与赞成者的讨论，从中出现的证据并没有产生**更好的** P 的证据。类似的考察也适用于赞成者。而且，既然每个人都可能会承认这就是他们的实际情况，那么在他们之间就可能出现一个彼此认可的分歧。

在我看来，这种对合理的分歧的辩护并没有好于先前诉诸自我信任的讨论。这是因为一些比仅仅保有他们的态度更好的东西，**已然**出现在赞成者和反对者面前。这个更好的备选项就是悬置判断。至少在有些情形中可以合理地保有一个信念，直到针对对立观点的更好证据出现，这样的看法显得荒谬而又可笑，至少在某些情况下是这样。假如我每天早上在两份同等可信的报纸上看棒球的比分。我看的第一份报纸上的得分榜显示我喜欢的那个球队获胜了，4 比 3。我就相信我的球队赢了。而我看另一份报纸，

---

⑦ 这个观点是匿名审稿专家向我提出的。

它显示我喜欢的球队以相同的比分输了。在这种情况下如果坚持我的信念是合理的就不可靠。同样，假如我的妻子以相反的顺序阅读报纸，那么认为我和我的妻子关于这个结果可以有一个彼此认可的合理的分歧也是难以置信的。

即使我们的话题就是合理的信念的变化，而不仅仅是合理的信念，有时候改为悬置判断才是合理的做法。这一方法没有为合理的分歧提供一个更好的辩护。

D. 分类的证据和多重选择

最后一个辩护合理的分歧存在的方法依赖于这样的观念：在一个人拥有同样支持双方观点中的任何一个证据的情形中，他可以确证地相信两个观点中任意一个。假设你有两个朋友：乔治（George）和格雷西（Gracie），每个人都拥有一辆特定型号和颜色的汽车。你看到这种车停在你家门口，但是看不到驾驶员。你有一个很好的理由认为乔治刚刚到你家，因为乔治有一辆这样的车。但是，你同样也有理由认为格雷西刚刚到你家。假设（尽管不太现实）你很确定没有其他有这种车的人会到你家。有人也许会认为就如这个例子中，你能够合理地相信乔治刚刚到，但是同样你也可以合理地相信格雷西刚刚到。实际上，你需要做出选择。当然，你相信乔治和格雷西都到了是不合理的。而且如果你认为这是乔治来了，但你的妻子则认为是格雷西，那么你就可以认为，即使在充分披露之后，双方的信念仍都是合理的。因此，你们就可能有了一个彼此认可的合理的分歧。

有人可以通过增加一些看起来会使得这一结果更加可以接受的因素来补充这个观点。比方说，你可以补充称你有更多的选择。最终的结果便是出现一个看似像被詹姆斯（William James, 1911）辩护的观点：当一个决定尚在讨论之中，又是被迫的，同时也很重要时，即使没有做出相应选择的理智基础，做出一个选择也是合理的。

我不打算详细讨论这种詹姆斯主义信念伦理学的观点。我将做一些简要的评论。首先，悬置判断实际上往往就是一种选择。在相信乔治到了（而不是格雷西）与相信格雷西到了（而不是乔治）之间，并不是一定要做出相应的选择，因为一个人可以悬置判断。即使大量的证据表明谁到了，悬置判断仍然是可能的。其次，我认为悬置判断在目前的情况下是一种理智需要。当风险上升时，它并没有改变。最后，如果认为这样的情形可以通过重新选择而被改变是错误的，如同相信乔治到了（或上帝存在）和不相信乔治到了（或上帝存在）一样。不相信包括怀疑和判断悬置。而且相信和不相信之间的选择可以在理智意义上得以决定。最后决定是主张不相信。有可能存在形成信念的一些实际利益，这些实际利益有可能非常大。

把这个情形与一个例子相比较，在这个例子中，某人必须在两个行为选项之间做出选择，而且证据正是根据这两个选项加以分类的。假设我们一起旅行，走到了一个岔路口。地图上显示没有岔路，而且我们没有办法获得关于要走哪条路的更多信息，然而我们必须要做出选择。你选了左边的路而我选了右边的路。我们每个人在按我们所想进行选择的时候都可能是完全合理的。当然，我们在选择另一个选项的时候也会是合理的。我们可能彼此承认对方的选择也是合理的。这是一个可以进一步考察的有意义的情形，因为它在信念和行为之间提出了一个关键区别。在你走左边而我走右边的时候，我们有可能都不会合理相信我们选择了正确的道路。我们应该在哪条路才是最好的这一问题上悬置判断，但是要选择一条路，因为我们可以假设，如果两条路都不选的话将是最坏的选择。在这种情况下，根本没有哪一个好的行为与悬置判断相对应。而且这也破坏了这样的观点：像这样的重要选择为合理的分歧的辩护提供了基础。

在本节中我已经讨论了若干思路，根据这些思路就有可能存在合理的分歧。我承认，在分离情形中存在合理的分歧是有可能的。也许私人证据和不同的出发点会有助于解释为什么。甚至自我信任也有可能在这个问题上提供一些帮助，虽然我对此不太相信。以上已经考察过的观点没有哪个为以下立场提供充分的理由：在充分披露之后可能存在合理的分歧，或者可能存在彼此认可的合理的分歧。

V. 单向的合理性

如果在充分披露之后不存在合理的分歧，那么就会产生这样的问题，即面对分歧，理性的态度应该是什么样的。如果在充分披露之后双方保有他们的信念是不合理的，那么要么保有信念对一方来说是合理的，对另一方则不是，要么任何一方保有信念都是不合理的。在本节中我将讨论前一个观点，在最后一节中我将讨论后一个观点。

在一些分歧中，其中一方是完全不合理的。不妨考察一下在占星术价值问题上的争论。或许有可能将这个问题看成另一个情形：两组人看着相同的信息，努力做到明理，并得出不同的结论。范因瓦根（van Iwagen, 1996：141）写道："比方说，很显然，一个相信占星术的人会相信某些根本站不住脚的事情。"在我看来，他的观点指的是那些相信占星术的人，会相信那些未被他们证据支持的东西。也许他们的观点甚至在分离情形中都没有被确证。而且可以肯定的是，在充分披露之后他们没有得以确证。当然，充满挑战的情形跟占星术的例子并不一样。富有挑战的情形显示出至少一种表面上的对称性。双方至少有大致相同的证据，而且他们似乎也能够以一种合理方式处理这些信息。没有哪个人可以那么聪明地做到对分歧中的任何一方的观点不屑一顾。在前面描述的哲学例子中，范因瓦根对刘易斯所做出的判断可能是错误的。也许他最后会得出他自己并不合理这样的判断。不过刘易斯的立场似乎也有类似之处。然而，富有挑战的情形有可能更像占星术的例子，而不是这里所表明的东西。或许至少其中有一方在充分披露之后是不合理的。这就是我将在本节中讨论的观点。

A. 客观的证据性支持

根据特定的一组证据去相信什么东西，这样合理的做法并不总是完全那么明显。在这种情况下，一个人有可能真诚而又尽责地通过其努力获得真理，但是得出的结论却并没有为其证据所支持。这可能就是在一些明显合理的分歧的例子中所发生的：其中一方简单但错误地评价证据，并得出不合理的结论。实际上，这种对单向合理性观点的辩护诉诸一些并不明显的对称。这样的情形极其类似于占星术的例子，但是不合理的一方却没有那么明显地不合理。

当前观点有这么一个假定：一个证据性支持关系是一个"客观的"问题，它独立于信念持有者对它有什么样的看法。它甚至有可能在信念持有者没明白的时候显现出来。在证据性支持关系和逻辑及概率性关系之间的关联还存在分歧的空间，这种关联有可能存在于一组证据及其潜在结论之间。无论其中的细节是什么，当前观点所坚持的是，在分歧情形中，这样的证据（最多）支持争论中的一方以及分歧中的一方，其持有的信念客观上被该证据支持并得以确证，而另一方则没有。此外，而且也是关键的一点，充分披露并没有改变什么东西。因此，在充分披露之后，不可能存在合理的分歧。

这个看法可以用于赞成者和反对者的例子中。根据这种观点，证据支持争辩中的一方。让我们假设是赞成者这一方。因此，赞成者的信念 P 就是合理的，而反对者的信念非 P 是不合理的。然而，由于证据性支持的事实并不那么明显，因此一个明智、尽责、严谨、公正，做到不偏不倚的人，就像反对者一样，就可能得出未确证的结论。尽管存在这些优点，他还是无法相信他的证据所支持的东西。当然，也会存在这样的情况：事实上证据就双方而言同样都很好。然而，这可能是个特例。大致说来，在我们一开始提到的政治、哲学、科学、宗教的分歧中，证据很显然支持了某一观点。持有这一观点的人在其信念中是合理的，而其他人则不是。他们是不那么极端版的占星家。

我非常赞同这样的说法，亦即有一些这样的分歧通过这个方式能够得以最好的理解。然而，一旦出现了充分披露，我不相信这样的说法能够妥善处理关键情形中那种明显的对称问题。不妨想一下，一旦他们处于某个情景中，已经做到了充分披露，赞成者和反对者会如何？赞成者就会相信 P 为真。我们暂时假定，有证据支持 P 并且因此而在分离情境中出现该信念得以确证。反对者支持非 P，而且我们假设，至少暂时在分离情形中该信念没有得以确证。不过我们同样假定对于赞成者和反对者而言，这个证据究竟是支持哪一个信念并不明显。大致可以说，赞成者会认为证据支持 P，而反对者会认为证据支持非 P。要注意，证据确实支持 P 这一仅有的事实，不会自动地使赞成者有理由相信证据支持 P。或许在分离情形中，对她而言它确实是支持 P 的。或许在分离情形中，她同样有理由持有这个信念。然而，与反对者讨论这一问题似乎导致陷入了一个僵局。我发现很难说清楚这样的情形如何以某种显著的方式不同于前述这个例子中的情形，在这个例子中，对于院子里是否有一个人在那里，人们持不同意见。赞成者知道她自己或反对者都未能恰当地评价这个证据。但是我看不出来是什么东西确证了她认为是反对者错了而不是她自己错了，同时又表明，反对者也没有理由认为他在恰当地评估证据。⑧ 而且如果在披露之后赞成者没有理由相信她的证据支持 P，那么我看不出来她如何能够有理由相信 P。

  我在这里想强调的并不是一个得以确证的信念的持有者必须始终知道（或确证地相信）其拥有的证据是好证据。即使信念持有者没有意识到这样的关系，或许证据性支持关系仍可以成立。不过一旦人们对这个话题深思熟虑，就更难以弄明白在他们意识到通常没有很好的理由认为其证据支持某个信念的时候，怎样持有信念才算是合理的。实际上，一个人对此有什么意识构成了对原有证据所提供的任何支持的击败者。这里潜在的观点便是，一旦一个人以某种方式反思其认识情形，而且这种方式又是充分披露的分歧所要求的，那么就难以合理地保有其信念。这不是说反思认识情形的时候涉及的标准更高。相反，正是那样的反思能够并且在这些情形中确实使人们不会毫无理由地认为其信念得到完全的支持这一观念显而易见，而这反过来又破坏了一个人最初对信念的支持。

  我这里的论证有两个步骤，应该把它们完全说清楚才行。尽管它们对我而言显得相当可信，但两个步骤都不明显为真。在那些存在充分披露的分歧中，一个人被迫面对的问题是关于支持他初始信念的所在情形的优势何在。这就涉及一种反思，亦即它在分离情形的日常信念中可能不会出现。在这里所讨论的例子中，这样的反思的发生必须伴随着知道另一个人通常情况下与某人自身一样有能力，对证据给出不同的评价。很难理解为什么这样一个人会有理由相信他自己对证据的评价事实上是正确的。不妨来看看，比方说，刘易斯和范因瓦根之间关于自由与决定论的争论。我看不出如此判断的根据是什么，其中一方比如范因瓦根有理由相信他自己对证据的评价支持了他的观点，而刘易斯则没有。即使这一点没错，这些证

---

⑧ 如果反对者有理由认为他恰当地评估了证据，那么他就对非 P 有着充分的论证：证据支持非 P，因此非 P。这就让我们回到前一节讨论过的观点。

据确实真的支持了范因瓦根的观点,但这明显不足以使他有理由相信这些证据支持他的观点。我的论证的第一步所得出的结论,不是说只有争论中的一方才有理由相信相应证据的优点。

我的论证的第二步涉及第一步之后紧接着会出现什么。假设赞成者的初始证据 E,确实真的客观上支持 P。经过充分披露之后,赞成者的证据已经改变了。如果我的论证的第一步是正确的,那么这一扩展的证据并不支持 E 支持 P 这样的观点。它使得在这个问题悬置判断成为合理的态度。不过还是难以看出,扩展的证据是如何仍然能够支持 P 的。因为如果它仍然支持 P 的话,那么它就支持赞成者合理地持有一个复杂态度,她可以表达如下:尽管我相信 P,但是有关我的证据是否支持 P,我悬置判断。或许会有这么一些情形,即某些类似的态度可能被认为是合理的。不过,这显然非常怪异。但是对于当前看法的辩护者而言,若要主张那个实际上对相关证据持有正确观点的人,其信念在完全披露之后本来就是得到了确证的话,就必须要接受这样的说法。

B. 外在主义

在整篇文章中我都力主一种关于确证和合理性的证据主义立场。我的假定是,有关对分歧做出的得以确证的回应这些问题,取决于信念持有者的证据以及那个证据所支持的东西。这一关于确证的观点并没有被普遍接受。放弃证据主义将有可能助于解开这些谜团。我在本节中将把一个非证据主义理论作为模型,来简要讨论这样的可能性。我不打算讨论其他的理论,但是我相信类似的评论同样适用于它们。

关于确证的一个非证据主义理论(Plantinga, 1993)认为,当信念由一个恰当施行其功能的认知系统产生时,它是得以确证的。[9] 我将忽略这个观点之前版本的所有细节。虽然我对这种观点的优点表示怀疑,但是我在这里不讨论它的一般意义上的充分性。[可参看柯万维格(Kvanvig, 1996)对此的讨论。]假设其中有些观点是正确的。那么这对分歧意味着

---

⑨ 严格来说,普兰丁格的观点是关于"保证"(warrant)而不是"确证"(justification)。如果可能的话,最好是将这里的讨论视作关于将诸如普兰丁格这样的观点应用于当前话题的可能性。

什么呢？

出于论证的需要，假设在赞成者和反对者之间的分歧中，其中一方因为认知系统失灵而受到影响。那么他就无法看出一个恰当施行其功能的人类心智看得出来的真理。假定反对者就是受到这种失灵影响的人。鉴于此，在分离情形中，恰当功能理论就意味着赞成者是合理的而反对者不是。或许这个观点没错。在这一方面，一个外在主义者的观点类似于刚刚所提的客观证据的观点。

一旦他们到达充分披露的阶段，无论是赞成者还是反对者都能够意识到（至少）其中一方遭受了某种这样的失灵。如果他们均保有他们的信念，他们每一方都可能认为是对方遭受这种失灵。不过有关他们可能去做什么这一事实，不会告诉我们在这些元层次（meta-level）信念的认识地位问题上，恰当功能理论又意味着什么。它也没有告诉我们这对于对象层次（object-level）的信念将会有什么意涵。

一种可能性是恰当功能理论会重视这一情形的表面对称，并对于他们中任何一方而言，认为外部的失灵发生在对方身上，这就是恰当的功能。不过这里明显存在一个看起来难以置信的意涵：反对者合理地认为当他相信非P时他在恰当地施行其功能，而且当赞成者相信P时她就没有正常施行其功能，但是他相信非P并不合理。然而，很显然，当它恰当地包括了有关恰当功能的前两个信念时，一个恰当地施行功能的系统包括其信念中的非P。恰当功能无法合理地要求刚刚描述的近似不融贯性。

另一种可能性是恰当功能理论将会主张，当赞成者认为反对者出故障时他做到恰当施行其功能，但是当反对者认为赞成者出故障时，他没有恰当施行其功能。这对我而言简直难以置信。这一情形中的对称性仍然存在。它当然必须是恰当功能论者对合理的信念做出明智论述的构成部分，这个信念就是：恰当功能的一个方面将相似情况相似对待。假定赞成者和反对者每个人都有一个温度计，用来确定温度。假设这些温度计给出不同的温度读数。进一步假设有关温度计相应的背景信息，没有提供任何理由认为一个温度计比另一个更准确。这显然与赞成者的恰当功能相矛盾，他坚持认为他自己的温度计是正确的，即使实际上它确实是正确的。同样对于赞成者而言,他认为是他自身的认知系统而不是反对者的在正常运转,这一看法也是不恰当的。即使外在主义理论对于为什么自发的、非反思性信念就是得以确证有所依据,他们也不可能理直气壮地认为在看似对称的充分披露情形中,顽固坚持故障发生在对方身上就构成了恰当功能。

还有一种可能性是恰当功能理论判定当他们承认不知道他们中哪一方出问题时,赞成者和反对者都是在恰当施行其功能。此外,也许可以说,赞成者事实上在相信 P 时就是恰当施行其功能。因此,赞成者继续相信 P 是合理的,即使是在充分披露的情形中,就如他在分离的情形中一样。他在此过程中所学到的有关反对者的什么东西没有什么差异。这同样让我觉得非常难以相信,即使在更为一般的意义上,外在主义的某些方面的确有道理。问题是,像恰当功能理论这样一个外在主义观点必定有其合理之处,它在反思性情景比如这里所讨论的那些情形中针对恰当功能所提出的主张。而且当前的提议归赋于赞成者的那些东西让我觉得很不明智。因为它提出,如果他认为"P,但是我不知道当我相信 P 时我是不是在合理地持有这一信念",赞成者将会是恰当施行其功能,因此而是合理的。尽管这并不像"P 但是我不相信 P"可能表现的那样充满悖论,但这同样非常令人困惑。一个恰当施行其功能的系统必须考虑它所拥有的有关其自身的信息。一旦它恰当形成一个观点,认为它没有针对其信念 P 的优点做出判断,那么下一步恰当的做法就将是放弃 P 这个信念。

我承认,本节的论证远非最终结论。在某种程度上,我认为外在主义论者对合理信念的论述是难以接受的,而且我认为,如果没有阐释其更普遍意义上的不足之处的话,将难以评价它在当前情景中的应用。然而,我认为解决分歧难题的外在主义者方案的困难可以以一种宽泛但更赋意义的方式来陈述。外在主义理论对有关世界的日常信念给出了某种适当的论述,即使这一点为真,也很难看出除了证据主义进路之外,其他方案如何才能够在被充分披露情形所要求的那种更具反思性的情形中,对信念的确证给出正确的阐述。甚至即使在一般的非反思性情形中,当我们关于世界的信念源于认知系统的恰当功能并且它们是得以确证时,我们几乎也没有理由认为，这样的外在主义论述能够使得分歧中任一方正当地——即便通过坚持认为是对方有外在的认识缺陷——回应表面对称的分歧。而且如果他们知道至少分歧中有一方具有外在的缺陷，又没有理由认为是对方的话，那么就难以看出保有信念如何能够通过外在主义视角而得以确证。

VI. 一个怀疑主义结论

余下对分歧谜题的回应就是在充分披露的情形中，并且在没有明显对称的情况下，分歧的双方在有关这里所讨论的问题上悬置判断是合理的。换句话说，在充分披露之后不存在合理的分歧，因此也就没有互相承认的合理的分歧。那些看起来是合理的分歧的情形，实际上乃是那些判断悬置才是合理态度的情形。

我倾向于认为，这事实上就是我一开始提出的许多分歧的真相。试想一下这样的情形，一个人在这些情形中有理由地倾向于认为他处于一个合理的分歧中。亦即考虑这样一些情形，在这样的情形中合理的认识表现为，有另一个人从头至尾每一点都和自己一样明智、严谨、细致，也与自己一样检查同样的信息，然而得出与自己相反的结论。此外，一个人发现他对那个人如何得出那样的结论感到很困惑。对这一情况的忠实表述承认了它的对称性。我认为，这就是范因瓦根和刘易斯在有关自由意志的例子中所面临的情形。这可能同样适用于我一开始提出的其他一些例子。正是在这些情形中，有人会倾向于说对于所讨论的问题，"理智的人有可能存在分歧"。在我看来，那些例子中怀疑主义结论就是合理的结论：不是说在这样的情形中两种观点都合理，也不是说其中一个人的观点具有优先性。相反，这里需要的是悬置判断。而且确实就是如此，即使在这样的情形中判断悬置也许极难做到。

当然，也存在不对称的情形。我早先就用占星术的例子阐释过这一点。或许在开始的例子中有一些与它更为相像。对于那个例子与那些更让人困惑的、我这篇文章重点讨论的例子之间的区别，有一个更加清晰的理解自然更好。提出这样的理解同时更加详尽地探究我在这篇文章中讨论的各种观点，则是接下来要做的工作。⑩

参考文献

Brooks, D. (2004). 'Not Just a Personality Clash, a Conflict of Visions'. *New York Times*, 12 October 2004.

Chisholm, R. (1989). *Theory of Knowledge* (3rd edn.). Englewood Cliffs, NJ: Prentice Hall.

Conee, E. (2004). 'First Things First', in E. Conee and R. Feldman, *Evidentialism: Essays in Epistemology*. Oxford: Clarendon Press, 11—36.

Feldman, R. (forthcoming). 'Reasonable Religious Disagreements', in L. Antony (ed.), *Philosophers Without God*. Oxford: Oxford University Press.

Harris, S. (2004). *The End of Faith: Religion, Terror, and the Future of Reason*. New York: W.W. Norton.

James, W. (1911). *The Will to Believe and Other Essays in Popular Philosophy*. New York: David McKay.

Kvanvig, J. (ed.) (1996). *Warrant in Contemporary Epistemology: Essays in Honor of Plantinga's Theory of Knowledge*. Lanham, MD: Rowman & Littlefield.

Lehrer, K. (1997). *Self-Trust: A Study of Reason, Knowledge, and Autonomy*. Oxford: Clarendon Press.

Plantinga, A. (1993). *Warrant and Proper Function*. New York: Oxford

---

⑩ 这篇文章的一部分是从我即将出版的文章（Feldman, forthcoming）中借用而来。在这篇文章的写作过程中，我与许多人进行了讨论，包括班尼特（John Bennett）、凯利（Thomas Kelly）、奥尔（Allen Orr）、普莱尔（Jim Pryor）以及维伦卡（Ed Wierenga），他们使我获益良多。通过在俄亥俄州立大学（Ohio State University）、华盛顿大学（Washington University）、迈阿密大学（University of Miami）、密歇根大学（University of Michigan）、西北内陆哲学会议（the Inland Northwest Philosophy Conference）、伊比利亚美洲社会哲学大会提交的报告，这篇文章的不同版本得以大量校订。我非常感谢那些场合的所有听众和评论者。

University Press.

Rosen, G. (2001). 'Nominalism, Naturalism, Philosophical Relativism'. *Philosophical Perspectives*, 15: 69−91.

van Inwagen, P. (1996). 'It Is Wrong Everywhere, Always, and for Anyone to Believe Anything on Insufficient Evidence', in J. Jordan and D. Howard-Snyder (eds.), *Faith, Freedom, and Rationality: Philosophy of Religion Today*. Lanham, MD: Rowman & Littlefield, 137−53.

索　引

acceptance 接受 2，76，116，155

a priori justification 先天确证 36，41-2，44，45，135，140，214

a priori knowledge 先天知识 45，48，132，139

a priori possibility 先天可能性 60

Adler, J. J. 阿德勒 124 n. 14，161 n.

agency, epistemic 能动性，认识的 7，89-90，111，115，127-8，133 n. 3，146，147；see also belief-revision 信念-修正；myth of the given 所与的神话；responsibility 责任

Allen, C. C. 爱伦 30 n.

Almeder, R. R. 阿尔梅德 160 n.

Alston, W. W. 阿尔斯通 37 n.

Antony, L. L. 安东尼 44

Aristotle 亚里士多德 58，127，136-7，176，177，210

Arlen, H. H. 阿伦 69

Armstrong, D. M. D. M. 阿姆斯特朗 148 n.，153，160

artifacts 人造物/人工物 20-3
　　conceptual 概念的 165，209 see also natural kinds 自然种类

astrology 占星术 27-8，213，230，231，235

atheism 无神论 16-7，116，219；see also religion 宗教

Atran, S. S. 阿特朗 40

Audi, R. R. 奥迪 76 n. 10

Austin, J. L. J. L. 奥斯汀 159-60，178，184-97

Ayer, A. J. A. J. 艾耶尔 170，172，173，178

Bar-On, D. D. 巴-昂 159 n. 15

Bates, E. E. 贝茨 64 n.

Battaly, H. H. 巴塔莉 165 n. 21

Bayesianism 贝叶斯主义 116，128 n. 21

Bealer, G. G. 比勒 11，13-4，26，34-5，41-2

belief 信念 7，122 n.
　　and knowledge 与知识 76-7，90
　　and the doxastic paradigm 与信念的范式 96-8，103
　　revision 修正 26，36-9，113，120-2
　　see also acceptance 接受；Bayesianism 贝叶斯主义；conceptual frameworks 概念框架；decision theory 决策理论；desires 欲念；disagreement 分歧；doxastic voluntarism 信念意志

论；ethics of belief 信念伦理；inquiry 探究

Berkeley, G. G. 贝克莱 54 n.

Bernoulli, D. D. 伯努利 63

Bickel, P. J. P. J. 比克尔 203

Blackburn, S. S. 布莱克本 32-3

Boghossian, P. P. 博格西昂 42 n.

Boltzmann, L. L. 玻尔兹曼 63

BonJour, L. L. 邦儒 16-9, 29, 38, 77 n. 15

   on intuition 论直觉 10, 11 n. 4, 19, 26, 41-2

Brandom, R. R. 布兰顿 108

Brooks, D. D. 布鲁克斯 225

Buddha 佛陀 135

Burge, T. T. 伯吉 15

Carnap, R. R. 卡尔纳普 128 n. 21, 177

Cartwright, N. N. 卡特莱特 64-5, 203

Cavell, S. S. 卡维尔 197 n. 11

certainty 确定性 32, 34, 103, 131, 173; see also uncertainty 不确定性

Champawat, N. N. 香帕瓦 154, 155, 158

Chisholm, R. M. R. M. 齐硕姆 85, 101, 154, 163, 197 n. 11, 226

Chomsky, N. N. 乔姆斯基 14-5

Churchland, P. M. P. M. 丘奇兰德 7

Clark, M. M. 克拉克 148, 154, 156

Clifford, W. K. W. K. 克利福德 124 n. 14, 141-2

cognitive science 认知科学 13 n., 15, 17, 29, 40, 197; see also neuroscience 神经科学

Cohen, L. J. L. J. 科亨 76 n. 11

Cohen, S. S. 科亨 106

coherentism 融贯论 3 n. 8, 131-2, 133, 134, 135, 137, 138, 140, 146-7

Comesaña, J. J. 科梅萨那 31

community, epistemic 认识共同 36-9, 44, 172-3

conceptual analysis 概念分析

   and imagined reconstruction 与想象性重构 34-5

   and philosophical methodology 与哲学方法论 6, 11-24, 31-2, 166

   and sensory simples 与感官简化形式 58-9

   and the Gettier problem 与盖梯尔难题 7-8, 105, 148-51, 156, 163-4, 166

   see also family resemblance 家族相似性；intuition 直觉

conceptual frameworks 概念框架

   and dialect differences 与个人用语差异 164-6

   and disagreement 与分歧 224-6

   and justification 与确证 169-78

   and learning 与学习 63-4, 67-9

   and purposes 与目标 32

   and representation 与表征 51-9

Conee, E. E. 科尼 124 n. 14, 227 n. 6

contextualism 语境主义 3 n. 8, 113, 131-4, 135, 141-3, 146-7

Cottrell, G. G. 科特莱尔 52

counterfactuals 反事实状况 19 n. 12, 77, 79, 150

Craig, E. E. 克雷格 33-4, 37 n., 78 n. 18, 106, 159 n. 15, 160

Crick, F. F. 克里克 40

Crowley, S. S. 克劳利 31

Cummins, R. R. 康明斯 11, 26, 40, 165 n. 22

Darley, J. J. 达利 40

Darwin, C. C. 达尔文 63

Davidson, D. D. 戴维森 178 n. 14

Dawkins, R. R. 道金斯 66

decision theory 决策理论 111-29

Dennett, D. D. 丹尼特 206-7

DePaul, M. M. 德波尔 226-7

DeRose, K. K. 德洛兹 133 n. 4

Descartes, R. R. 笛卡尔 14, 50, 58

  and epistemic methods 与认识方法 28, 37, 173

  and epistemic results 与认识结果 101, 102-4, 108-9, 158-9, 196

desires 欲念 111-7, 126

Dewey, J. J. 杜威 71 n. 1, 102

disagreement 分歧 8, 144-6, 216-35

disjunctivism 析取论 181-3

division of linguistic labour 语言能力 21

Doris, J. J. 多丽丝 118 n.

doubt 怀疑 see certainty 确定性；Descartes, and epistemic results 笛卡尔，与认识结果；scepticism 怀疑主义

doxastic voluntarism 信念意志论 89-90

Dretske, F. F. 德雷茨基 105, 123, 153, 160

Edwards, P. P. 爱德华兹 190

Einstein, A. A. 爱因斯坦 16, 202, 210

Elgin, C. C. 埃尔金 8, 79 n. 19

Elman, J. J. 埃尔曼 64 n.

ethics of belief 信念伦理 124 n. 14, 131-3, 141-2, 229；

  see also belief-revision 信念-修正；exemplarism 范例主义

ethology 行为学 30-1, 174 n.

Evans, J. St. B. J. St. B. 埃文斯 40

evidence 证据 see justification 确证

evidentialism 证据主义 124 n. 14, 233, 234

exemplarism 范例主义 7, 133-47

externalism, epistemic 外在主义，认识的

  and disagreement 与分歧 233-5

  and epistemic internalism 与认识的内在主义 12, 36-45, 78 n. 17, 97-8, 103, 108-9, 129, 138 n. 9

  and reliability 与可靠性 78, 97

  and the Gettier problem 与盖梯尔难题 85-7

externalism, semantic 外在主义，语义的 69

fallibilism 可错论 5, 92, 106, 152；see also infallibilism 不可错论 fallibility 可

错性 101

and epistemological progress 与知识论的进步 4-5

and failability 与易错性 161-2

and grades of knowledge 与知识的层级 78-9, 92

and scepticism 与怀疑主义 8, 184-9, 191-2, 193, 194-5, 197

and science 与科学 29

and the Gettier problem 与盖梯尔难题 153

see also fallibilism 可错论; finitude, personal 限度, 个体的

family resemblance 家族相似性 158-9

Fauconier, G. G. 福克尼尔 64 n.

Feldman, R. R. 费尔德曼 124 n. 14, 154

fiction 虚构 210-5

finitude, personal 限度, 个体的 171-8

Fodor, J. J. 福多 15, 50, 58, 66-7, 68, 166

Fogelin, R. R. 福格林 160, 162 n.

Foley, R. R. 弗雷 113 n. 3

folk psychology 大众心理学 50, 171

foundationalism 基础主义 3 n. 8, 131-5, 137, 138, 140, 146-7, 170-8

Franklin, R. L. R. L. 富兰克林 71 n. 2

Galileo 伽利略 210

gambler's fallacy 赌徒悖论 41

Garnham, A. A. 岗汉姆 41

Gates, B. B. 盖茨 38

Gettier problem 盖梯尔难题 7-8, 29, 30, 35-9, 85-9, 105, 148-66

Gettier, E. L. E. L. 盖梯尔 12, 85, 105, 148, 149 n. 2, 154

Gibbard, A. A. 吉巴德 209

Giere, R. R. 吉尔 64-5

Gilbert, M. M. 吉尔伯特 37 n., 38

Ginet, C. C. 吉内特 73 n., 157-8, 162, 163 n. 19, 165 n. 22

Goldman, A. A. 戈德曼 79 n. 19, 112 n.

and the Gettier problem 与盖梯尔难题 87, 148, 153, 155 n., 157-8, 162, 163 n. 19, 165 n. 22

on epistemological method 论知识论方法 12-3, 29

on justification 论确证 39 n. 8, 42, 120 n.

on knowledge as mere true belief 论作为单纯信念的知识 152 n. 7

Goodman, N. N. 古德曼 208

Grayling, A. C. A. C. 格雷林 8

Greco, J. J. 格雷科 97, 105, 106

Grice, P. P. 格莱斯 100, 107, 149

guarantee of truth 真理的保证 160

Haack, S. S. 哈克 31

Hacking, I. I. 哈金 34

Haidt, J. J. 海特 40

Hammel, E. A. E. A. 哈梅尔 203

Harman, G. G. 哈曼 118 n., 121 n.

on the Gettier problem 论盖梯尔难题 155, 156 n., 157-8, 162, 163

n. 19，165 n. 22

Harris, S. S. 哈里斯 216

Hartland-Swann, J. J. 哈特兰德-斯旺 74 n.

Hawthorne, J. J. 霍桑 106，125 n.，126 n.

Hegel, G. W. F. G. W. F. 黑格尔 66

Helmholtz, H. von H. von 赫尔姆霍茨 40

Hempel, C. G. C. G. 亨佩尔 128 n. 21

Hesse, M. M. 黑塞 64

Hetherington, S. S. 海瑟林顿 152 n. 7，152 n. 8，153 n.，158，159 n. 14，161-4

Hintikka, J. J. 辛提卡 91，152 n. 7

holism 整体论 69，200-1，213

Hookway, C. C. 胡克威 7

Huenemann, C. C. 许内曼 9 n.

Hume, D. D. 休谟 58，115，128 n. 21

Hyman, J. J. 海曼 74 n.，79 n. 20

Ideal Agent Theory 理想行动者理论 see exemplarism 范例主义

Ideal Observer Theory 理想观察者理论 see exemplarism 范例主义

illusion 错觉 54 n.，128 n. 22，181；see also scepticism, and the argument from illusion 怀疑主义，与错觉论证

incommensurability 不可通约性 65

induction 归纳 40，41，42，106，176

infallibilism 不可错论

and contextualism 与语境主义 132

and reasonable belief 与合理的信念 221-2

and scepticism 与怀疑主义 196，197

see also guarantee of truth 真理的保证

inference to the best explanation 最佳解释推论 27，114，123，155

infinitism 无限主义 131 n. 2，132，134，135，137-8，146-7

innateness 先天性 14，44，48，55-6，58-9，109

inquiry 探究 7，23，98-109；see also agency, epistemic 能动性，认识的

intellectualism；理智主义 71-4，83 n. 25

internalism, epistemic 内在主义，认识的

and epistemological analysis 与知识论分析 3 n. 6，103

and evidence 与证据 38-9，78

characterised 典型的 97，108

see also evidentialism 证据主义；externalism, epistemic 外在主义，认识的

intuition 认识的直觉

and analyses of knowledge 与知识的分析 161-6，199

and Kant 与康德 48

and philosophical methodology 与哲学方法论 10-24，26-7，28-30，97

as source of epistemic support 作为认识性支持的来源 3 n. 8，6，18，41-2，222-4，225-6

see also a priori justification 先天确证；a priori knowledge 先天知识

Jackson, F. F. 杰克逊 12, 16-8, 19 n. 12, 22, 26

James, W. W. 詹姆斯 32, 124 n. 14, 229

Jesus Christ 耶稣基督 135

Johnson, M. M. 约翰逊 64 n.

judgement 判断 7, 48-50, 51, 97, 176, 217, 235;

 see also belief 信念

justification 确证

 and ability analysis of knowledge 与知识的能力分析 77-8, 85-7, 92

 and epistemological progress 与知识论的进步 2 n. 4, 3, 96, 98

 and its value 与它的价值 32, 34-5, 36-45, 101

 and naturalism 与自然主义 12-3, 19-23

 and pragmatism 与实用主义 6, 103-4

 and rationality 与理性 119-24

 see also a priori justification 先天确证; belief-revision 信念—修正; coherentism 融贯论; conceptual frameworks 概念框架; and justification 与确证; contextualism 语境主义; disagreement 分歧; exemplarism 范例主义; externalism, epistemic 外在主义, 认识的; foundationalism 基础主义; inquiry 探究; internalism, epistemic 内在主义, 认识的; regress, epistemic 回溯, 认识的; scepticism 怀疑主义; understanding 理解; virtue 德性

Kahnemann, D. D. 卡内曼 197 n. 12

Kant, I. I. 康德 48-50, 60, 61-2, 170, 174

Kaplan, M. M. 卡普兰 2 n. 4, 8

Keil, F. F. 凯尔 40

Kim, J. J. 金 31

Kittay, E. E. 吉泰 64 n.

Klein, P. P. 克莱因 131, 163 n. 20

Kneale, M. M. 尼尔 176

Kneale, W. W. 尼尔 176

knowledge 知识

ability analysis 能力分析 7, 74-7, 79-84, 88-9, 92

 and activation patterns 与激活模式 50-9

 and epistemological progress 与知识论进步 2 n. 4, 3, 81, 96

 and its value 与它的价值 32, 97-8, 101, 104-8, 109, 144

 and mere true belief 与单纯的真信念 97, 105

 and ordinary language philosophy 与日常语言哲学 180-98

 and pragmatism 与实用主义 6, 33-4, 103-4

 and rationality 与理性 124-6, 144-6

 and science 与科学 7, 34, 199-203

 and truth 与真理 31, 77, 144-6, 199, 200

 as a natural kind 作为自然种类 6,

12-3, 19-23, 30-1
as failable 作为易错的 161-3
as gradational 作为有层次的 78-9, 80-4, 88-9, 92, 161-2
as perfect 作为完美的 83 n. 24
 causal analysis 因果分析 148, 155, 156
 how versus knowledge-that 知道如何与所知 7, 71-92
 indefeasibility analysis 非废止性分析 148, 149 n. 3, 156, 163
 no-false-lemmas analysis 无错前提的分析 148, 154-8, 163, 166
 see also agency, epistemic 能动性, 认识的; a priori knowledge 先天知识; contextualism 语境主义; exemplarism 范例主义; externalism, epistemic 外在主义, 认识的; Gettier problem 盖梯尔难题; inquiry 探究; internalism, epistemic 内在主义, 认识的; justification 确证; reliability 可靠性; scepticism 怀疑主义; truth 真理; understanding 理解
Koch, C. C. 科赫 40
Koethe, J. J. 科特 74
Kornblith, H. H. 科恩布里斯 6, 30-1, 78 n. 17, 127 n. 18
Kripke, S. S. 克里普克 135-6, 150
Kuhn, T. T. 库恩 16 n. 9, 64-5
Kvanvig, J. J. 柯万维格 233

Lackey, J. J. 莱基 105

Lakoff, G. G. 莱考夫 64 n.
Langacker, R. R. 兰盖克 64 n.
language 语言 14-5, 50-1, 64, 66-9, 172, 173-4
Language of Thought hypothesis 思维语言假设 15, 50-1, 66-9
Laurence, S. S. 劳伦斯 16 n. 7, 22 n.
Lehrer, K. K. 莱勒 43 n., 76 n. 11, 148, 154-6, 201 n., 226
Leslie, A. A. 莱斯利 40
Levi, I. I. 莱维 87 n. 30, 112 n., 113 n. 3
Lewis, D. D. 刘易斯 218, 230, 232
 on convention 论约定 149-50
 on knowledge 论知识 81 n., 125 n., 132, 143
 on philosophical methodology 论哲学方法论 10-1
Locke, J. J. 洛克 33, 54 n., 58, 176
lottery case 彩票案例 29, 106-8, 165 n.22
Lycan, W. G. W. G. 莱肯 7

Margolis, E. E. 马格利斯 16 n. 7, 22 n.
Marr, D. D. 玛尔 15
Maxwell, J. J. 麦克斯韦 63
McDowell, J. J. 麦克道威尔 182 n. 3
McGinn, C. C. 麦金 4, 197 n. 11
memory 记忆 40-1
Merricks, T. T. 梅里克斯 160
Mill, J. S. J. S. 密尔 136 n.
Moore, G. E. G. E. 摩尔 187 n.
Morton, A. A. 莫顿 7

Moser, P. P. 莫塞 38

myth of the given 所与的神话 89

natural kinds 自然种类 12, 23, 30, 40;
see also knowledge, and naturalism 知识，与自然主义；reference, of natural kind terms 指称，自然种类术语；

naturalism 自然主义 6, 18, 27-8, 29, 30, 35, 45

necessity 必然性
    and philosophy 与哲学 23-4
    a posteriori 后天 136, 137
    a priori 先天 44
    epistemic 认识的 40, 41, 42

Nersessian, N. N. 纳塞西昂 209

Neta, R. R. 内塔 33 n.

neuroscience 神经科学 48-70

Newton, I. I. 牛顿 16, 63, 213

Nichols, S. S. 尼科尔斯 26, 28, 30, 164-5

Nisbett, R. R. 尼斯贝特 40

normativity 规范性 see justification 确证；rationality 理性

Nozick, R. R. 诺齐克 181 n. 1

Oakhill, J. J. 奥克希尔 41

O'Connell, J. W. J. W. 奥康奈尔 203

ordinary language philosophy 日常语言哲学 8, 184, 189, 195-6

Over, D. D. 欧福 40

Pailthorp, C. C. 派尔索普 151

Pappas, G. G. 帕帕斯 153

Paxson, T. T. 帕克森 148

Peirce, C. S. C. S. 皮尔斯 102

perception 知觉
    and conceptual frameworks 与概念框架 171, 174, 175 n. 10
    and disagreement 与分歧 223
    and intuition 与直觉 48-9
    and justification 与确证 40-1, 100, 138 n. 8
    and knowledge 与知识 92, 100, 153, 180, 193
    and mental content 与心理内容 15
    and rationality 与理性 144
    and representation 与表征 51-61, 63
    see also disjunctivism 析取论；scepticism, and the argument from illusion 怀疑主义，与错觉论证

philosophical authenticity 哲学的真切性 9 n.

phronesis 实践智慧 136-7

Plantinga, A. A. 普兰丁格 233

Plato 柏拉图 12, 28, 44, 58, 101, 105, 158-9

Popper, K. K. 波普尔 80-2

Powers, L. L. 鲍尔斯 152 n. 7

practical reason 实践理性 see inquiry 探究

pragmatism 实用主义
    and "epistemic" 与"认识的" 95, 124 n. 14
    and epistemic internalism/externalism 与认识的内在主义/外在主义

108−9

and epistemological methodology 与知识论的方法论 3 n. 8, 6, 27, 31−45

and inquiry 与探究 102−4

and science 与科学 66

Premack, D. D. 普雷马克 40

private language 私人语言 173 n. 8

proper functionalism 恰当功能论 233−4

Pust, J. J. 帕斯特 26 n., 29

Putnam, H. H. 普特南 15−6, 21, 102, 108, 135−6, 144, 165

Quine, W. V. W. V. 奎因 108, 151, 200, 213

Radford, C. C. 拉德福德 160

Railton, P. P. 雷尔顿 100

rationalism 理性主义 see intuition 直觉

rationality 理性 80, 111−2, 131

and disagreement 与分歧 216, 220−35

and epistemic internalism 与认识的内在主义 42

and knowledge 与知识 132

and reasoning 与推理 99−100, 125−6

and science 与科学 144

and truth 与真理 133−4, 144−6

constrained 受约束的 113−4

virtue of 的德性 7, 119−22

see also justification 确证

Reber, A. A. 莱博 40

realism 实在论 174−5

reasonable belief 合理的信念 see disagreement 分歧; justification 确证; rationality 理性

reference 指称 17 n., 140, 150, 175

of natural kind terms 自然种类术语的 15−6, 135−7, 139, 165−6

reflection 反思 109, 126−9, 199; see also inquiry 探究; internalism, epistemic 内在主义, 认识的; rationality 合理性

reflective equilibrium 反思性平衡 214−5

regress, epistemic 回溯, 认识的 3 n. 8, 4, 5, 134, 138

Reid, T. T. 里德 29

relativism 相对主义 28, 29−30, 35, 164−6, 173 n. 8, 177−8

reliabilism 可靠主义 138, 140, 146−7, 153, 160; see also reliability 可靠性

reliability 可靠性

and justification 与确证 39 n. 8, 42, 97, 103, 177

and knowledge 与知识 100, 173, 199, 201

and science 与科学 30, 199

of doxastic sources 信念来源的 33, 111

religion 宗教 116, 216, 218−9, 231

representation 表征 15, 18−9

and accuracy 与准确性 95

and activation patterns 与激活模式 48−55, 60

and understanding 与理解 203−15

and registering 与表达 74−7

    linguistic 语言的 66-7
responsibility 责任
    and inquiry 与探究 103-4
    and justification 与确证 2 n. 4, 173
    and knowledge 与知识 89-90
Rorty, R. R. 罗蒂 31
Rosen, G. G. 罗森 217-8, 222-3
Rozeboom, W. W. W. W. 罗兹布姆 155, 156 n., 157, 160 n.
Rubinstein, A. A. 鲁宾斯坦 113 n. 3
rule-following 遵从规则的 173 n. 8
Rumfitt, I. I. 拉斐特 74
Russell, B. B. 罗素 4, 5 n. 10, 10-1, 154, 170, 173
Ryle, G. G. 赖尔 71-4, 90-2

Sartre, J.-P. J.-P. 萨特 165
Sartwell, C. C. 萨特维尔 152
satisficing 满足 113, 114
Saunders, J. T. J. T. 桑德斯 154, 155, 158
scepticism 怀疑主义 8, 144
    and certainty 与确定性 173
    and disagreement 与分歧 217, 227
    and inquiry 与探究 97-8, 101, 103-4, 109
    and justification 与确证 42, 137-8, 170, 175 n. 11, 177
    and knowledge-how 与能知 79-84
    and pragmatism 与实用主义 35, 103-4
    and relativism 与相对主义 178

    and self-trust 与自我信任 227
    and the argument from illusion 与错觉论证 180-98
    and the Gettier problem 与盖梯尔难题 88-9, 152-3, 160-1
    see also underdetermination, epistemic 不充分决定，认识的
Schaffer, J. J. 沙弗 106, 126 n.
Scheffler, I. I. 谢弗勒 154
Schiffer, S. S. 希弗 74, 150 n.
Schmitt, F. F. 施密特 22 n., 37 n.
Scholl, B. B. 绍尔 40
self-trust 自我信任 43 n., 226-8, 230
Sellars, W. W. 塞拉斯 89, 99
Shakespeare, W. W. 莎士比亚 212
Shope. R. R. 肖普 156 n.
Shultz, T. T. 舒尔兹 40
Shweder, R. R. 施威德 40
Simon, H. H. 西蒙 113
Simpson's paradox 辛普森悖论 203
Skyrms, B. B. 斯科姆斯 154
Sloman, S. S. 斯洛曼 40
Slote, M. M. 斯洛特 113 n. 3
Slovic, P. P. 斯洛维奇 197 n. 12
Smith, B. B. 史密斯 71 n. 1
Snowdon, P. P. 斯诺登 72 n. 3, 91 n., 181 n. 2
Socrates 苏格拉底 97, 158, 164, 166
solipsism 唯我论 172-3; see also finitude, personal 限度，个体的
Solomon, M. M. 所罗门 37 n.
Sosa, E. E. 索萨 26, 37 n., 76 n. 9,

101, 106, 138
Spelke, E. E. 斯佩尔克 40
Spencer, H. H. 斯宾塞 199
Spiropulu, M. M. 斯皮罗普鲁 16-7
Stanley, J. J. 斯坦利 72-4, 90-1
state of nature 自然状态 33-4
Stein, E. E. 斯泰因 42
Stich, S. S. 斯蒂奇 11, 22, 26, 28, 30, 31, 164-5
Strawson, P. F. P. F. 斯特劳森 172 n. 6
Stroud, B. B. 斯特劳德 3 n. 6, 192 n., 197 n. 11
Swain, M. M. 斯万 149, 151 n. 6, 153, 156, 163
Swinburne, R. R. 斯温伯恩 16

Talbott, W. W. 塔尔博特 23
testimony 证言 33, 34, 37
Thomas, C. C. 托马斯 219 n.
Torricelli, E. E. 托里拆利 63
Travis, C. C. 特拉维斯 182 n. 3
truth 真 49-50, 129, 175, 191-2, 200
  and philosophical methodology 与哲学方法论 27-8, 32, 35
  and scientific theories 与科学理论 210-1, 213-4
  and understanding 与理解 138, 202-3, 213
  see also justification, and its value 确证, 与它的价值; knowledge, and truth 知识, 与真理; rationality, and truth 合理性, 与真理

Tversky, A. A. 特维斯基 197 n. 12
Twin Earth 孪生地球 15, 165

uncertainty 不确定性 5 n. 10
underdetermination, epistemic 不充分决定性, 认识的 65, 173
understanding 理解 8, 9, 101, 131, 138, 202-15
Unger, P. P. 昂格 152

van Fraassen, B. B. 范弗拉森 113 n. 3
van Inwagen, P. P. 范因瓦根 4, 218, 230, 232
Varian, H. R. H. R. 维里安 209
Vendler, Z. Z. 文德勒 159-60
virtue 德性 7, 76 n. 9, 111, 124 n. 15, 131, 132, 133
  and epistemic exemplars 与认识的范例 137-41
  and intelligent activity 与智力活动 117-22
  and reflection 与反思 103, 126-9

Weatherson, B. B. 威瑟森 26, 153 n., 159 n. 14, 163-4
Weinberg, J. J. 温伯格 6, 22, 26, 28, 164-5
White, A. R. A. R. 怀特 74 n., 90 n. 37
Williams, M. M. 威廉斯 197 n. 11
Williamson, T. T. 威廉姆森 42 n., 116 n. 7
  on conceptual analysis 论概念分析 19

n. 12, 161
  on knowledge as evidence 论作为证据的知识 105-6
  on knowledge-how versus knowledge-that 论能知与所知 72-4, 90-1
Wilson, T. T. 威尔森 40

wisdom 智慧 101
Wittgenstein, L. L. 维特根斯坦 74 n., 158-9, 169, 170, 174, 177

Zagzebski, L. L. 扎格泽博斯基 7, 97, 105, 124 n. 15, 160

译后记

"未来"一词可以有不同维度的理解，将它作为一个时间概念无疑是其中最基础的认识。它总是相对于过去、现在而言，因此没有对现状与历史的认识，谈论未来自然就成了空中楼阁。当然，除了在形而上学意义上，"未来"必须与相应的主体关联，也即谁的未来，缺少了这样的依附，"未来"必定是空洞的。不过如果用一个主体来限定属于谁的未来，表面看什么样的事物都可以，但细究之下，似乎还是应该有所规定，至少未处于时间维度上的事物应该被排除在外。

然而，无论如何，知识论作为哲学的入门之学，是一切理智活动的奠基性事业，它显然具有成为上述事物的资格，而且看起来应该没有什么争议。毕竟，它的确有过去和现在，甚至可以说它几乎有着与哲学相同长度的两千多年的探险历程。就像我们讨论知识理论时，一般情况下会回到古希腊时期，更具体地说回溯到苏格拉底、柏拉图等现当代知识论无法回避的哲学家，或者更早时期的米利都学派、毕达哥拉斯学派、爱利亚学派、原子论者等。因此，从某种程度上说，看待知识论的未来的方式，可以类似于检视人类、世界、国家等在时间维度中产生的这些事物的未来，甚至其他哲学分支的未来也是如此，而且在讨论中它们可以引述的案例、事件、人物等基本上在同一个范围之内。当然，彼此之间的差异也是明显的，这既体现在具体的内容及其关联的问题，也表现为涉及的概念、话语与论证等。《知识论的未来》所关注的话题均从历史中来，这个历史可以溯及古希腊哲学的鼎盛时期，也包括20世纪60—70年代，甚至近二十年的知识论发展亦可计算在内。无论是价值难题、怀疑主义，还是盖梯尔难题、心智与世界，以及理解的困境，它们均是对过往知识论热点问题的当下审视与延展。在这个意义上历史与现实从未分离，或许只有具体到某个时间点上、某个文献中某位哲学家的具体立场上才能加以区分。不过这些东西并不重要。

斯蒂芬·海瑟林顿教授曾说"知识论的未来"在一定意义上是个双关语，有点文字游戏的味道。比方说预测某个产业在未来某个时间点的表现如何，我们虽然不是股票市场投资者，但我们确实知道人们谈论的"未来市场"（futures market）是投资的渠道之一，并且很显然涉及某种"对赌"的意涵。因此，知识论的未来会发展成什么样，在未来将表现如何，我们至少可以提出几个可能的方向，就像是未来的股票市场有几只可能投资的股票。至于是否会发生而变成事实，只能有待更远未来的某个时候来验证。

这本书英文版初次出版于 2006 年，我第一次见到则是在 2010 年前后，考虑到该书涉及的话题比较广泛，既有知识论经典问题的辨析，又有知识论新问题的呈现，因此 2013 年、2014 年为浙江师范大学哲学专业硕士研究生开设专业英语课程时，选定该书作为主要阅读书目。在教学过程中，与学生一道将其中部分内容译为中文，参与其中相关章节翻译的学生包括郑辉荣、胡超、李宇锋、金生亮、李想、朱哲成、沈海华、李宏达、车政伟等。整本书的翻译断断续续，耗时颇久，不过任何借口都不足以成为合理的解释（毕竟拖延无论如何似乎都不能被视为德性），所幸中国人民大学出版社杨宗元、张杰等老师宽容并多加敦促，至今日终于完成。在翻译过程中，由于书中内容所涉及的话题极为广泛，加之文字风格的差异，因此或多或少与能够联系上的作者均有过邮件交流，感谢希拉里·科恩布里斯、乔纳森·M. 温伯格、斯蒂芬·海瑟林顿、亚当·莫顿、琳达·扎格泽博斯基、威廉·G. 莱肯、A. C. 格雷林、马克·卡普兰、凯瑟琳·Z. 埃尔金、理查德·费尔德曼等教授的耐心解释。这些哲学家在撰写书中论文时，也许正值壮年，思维敏捷，然而近二十年之后，已时过境迁，人与事皆发生了很多变化。这期间在联系克里斯托弗·胡克威教授时，通过其子乔·胡克威（Jo Hookway）先生获知胡克威教授病情非常严重，已无法从事任何哲学活动，在此向他在本书中所做的贡献表示敬意。值得一提的是，在 2019 年 11 月至 12 月向莫顿教授请教时，他已然病痛缠身，但还是非常清晰地回应了我所提出的问题。莫顿教授已于 2020 年

10月去世，此前他的《论邪恶》（*On Evil*）一书于2017年在国内出版，而他有关人工智能、外星球开发（及殖民、移民）等问题上的理论已被国内学界关注，也希望他的知识论与决策理论等思想贡献能通过《知道在想什么：当知识论与选择理论相遇》（"Knowing What to Think about: When Epistemology Meets the Theory of Choice"）一文，让学界对他有更多了解。此外，还要感谢王艳妮教授、郁锋教授等就澄清原文相关章节中某些概念和内容所提出的建议。

在本书出版过程中，感谢陈嘉明与曹剑波两位教授惠允列入第一批"知识论译丛"书目。2016年底与中国人民大学出版社签订出版合同时，经郑祥福教授同意，本书由浙江师范大学学科经费资助出版。这里特别要向吴冰华等老师编校中的付出表示谢意，她们/他们细致入微的编校工作使得译稿在避免诸多可能错漏的同时，亦为译文本身增色不少。当然，译稿中的表达、转述与自己的习惯有关，甚至还有些属于私心的考虑，因此但凡译文中可能的不当或错误当由我来承担责任，恳请读者批评指正。

方环非

谨识于越城风和苑

2021年10月8日

知识论译丛

主编　陈嘉明　曹剑波

判断与能动性
［美］厄内斯特·索萨（Ernest Sosa）/著　方红庆/译

认识的价值与我们所在意的东西
［美］琳达·扎格泽博斯基（Linda Zagzebski）/著　方环非/译

含混性
［英］蒂莫西·威廉姆森（Timothy Williamson）/著　苏庆辉/译

社会建构主义与科学哲学
［加］安德烈·库克拉（André Kukla）/著　方环非/译

知识论的未来
［澳］斯蒂芬·海瑟林顿（Stephen Hetherington）/主编　方环非/译

知识论
［美］理查德·费尔德曼（Richard Feldman）/著　文学平/译

Epistemology Futures edited by Stephen Hetherington

9780199273317

Copyright © The several contributors 2006

Simplified Chinese Translation copyright © 2022 by China Renmin University Press Co. , Ltd.

"Epistemology Futures" was originally published in English in 2006. This translation is published by arrangement with Oxford University Press. China Renmin University Press is solely responsible for this translation from the original work and Oxford University Press shall have no liability for any errors, omissions or inaccuracies or ambiguities in such translation or for any losses caused by reliance thereon.

Copyright licensed by Oxford University Press arranged with Andrew Nurnberg Associates International Limited.

《知识论的未来》英文版2006年出版，简体中文版由牛津大学出版社授权出版。

All Rights Reserved.

图书在版编目（CIP）数据

知识论的未来／（澳）斯蒂芬·海瑟林顿（Stephen Hetherington）主编；方环非译. --北京：中国人民大学出版社，2022.11
（知识论译丛／陈嘉明，曹剑波主编）
ISBN 978-7-300-31145-6

Ⅰ. ①知… Ⅱ. ①斯… ②方… Ⅲ. ①知识论-研究 Ⅳ. ①G302

中国版本图书馆 CIP 数据核字（2022）第 197295 号

知识论译丛
主编　陈嘉明　曹剑波
知识论的未来
[澳]斯蒂芬·海瑟林顿（Stephen Hetherington）主编
方环非　译
Zhishilun De Weilai

出版发行	中国人民大学出版社		
社　　址	北京中关村大街 31 号	邮政编码	100080
电　　话	010-62511242（总编室）	010-62511770（质管部）	
	010-82501766（邮购部）	010-62514148（门市部）	
	010-62515195（发行公司）	010-62515275（盗版举报）	
网　　址	http://www.crup.com.cn		
经　　销	新华书店		
印　　刷	北京联兴盛业印刷股份有限公司		
规　　格	160 mm×230 mm　16 开本	版　次	2022 年 11 月第 1 版
印　　张	21 插页 2	印　次	2022 年 11 月第 1 次印刷
字　　数	314 000	定　价	78.00 元

版权所有　　侵权必究　　印装差错　　负责调换